金融支持实体经济发展研究

梁云凤　崔长彬　等著

中国财经出版传媒集团

中国财政经济出版社

图书在版编目（CIP）数据

金融支持实体经济发展研究/梁云凤等著．—北京：中国财政经济出版社，2018.7

ISBN 978－7－5095－8306－7

Ⅰ.①金…　Ⅱ.①梁…　Ⅲ.①金融支持－经济发展－研究－中国　Ⅳ.①F124

中国版本图书馆 CIP 数据核字（2018）第 126521 号

责任编辑：孙　琛　　　　责任校对：张　凡

封面设计：王　颖

中国财政经济出版社 出版

URL：http：//ckfz. cfeph. cn

E－mail：cfeph@ cfeph. cn

社址：北京市海淀区阜成路甲 28 号　邮政编码：100142

营销中心电话：010－88191537

天猫网店：中国财政经济出版社旗舰店

网址：https：//zgczjjcbs. tmall. com

固安华明印业有限公司印刷　各地新华书店经销

710×1000 毫米　16 开　12.5 印张　250 000 字

2018 年 8 月第 1 版　2018 年 8 月河北第 1 次印刷

定价：69.00 元

ISBN 978－7－5095－8306－7

（图书出现印装问题，本社负责调换）

本社质量投诉电话：010－88190744

打击盗版举报热线：010－88191661　QQ：2242791300

前言

十九大报告明确提出，必须把发展经济的着力点放在实体经济上，增强金融服务实体经济能力。本书以此为背景，重点研究金融支持小微实体经济问题。本书的主要内容包括三个部分：第一至第四章为第一部分，主要分析了国内外背景、我国实体经济发展状况及存在的问题等；第五至第八章为第二部分，主要探讨金融如何支持实体经济/小微企业，是本书的核心和重点部分，提出加强金融支持实体经济的治本之策在于建立普惠金融体系的观点，应该在金融支持小微企业（包括个体工商户）、金融支持新型农业经营主体力度和加大金融精准扶贫力度三个方面建立我国的普惠金融体系，更好地支持我国实体经济的发展；第九至第十章为第三部分，主要是涉及金融支持实体经济的配套政策，研究了财税、价格、行政、产业等有利于实体经济发展的政策。

本书的出版要特别感谢中国国际交流中心学术委员会刘克崮副主任的指导，全书由梁云凤负责统稿。具体分工如下：梁云凤和郭迎锋负责总论的撰写；孙晓涛负责第一章和第二章的撰写；郭迎锋负责第三章和第四章的撰写；崔长彬负责第五章、第七章和第八章的撰写；王元凯负责第五章的撰写；王远枝、董涛、张少苹负责第六章的撰写；刘红灿和欧纯智负责第七章和第八章的撰写；胡一鸣和陈嘉祥负责第九章的撰写；刘西友负责第十章的撰写。

目 录

总　论

一、我国实体经济发展的背景分析和理论综述

追溯我国实体经济概念的源起，并没有发现舶来品的痕迹，甚至很难为其找到对应的英文表述。我国学术领域早在1987年便出现了实体经济的相关研究，但在实体经济界定方面却存在较大争议，直到目前仍无法达成共识。2008年以来，中央会议也多次提出支持实体经济发展的要求。

（一）国内外经济形势分析

从国际背景来看，20世纪70年代以来，以美国和英国为代表的发达国家的经济结构经历了一次巨大转变，其主要特征是本土制造工厂的大量外迁，以金融业为代表的服务业在国民经济中的占比提高。经过了近40年的发展，这种经济增长模式终于难以为继，2008年源于美国的次贷危机最终演变为波及全世界大部分经济体的全球金融危机，造成世界经济持续低迷、国际贸易的大幅萎缩。全球金融危机对世界经济的影响是深远的，对世界各国选择经济增长方式观念的影响也是深远的，灾难后的痛定思痛，世界主要经济体开始更加重视制造业等的发展。对增强本国制造业和抓住技术进步机遇的渴望，已经迫使世界范围内有实力的国家之间展开了激烈的竞争。美国2009年11月正式提出“再工业化”战略，德国在2013年4月推出工业4.0战略。

从国内背景来看，近年来，持续低迷的世界经济挤压了我国低端产品的海外市场需求，而国内大量工业企业转型升级艰难。整体上看，工业企业经营形势堪忧，投资回报率持续无法回升，投资下滑到非常低的水平，投资积极性严重不足。与之相比，全球金融危机对我国的直接冲击是发生在与外贸相关的制造业，直到目前我国金融业整体上仍然是健康的，我国金融业当前暴露出诸多问题的根源是制造业、批发零售业等的不振。在这样的背景下，全球金融危机后我国趋利避害的资金从工业部门涌向金融业，刺激政策注入金融领域的流动性也很难流向工业部门。近年来，我国与金融相关的创新层出不穷，金融相关领域的资金规模迅速膨胀，社会资金更多地聚集在金融相关领域，造成了工业与金融业之间的失衡。

（二）我国高度重视实体经济发展

从中央会议的论述来看，2002 年十六大报告中首次提出正确处理虚拟经济和实体经济的关系，但如何解读却存在争论。2008 年底，在全球金融危机的背景下，实体经济概念再次出现在中央会议的表述中。2008 年 12 月 8 日至 10 日，中央经济工作会议召开之际正值美国次贷危机引发了全球金融危机，并对全球经济造成了强烈的冲击效应。在此背景下，2008 年中央经济工作会议指出，金融危机的影响从金融领域扩散到实体经济领域，这场金融危机不仅本身尚未见底，而且对实体经济的影响正进一步加深。自此之后，中央经济工作会议和政府工作报告上等多次提出支持实体经济发展的要求，党的十九大报告也针对实体经济发展做出了明确要求。

一是金融是支持实体经济发展的重要领域。其焦点在于金融部门（包括货币政策、信贷资金、其他金融领域资金等）要加强对实体经济的支持力度，缓解实体企业融资难、融资贵问题。同时，面对近年来我国金融部门的资产规模迅速膨胀，工业部门相对萎缩，出现了相当规模的、与实体经济联系并不密切的经济活动，2016 年 12 月 9 日，中央政治局召开会议分析研究 2017 年经济工作时指出，资本“脱实向虚”令实体经济发展面临更多挑战，一些资金的“脱实向虚”扰乱了实体经济的信心。进而，2017 年政府工作报告中提出：促进金融机构突出主业、下沉重心，增强服务实体经济能力，坚决防止“脱实向虚”。

二是振兴实体经济逐步成为我国的重要方针。其核心在于牢牢把握发展实体经济这一坚实基础，十九大报告也明确提出，建设现代化经济体系，必须把发展经济的着力点放在实体经济上。从理念的发展来看，2011 年中央经济工作会议提出，努力营造鼓励脚踏实地、勤劳创业、实业致富的社会氛围，2012 年十八大报告提出，实行更加有利于实体经济发展的政策措施，2016 年政府工作报告提出，促进科技与经济深度融合，提高实体经济的整体素质和竞争力。2016 年中央经济工作会议在部署下一年度工作时专门将“着力振兴实体经济”作为一个部分来阐述，使发展实体经济成为政策的核心，具体包括树立质量第一意识、形成独有的比较优势、发扬“工匠精神”、实施创新驱动发展战略、建设法治化的营商环境等。

三是小微企业和“三农”等薄弱环节成为支持实体经济发展特别关注的领域。2010 年中央经济工作会议指出，把信贷资金更多投向实体经济特别是“三农”和中小企业；2012 年政府工作报告指出，重点支持实体经济特别是小型微型企业；2014 年政府工作报告指出，让金融成为一池活水，更好地浇灌小微企业、“三农”等实体经济之树；2016 年政府工作报告指出，降低融资成本，加强对实体经济特别是小微企业、“三农”等支持；2016 年中央经济工作会议指出，在市场准入、要素配置等方面创造条件，使中小微企业更好参与市场公平竞争。

（三）实体经济概念的理论研究

我国学术领域对实体经济的研究始于 1987 年，早期的研究是将实体经济作为金融体系、货币等概念的相对概念，并没有对实体经济概念的内涵进行深入研究和探讨。1989 年出现了对实体经济内涵进行探讨的文章，如“实体经济与象征经济之间具有一种互相依赖、协调发展的关系。象征经济发展虽可超前或滞后于实体经济，但最终要服务于实体经济并受实体经济的制约”。亚洲金融危机的爆发使得理论界对实体经济内涵的探讨空前繁荣，大量研究文章涌现，同时，在实体经济界定方面的分歧也较大，直到目前仍无法达成共识。综合国内现有研究成果，实体经济的定义可以概括为：实体经济是宏观经济层面的概念，是国民经济中部分特定行业的集合，涵盖了农业、工业和商贸流通行业，其中制造业尤其是新兴制造业是实体经济的核心，除此之外的其他行业，尤其是金融业，是否属于实体经济存在非常大的争议。

二、支持实体经济发展的国内现状分析

新中国成立以来，我国以工业化为代表的实体经济的发展取得了伟大的成绩。计划经济时代，较为完整的工业体系的建立为改革开放之后我国经济的腾飞奠定了坚实的基础。改革开放之后，我国实体经济总量增长迅速，但从实体经济（以制造业为代表）与虚拟经济（以金融和房地产为代表）比较来看，可以发现实体经济与虚拟经济以 1989 年和 2005 年为分界点，经历了三个发展阶段，在这三个阶段中实体经济的发展既取得了一定成绩也产生了一系列问题。从十九大报告对我国实体经济发展的指导精神来看，需要在三个方面发力：第一，从实体经济的内部矛盾入手，在深化供给侧结构性改革的进程中解决实体经济供给质量问题；第二，改善我国宏观调控体系，进一步支持我国实体经济的发展；第三，优化实体经济发展的外部环境。

（一）我国实体经济的发展历程

为了便于衡量实体经济，考察实体经济与虚拟经济的关系，本书将实体经济简单界定为除房地产和金融业之外的经济部门与活动[①]，虚拟经济简单划定为房地产和金融业。其数值为实体经济总量和虚拟经济总量。实体经济总量，是指除去金融业及房地产业之后的各行业国内生产总值（GDP），而虚拟经济总量则是指金融业及房地产业的 GDP。

1. 计划经济时期我国实体经济的发展

我国计划经济时期建立了以重工业为主的完整工业体系，是我国人民在中国共产党领导下英勇奋斗的伟大成果，是社会主义制度优越性的生动体现，具有极其重

---

① 实体经济与虚拟经济是一对相对概念，按照成思危等学者的界定，虚拟经济概而言之是“钱生钱”的经济活动，从这一理解出发，实体经济可以简单理解为“非钱生钱”的经济活动。但在实际经济运转过程中面临难以界定的情况，以房地产和金融行业为例，其行业内部既包含“钱生钱”的资本运作，也包含服务于实际物质生产的经济活动，就研究工作而言难以准确界定二者的界限。

要的战略意义，它为我们继续推进社会主义建设开拓了可以依靠的阵地，为实现现代化的伟大事业奠定了初步的物质基础。但重工业对资金的占用量多、周期长，市场自然发展的空间就受到挤压，与民众生活和日常消费密切相关的农业、轻工业发展比例失调。

2. 改革开放以来我国实体经济的规模演变

对我国实体经济规模的考察，可以从两个方面来考察：

第一，从实体经济总量来考察，测算我国实体经济发展规模的演变。可以看出，实体经济规模发展迅速，但相比虚拟经济增速相对较缓，实体经济的总量规模从1978 年到 2016 年增长了 179 倍，而以金融业和房地产业为代表的虚拟经济增长更加迅猛，分别增长了 811 倍和 601 倍。

第二，从实体经济总量占我国 GDP 比重，测算我国实体经济所占比重 GDP 的变化。可以看出，我国实体经济在 GDP 中的占比则呈现出不断下降的趋势，从 1978 年的 95.75% 经过短暂上升后逐年下降到 2016 年的 85.18%，1978 ~ 2016 年总共下降了 10.57 个百分点。以金融业和房地产业为代表的虚拟经济的 GDP 占比逐年上升，总体上来看，从 1978 年的 4.25% 上升至 2016 年的 14.82%，相对虚拟经济占比在 1978 ~ 2016 年总共上升了 10.57 个百分点。

实体经济和虚拟经济的发展可以划分为三个阶段：第一阶段为 1978 ~ 1989 年，实体经济占 GDP 比重迅速下滑；第二阶段为 1989 ~ 2005 年，实体经济与虚拟经济平衡发展；第三阶段为 2005 年至今，实体经济占 GDP 比重下滑趋势显著。

（二）我国实体经济发展的现状分析

1. 我国实体经济发展的外部环境。从我国实体经济发展的外部环境来看，面临着国际金融危机背景下世界经济发展的实体经济发展困境。产业空心化就是实体经济发展困境的具体表现，虚拟经济过度发展在经济领域累积的风险日益膨胀，一旦金融风暴袭来，这些国家的金融机构和金融体系就会遭受沉重的打击，实体经济也随之陷入空前严重的危机。欧债危机也是这种局面的延续。我国作为一个尚未完成产业结构转型的新兴经济体，必须吸取这些教训，厘清实体经济与虚拟经济的关系，夯实实体经济的基础，以从容应对国际金融市场的剧烈动荡。

2. 我国实体经济规模增长迅速。我国实体经济发展有三方面的突出成绩，一是制造业产出和主要工业品产量位居世界前列。在 2010 年我国制造业无论是增加值占世界比重还是制造业产出占世界比重均超越美国，打破了美国连续 110 年占据世界头号商品生产国的历史；另外，钢、煤和水泥等主要工业品产量也一直位居世界前列。二是我国工业企业规模增速显著。国家统计局所统计的内资工业企业相关数据显示，我国工业企业无论是在企业数量上，还是资产总额、业务收入和利润总额等经营数据，或是工业增加值上均取得了快速的增长。从 2000 年到 2016 年，资产总额增长了 7.69 倍，年均增速达到了 14.6%；业务收入总额增长了 13.75 倍，年均增速达到 18.74%；利润总额增长了 16.46 倍，年均增速达到 21.06%；工业增加值增长了 5.16 倍，扣除价格因素，年均增速达到 9.99%，规模以上工业企业年均增速更高，达到了 12.51%。三是我国企业竞争力显著增强。从我国出口情况来看，2009 年以 12016 亿美元成为世界第一大贸易出口国，2013 年我国进出口总额首破 4 万亿美元，超越美国成为世界第一大贸易国，从 2000 年到 2016 年我国的货物出口年均增长达到了 15.29%，进出口总额年均增长达到了 14.75%。

3. 我国实体经济的研发与可持续性发展能力提高。近年来，我国以企业为主体、市场为导向、产学研相结合的技术创新体系正在稳步形成，科技创新能力显著增强，日益成为实体经济发展的强大引擎。首先，我国研发投入快速增长。我国积极实施创新驱动发展战略，科研经费大幅度增加，技术创新水平得到提升。数据显示，我国的研发投入从 2006 年到 2016 年增长了 6.14 倍。其次，在我国研发水平的国际地位显著提高，2011 年我国发明专利申请量首次超过美国，跃居世界第一位，占到全球总量的 1/4。2013 年我国 PCT 国际专利申请量已跃居世界第三。我国科技创新能力得到快速提升，某些领域与欧美发达国家技术创新水平的差距趋于缩小，已经从以前的"望尘莫及"大幅提升至如今的"望其项背"。在影响未来研发走向的十大关键性领域中，我国有 8 项进入研发领先国家前五位，其中农业和食品生产、军事航天、国防安全、能源生产与效率、信息与通信等领域进入前三位。最后，我国企业研发投入加大，研发能力增强。2016 我国企业 500 强研发投入同比增长 7.4%，研发强度为 1.48%，同比提升 0.19 个百分点。2011 年开始我国研究开发人员数量已经居世界首位。目前，我国以企业为主体的技术创新体系日臻完善，充满活力，在实体经济发展中发挥着越来越重要的作用。

（三）我国实体经济发展存在的主要问题

1. 我国工业化发展过程中实体经济的产业结构不合理，产业空心化趋势显现。在我国工业化发展过程中，基于发达国家在后工业化过程中出现的产业空心化的基本规律和治理模式，当前我国面临三大困境。第一，我国经济正处于增速换档的关键阶段，我国经济增长速度将从高速转向中高速。第二，我国经济发展的内在要素发生了结构性变化，劳动力约束、资源环境约束和结构性矛盾加大。表现在劳动力要素约束强化上，"人口红利"衰竭和"刘易斯拐点"的到来是其集中体现。第三，产业空心化过程中由于实体经济与虚拟经济的失衡，产生了流动性过剩、信用过剩和产能过剩三种结构性过剩现象，当前正在开展的供给侧结构性改革任重而道远。

2. 与世界主要发达国家相比，我国的金融业发展过快。从我国与世界主要发达国家的金融业增加值 GDP 占比的比较可以看出，我国的金融业增加值占比发展趋势与发达国家显著不同。一是增长迅速，在 2005 年达到最低点的 3.99% 之后一直保持迅速增长的发展趋势，2015 年迅速攀升至 8.4%，2016 年短暂回落至 8.35%。二是目前的金融业增加值 GDP 占比已经显著高于英美等发达国家的水平，并远远高于

2012 年我国《金融业发展和改革“十二五”规划》所提出的金融业增加值 GDP 占比的 5% 水平。

我国金融业发展过快，且远远高于世界发达国家的现象说明了的原因，表明了本书的主要结论之一：我国实体经济规模发展迅速，但相比虚拟经济增速较缓，金融业与实体经济发展整体失衡。

3. 与金融业和房地产业相比，实体企业资本回报率下降趋势明显。近年来我国宏观经济总体放缓，实体经济增长乏力局面开始显现，但是金融业、房地产业等虚拟经济产业的发展规模却迅速膨胀，行业利润依然保持强劲增长的发展态势。实体经济收益率和实体经济资本回报率持续下降。据测算，我国的资本产出比已经由 2010 年的 34% 下降到 2016 年的 26%，而资本边际产出已经由 2010 年的 25% 下降到 2016 年的 18%。

4. 我国制造业大而不强。我国制造业大而不强的问题可以从世界 500 强和全球制造 500 强①的排名来考察。第一，在世界 500 强的排名上，美国、中国和日本位居前三，我国从 2002 年的 11 家增加到 2017 年的 103 家（不含港澳台地区），但分析行业分布可以发现，虽然我国在上榜公司数量上远远超越排在第三位的日本，但除了金融业，日本企业的上榜主体是 10 家电子和通信行业公司和 10 家汽车制造业公司，来自具备创新能力的优势行业；而我国除了金融业，最多的行业分布是 19 家能源、炼油、采矿公司和 14 家房地产、工程与建筑公司。另外，在利润榜的分布上，前五名分别为美国苹果公司、中国工商银行、中国建设银行、中国农业银行和中国银行，由此可以看出我国制造业的盈利能力显著弱于金融业。第二，在全球制造 500 强的分布上，我国内地入选的企业 57 家，位列美国、日本之后。以营业收入计算的排名，我国有中国石化、中国石油和上汽集团，但以利润计算的排名前十名中没有一家中国企业。

5. 中小微企业经营成本上升明显。经营成本高企是导致实体企业，尤其是中小微制造企业生产经营困难的突出原因。近年来我国实体企业特别是中小微企业，已经全方位进入“高成本时代”，不同程度地存在用工成本上升、融资难融资贵和税费负担沉重等问题。相关统计表明，过去被认为是低制造业成本的中国，其制造业的低成本竞争优势从 2004 年到 2016 年已大幅减弱，相比美国，中国制造业的成本优势从 14% 下降到 4%，飞涨的劳动力和能源成本削弱了中国制造的竞争力。

6. 社会价值缺失，企业家精神衰减。当前我国企业家精神面临着整体性缺失的局面，突出表现在：第一，投机严重，缺乏实业精神。例如，国内众多上市公司、银行以及民企纷纷抛开本业，通过委托贷款或相互放贷的形式赚取主营业务外收入。第二，唯利是图，漠视社会责任。第三，信用缺失，无视商业道德。当前由于现金

① “全球制造 500 强”由全球制造商集团独家编制，于 2017 年 8 月 22 日在北京发布了“全球制造 500 强”（首届）排行榜。

流断裂所导致的跑路问题在江浙、山东等地区层出不穷。这些问题的出现虽然有社会整体性因素和企业经营外部环境的原因，但企业家契约精神的丧失却是不容置疑的事实。

三、加大金融支持实体经济和小微经济力度

（一）加强金融支持实体经济的治本之策在于建立普惠金融体系

研究金融支持实体经济问题，可分为两条线，一条是资金没有进入实体经济，即“脱实向虚”、自我膨胀；一条是资金虽支持了实体经济，但内部结构有问题，即配置失衡，当前在我国主要表现为大中企业高杠杆和小微经济体服务不到位并存。

1. 我国金融业出现了过度膨胀。在研究一国或一地区金融体量是否合理、是否存在“脱实向虚”时，通常可计算金融业增加值占 GDP 比重和金融业增加值占服务业比重，并通过与成熟市场经济国家的比较来做出基本判断。

金融业增加值占服务业增加值的比重，2016 年中、美、日分别是 16%、9%、7%，我国金融业增加值在服务业中的比重达到美国的 1.78 倍，日本的 2.29 倍。

需要强调的是，美日两国，尤其是美国的金融业是服务于全球经济的，对于同等数量的本国经济规模，美日的金融业规模理应大大高于我国相对开放程度不高的金融业。所以，我国整个经济和服务业越来越金融化，金融存在过度膨胀。

2. 金融空转和大中企业高杠杆是膨胀过度的重要原因。金融空转和自我膨胀主要表现为金融资产总量不断膨胀，投资效率不升反降；资产价格过快上涨，而商品价格较低甚至负增长；上市企业收入更多依赖于金融投资等非主营业务收入。大中型非金融企业高杠杆率可以由数据来说明。根据社科院的研究，2008 年之前，除个别年份外非金融企业杠杆率一直稳定在 100% 以内，而在 2008 年后，加杠杆趋势明显，由 2008 年的 98% 攀升至 2014 年的 149.1%，其间上升了 51.1 个百分点。至 2015 年底，非金融企业部门问题比较突出，债务率高达 131%，如果把融资平台债务加进来（这部分与政府债务有所重叠），非金融企业部门债务率高达 156%。

3. 以加强监管治理金融自我膨胀仅能治标。金融自我膨胀使经济脱实向虚，导致实体经济难以获取金融服务，银行从资金高效配置者转为资金占有者，并为金融危机埋下隐患。因此，加强金融支持实体经济，要尽量避免金融自我创新、自我空转和自我膨胀。

虽然我国监管取得了一些成效，但只要人的贪婪没有消除，金融自我创新就不会终止，监管与自我创新的博弈将一直持续下去。堵住漏洞和引导规范发展可以在既定时期发挥作用，但要从根本上降低金融空转的强度和概率，还需要更深层次的建设性措施。

4. 以债转股降低大中型企业高杠杆率是权宜之计。企业高杠杆主要是国有大中型企业高杠杆，这是金融资源配置失衡的表现。国有大中型企业高杠杆的另一面，

是众多小微经济体金融服务不到位，融资难、融资贵。

企业高杠杆会限制企业进一步融资能力，引发产业链财务危机，限制经济长远发展；也会提高不良贷款率，带来系统性风险，甚至引发全社会信用危机。

非金融国有大中型企业去杠杆，本质是化解风险，因此是金融服务失衡之后的债转股，仅是一种补救性措施，而非建设性措施。债转股也许可以化解风险，但不服务好小微经济体，则仍然是一条腿走路，不能避免这些大中型企业杠杆率的周期性升高。

5. 建设服务小微经济体的普惠金融体系是治本之策。加强金融服务实体经济，既要避免金融自我膨胀和非金融企业高杠杆，又要避免小微经济体融资贵、融资难。如果小微经济体的融资需求得到了充分满足，则说明经济机体中资金能从心脏顺畅流入毛细血管，这就不容易出现血液只供心脏（金融空转）和在血管中形成血栓（企业高杠杆）这两种情况。因此，加强金融服务实体经济，治理金融自我膨胀和企业高杠杆，需要开阔思路，从小微经济体的金融服务改善入手。

普惠金融体系是一个集机构、技术产品、监管、社会服务和政府政策五位一体的体系，也是我国金融体系不可或缺的组成部分。建设中国普惠金融体系，是一项负责的社会系统工程。

（二）国内外金融支持实体经济的经验和措施

从全球看，金融支持实体经济的不平衡、不充分的发展问题的治理路径，主要有三条，即为：治理金融自我膨胀、降低非金融大中型企业的杠杆率、增加对小微经济的支持力度，各国已经取得了丰富的成功经验。

1. 金融自我膨胀治理的经验措施。从全球看，美国、欧洲、日本等国家的金融机构以非国有制为主，而我国金融机构以国有制占绝对比例，各自金融自我膨胀的治理路径不一样。

（1）美国治理金融自我膨胀的主要措施。在金融机构方面，美国的金融机构去杠杆和金融机构规模收缩是同步进行的。次贷危机爆发后，雷曼兄弟倒闭、美洲银行和美林银行合并，以及贝尔斯登被收购等，大大地降低了美国金融机构的债务，也大大减少了美国金融机构的规模。围绕金融机构的资产负债表，美国通过部分金融机构的破产，以及及时地补充资本金，在降杠杆的同时，也约束了金融机构的自我膨胀。在金融监管政策方面，最为重要的是出台了《多德—弗兰克法案》，严格规范金融机构的运作、保护消费者利益，防止重蹈金融危机的覆辙。

（2）我国治理金融自我膨胀的主要措施。

①对国有金融机构高管实行限薪。根据中央安排，对中央金融企业及地方金融企业的高级管理人员，包括本金融企业法人的党委成员、高级管理人员等，实行薪酬限制规定，并按照一定的程序给予公示。

②以同业、理财、表外业务为监管重点。同业监管方面，从2009年起，监管部门就开始密集出台规范同业业务的监管政策。在理财监管方面，为防止理财资金

“脱实向虚”，银监会对理财资金投资非标准化债权资产提出了总量控制、投向管理（投资项目符合国家宏观调控政策及产业政策）和审慎风险兜底（比照自营贷款管理）等一系列监管要求。

总体上看，金融自我膨胀治理初显效果。2016 年资金“脱实向虚”程度略有缓解，M2 增速与 GDP 增速、CPI 涨幅之差从 2015 年末的 5% 下降至 2016 年末的 2.6%。

2. 非金融企业去杠杆的经验措施。从国际看，美国、日本等经济体实施的非金融企业去杠杆，都遵循了一个原则，即“不破坏信用体系、维护信用体系”，但是措施各异。

（1）美国“杠杆转移”和去杠杆的主要措施。在 2008 年国际金融危机爆发之后，美国采取了一系列的去杠杆措施，核心政策包括杠杆转移和经济结构改革，并辅助实施宽松货币政策等宏观调控措施。在杠杆转移方面，主要是将杠杆转移到政府，联邦政府加杠杆，实体企业及地方政府、金融机构、居民去杠杆。在实体企业层面，美国主要采取了三种措施降低实体企业的杠杆率：一是得益于僵尸企业的破产重组，降低整体实体企业的杠杆率。二是改善实体企业的资产质量，通过购买问题资产和股票，以及股票价格上涨带来的财富效益，促进大中型实体企业的负债率逐步下降，其资产负债表逐步修复。三是部分大型企业的国有化。

（2）日韩通过债转股去杠杆的主要措施。日本和韩国是通过特定的金融资产管理公司，对有发展前景和政府支持行业的高债务企业，实施债权转换为股权，达到降低目标企业杠杆率，并促进目标企业再生和发展的目的。

在日本，针对大中型实体企业的债务处理及去杠杆，先后出现了两家特殊的金融机构，分别为产业再生机构和企业再生支援机构。在 2003 年日本存款保险公司设立了产业再生机构，主要功能是加速处置不良资产、推进企业和产业再生等。在美国次贷危机爆发后，日本政府设立了企业再生支援机构，主要是支持那些具有技术及经营资源，但因负债过多、经营陷入困境的骨干性质的中小企业。企业再生支援机构通过收购债务，及债务重组、债转股、追加融资等措施，改善日本的中小企业经营效率，促进日本经济恢复和发展。

1997 年亚洲金融危机爆发后，韩国成立了韩国资产管理公司，加速不良资产处置，并通过债转股等措施，支持韩国的实体企业，帮助韩国经济复苏和发展。2008 年，美国次贷危机爆发后，韩国资产管理公司依然取得了巨大的成功，已经成为韩国抵御金融危机、确保韩国经济金融体系长期稳定的重要力量。

（3）我国非金融企业去杠杆的主要金融措施。①发展创新金融工具。2016 年以来，中国人民银行和国家发展和改革委员会等部门多次发文积极鼓励企业直接发债融资。可发行的创新金融工具包括：优先股、永续债、长期收益债、可转换债券、绿色债券、高收益债券和资产证券化等。②债转股。本轮债转股的主要目标是降低国有企业杠杆率，由商业银行自身主导，商业银行或成立全资的资产管理公司，或与企业联合成立基金。中国农业银行、中国工商银行、中国建设银行等都率先成立了全资的资产管理公司，以市场化方式参与债转股。③提高股权融资比例。可选的方式包括吸收风险资本、吸收私募股权基金、主板上市融资、配股或增发、进行重大资产重组、借壳上市、新三板挂牌融资、发行优先股和在区域性股权市场挂牌交易等。

综合来看，发展创新金融工具和提高股权融资比例这两类直接融资方式发挥作用需要较长时间，政策效果仍需观察，而债转股则相对较快。根据国家发展和改革委员会发布的数据，自2016年10月初国务院出台债转股实施意见以来，截至12月9日，国有企业债转股先行先试规模大约为1500亿元，至2017年2月上旬中国市场化债转股签约金4300多亿元。

3. 金融支持小微经济体的经验措施。我国小微经济体主要包括从事工商各行业的小微企业、从事各种职业的个体工商户，以及在广大农村地区经营发展的农户。从全球看，已经在资金借贷和股权投资两个领域中积累了金融支持小微经济体的经验。

（1）债权支持小微经济体的经验措施。在资金借贷方面，孟加拉国经济学家穆罕默德·尤努斯（Muhammad Yunus），在微额贷款方面作出了杰出贡献，被称为“穷人的银行家”，通过创办孟加拉乡村银行（Grameen Bank），专门为因贫穷而无法获得传统银行贷款的创业者、家庭农场等提供小额、微额资金，从社会底层推动经济和社会发展。在菲律宾，小额信贷资金批发机构是支持小微企业、家庭工厂、家庭农户等小微经济体获得借贷资金的主要金融机构，包括国有资金批发机构、私人开办的银行、服务三农的乡村银行，以及以捐款作为主要来源的专营批发贷款的基金公司。另外，为了扩大服务小微经济体的金融机构的资金来源，墨西哥、印度、南非等国家还使用资本市场充实这些小额信贷机构的资本金。

在支持现代农业的金融组织方面，美国农业部下属的农场主之家管理局、商品信贷公司、农村电气管理局将信贷资金投放给家庭农场，并且主要来源为政府拨款，具有鲜明的政策性特征。同时，联邦土地银行等具有互助合作性质的信贷机构，以及众多的社区银行，也纷纷介入庞大、纷杂的家庭农场中。

近年来，我国在满足小微经济体资金借贷需求方面也做了大量努力。从机构看，以农业银行为代表的大型国有商业银行也在扩大对小微经济体信贷资金的投放规模和比重，尤其是农业银行专门成立了三农金融事业部，主要服务于农民、家庭农场等小微经济体。农业发展银行、邮政储蓄银行、农村商业银行等一批传统的服务三农和小微经济的金融机构也在不断地加大服务小微经济体的力度。同时，小贷公司、典当公司、担保公司等也陆续加入服务小微经济体，并取得了成功经验。从相关政策看，央行对支持小微经济体的商业银行实施了优惠存款准备金率，也通过再贷款等形式支持三农和小微经济领域，并取得了较好成绩。总体上，我国在政策、机构和产品等多个层面加大支持小微经济体的资金借贷需求。

（2）股权投资支持小微经济体的经验措施。在股权投资方面，国内外金融机构都偏好小微经济体中的科技企业和创业企业，同时将股权投资和借款融资相结合，更好地服务小微经济领域。在美国，最为常见的是小企业投资公司模式和硅谷银行模式。第一，小企业投资公司模式。商业银行直接设立或通过控股公司设立小企业投资公司，该公司是经美国小企业管理局授权并发放执照的专业风险投资机构，主要为小企业提供股权投资或债权融资服务。第二，硅谷银行模式。成立于 1983 年的美国硅谷银行是从事投贷联动业务最早的金融机构。硅谷银行专门设立子公司硅谷银行资本，该子公司直接参股目标企业，或通过风险投资基金参与股权投资，硅谷银行发放配套贷款，与子公司形成投贷联动。基于这种特殊模式，硅谷银行在支持科创企业的同时，获得了超过一般商业银行的高收益。

在英国，商业银行以特定的私募股权基金（PE）形式开展股权投资及融资服务，更好地支持特定的小微企业。2011 年，英国通过成立新型私募股权基金——“中小企业成长基金”（BGF），专门投资科技型、创业型的小微企业。此外，日本与其他欧洲国家探索开展相关业务，主要以风险贷款模式为主，即：商业银行直接以创投贷款形式对创投机构进行信贷支持，创投机构再对目标企业进行投资。在我国，从股权方面支持小微经济体形成了两条路径，一方面鼓励金融机构扩大对小微经济体的股权投资，另一方面增加专门投资于小微经济体股权投资的金融机构。另外，加大针对特定小微企业的股权投资和信贷融资互动的模式，比如，银监会、科技部与人民银行鼓励和指导银行业金融机构开展投贷联动业务试点。

4. 加大金融支持小微经济体力度是根本出路。全球无论哪个国家，如果说在资金相对紧张的历史时期，在战略上要求必须先满足大中型企业而致小微经济体服务不到位是情有可原的话，那么一边是金融自我膨胀和大中型企业去杠杆，另一边却是小微经济体融资难问题长期得不到明显改善，则反映的是金融脱实向虚和资金配置失衡这两大必须从根本上解决的问题。

从各国包括我国金融自我膨胀和企业去杠杆治理的经验来看，几乎都在走“出问题—补窟窿—再出问题—再补窟窿”和“积聚风险—物理释放—又积聚风险—又物理释放”的循环。但是如果所有小微经济体的融资需求都能在风险可控的情况下得到满足，且金融机构能实现商业可持续或财务可持续，则资金脱虚向实和在大中型企业、小微经济体之间均衡配置就是市场的力量使然。因此，金融自我膨胀治理、实体企业去杠杆治理和加大小微经济体支持力度这三个问题的内在逻辑是一致的：金融自我膨胀治理是要资金脱虚向实，实体企业去杠杆和加大小微经济体支持力度是实现资金在实体经济中均衡配置。但主要矛盾是加大小微经济体支持力度，要解决好这个问题，首先要明确服务的主要对象，即小微企业、个体工商户、新型农业经营主体、农户特别是贫困农户；其次要分别深刻分析对接这些小微经济体的自然特征和融资需求特征，确立从供给侧改进服务的方向和要点；最后是要从机构、技术产品、监管、公共基础设施和社会服务、政策支持五个方面建立完备的普惠金融体系来全面系统地解决小微经济体融资难问题。

（三）加大金融支持小微企业（个体工商户）力度

1. 当前金融支持小微企业发展中的主要问题。小微企业在发展中遇到的最大瓶颈莫过于融资难。当前，我国金融体制的改革步伐仍与实体经济发展、小微企业的需求存在较大差距，突出表现在金融服务的惠及面与量大面广的小微企业需求不相适应上，融资难、融资贵问题仍未得到根本解决。

虽然国家采取了一系列措施予以纾困，小微企业融资困境在一定程度上有所改观，但仍未得到根本解决。由于一些制度性障碍的存在，大多数小微企业仍然无法获得有效的融资支持。主要问题有：一是缺乏政策性小微企业专营银行。二是现有银行技术产品体系不适合小微企业需求，且服务意愿差、利率高、费用高。三是小微企业融资统计口径仅依实体经济划型确定，很多明显非小微企业的大额贷款混入，推高数据。四是担保体系和信用体系建设滞后。五是当前的直接融资门槛高、周期长，能够在资本市场开展直接融资的小微企业“凤毛麟角”。

2. 设立政策性银行扶持小微企业发展。2011 年以来，在政府高度关注和重视下，一系列支持小微企业的金融、财税政策得以出台，小微企业的信用分类评级机制正在逐步建立中。商业银行业纷纷建立了专业化的小微企业贷款部门，创新了组织架构、技术手段、管理流程和信贷政策，并且探索和开发适用于小微企业业务的风险计量体系，采取差别化的考核机制，来促进产品与业务创新，改善了小微企业融资服务。

但是，小微企业自身仍然存在经营规模小、财务制度不规范、生产成本高、利润薄、技术水平差、抗风险能力弱等问题。目前，大多数有融资需求的小微企业从商业银行贷款问题依旧比较困难，小微企业的信贷获得率和频次不是很高，信贷条件不符合的企业居多，难和贵的问题突出，建议设立政策性银行扶持其发展。

（1）借鉴国际先进经验。通过研究全球发达经济体的金融体系，我们发现美国、德国和日本均在解决小企业融资难方面有过积极的探索和成功的经验。例如：美国政府成立的小企业管理局（Small Business Administration，SBA），是专门支持小企业的信贷机构。SBA 主要提供担保和建立信用保障体系，同时每年有 100 万个企业能够从 SBA 得到贷款支持。德国的复兴开发银行（KFW）从 20 世纪 70 年代开始制订了小企业支持计划，利用自身高信用级别的优势从资本市场上筹资向小企业提供较长期限的优惠利率贷款。KFW 的贷款中 96% 为投资贷款，对小企业的融资占到约 39%。日本被称为“中小企业问题的先进国”，一方面通过商工组合中央金库等政府资助成立的为中小企业服务的金融机构提供融资；另一方面，成立了 52 个地方信用保证协会，建立担保体制和信用审核机制。

国际上解决中小企业融资困难的经验主要包括：建立信用评级体系，提供政策性担保体制和设立政府支持的专门金融机构。

（2）我国小微企业融资难的特点。国际经验不一定能照搬照抄，通过调研，我国的小微企业融资难的特点如下：

①从宏观上看，存在四个方面问题：一是缺乏面向小微企业的银行资源，各类银行将80%的金融资源投入大中型企业中；二是担保体系不健全，缺乏政策性担保机构，而且担保机构过分重视抵押品，对小微企业的支持力度非常有限；三是信用体系不健全，缺乏全国统一的征信体系，使得小微企业的风险评估变得困难。四是金融体系不够完善，缺乏股权融资等直接融资渠道，使得小微企业的融资来源单一且困难。

②从微观上看，现行商业银行对小微企业贷款中，存在四个方面困难：一是过于依赖抵押品，而小微企业大多数是没有足够的抵押资产；二是审贷标准偏重财务数据，大多数银行缺乏基于小微企业软信息的审贷标准，如三表（水表、电表、报关表）、三品（人品、产品、押品）、经营历史记录、税收、知识产权；三是审贷流程漫长而低效，不能满足小微企业资金需求“短小频急”的特点；四是绩效考核偏重于不良率和业绩，造成商业银行更愿意发放低风险的大企业长期贷款。

上面的问题和困难在短期内难以通过市场调节手段得到解决。无论是我国小微企业低下的财务和信用水平，还是商业银行“业绩导向”的经营目标，以及不完善的社会信用体系等问题，均非一朝一夕可以化解。因此，借鉴国际经验，建立专业、客观、中立的政策性金融机构，能够发挥开拓、扶持、引导和弥补空白的作用。

（3）设立政策性银行的必要性。设立政府支持的专门金融机构为小微企业提供长期、低息的资金支持已经被证明是世界各国支持小微企业发展的必要手段，以下从三个方面作进一步的说明：

①商业银行的逐利性导致难以支持小微企业贷款。首先，由于宏观经济下行商业银行正面临巨大的信贷风险。其次，高风险高利率的商业原则加重了小微企业负担。小微企业自身的特点造成了其财务信息简陋，管理水平不高。如果按商业原则通过高利息水平来覆盖风险，则又进一步加重了小微企业的经营负担和风险。最后，联保、担保制度运行不畅。前几年比较流行的小微企业联保制度和第三方担保公司提供担保的方式也遇到了越来越大的挑战。

②现有的开发性、政策性银行没有覆盖广大小微企业群体。我国现有的国家开发银行、农业发展银行和进出口银行等政策性银行在其各自的专门领域都发挥了积极的作用。但通过对比和分析各家政策性银行的定位和职责可以发现，上述三家开发性、政策性银行并没有覆盖广大的小微企业，虽然国家开发银行曾在推动和尝试小微企业贷款方面做出过巨大的努力，但三家开发性、政策性银行都没有形成常态化和规模化的小微企业融资业务格局。

③小微企业急需政策性银行的融资支持。除了以上从资金供给端的短缺能够看到成立政策性银行的必要性外，再从资金的需求端分析，更能发现成立政策性银行来支持小微企业的必要性。

一方面，小微企业的融资需求依旧旺盛。规模以下的小企业 90% 没有与金融机构发生任何借贷关系。在工商银行 2014 年的年报中，其 509 万户的对公企业客户中仅有 14 万户有融资余额，可见多数小微企业仅仅为其提供存款，而无法获得贷款，其他商业银行的客户情况也大同小异。另一方面，负债的小微企业约 80% 有民间借贷行为，这几年异常火爆的 P2P 平台贷款年化利率通常在 20% ~30% 之间，从贷款价格上充分说明了小微企业资金短缺的程度。

我国的小微企业固然存在财务信息不透明、不准确，信用意识淡薄和管理水平低下等问题，成立一个不以盈利为主要目的的政策性银行恰好更能够从提升和培育小微企业的诚信机制，减轻财务负担和缓解资金紧张的角度来帮助、扶持它们。同时，借助于市场化的机制，本着诚信原则为商业银行筛选和输送诚信而合格的小微企业，从而起到净化市场环境，发挥引导和填补空白的作用。

3. 加大金融支持小微企业（个体工商户）的其他建议。

第一，大力发展中小金融机构。一是继续合理放松金融业的准入管制，大力发展由民间资本发起设立、自担风险的内生型中小金融机构。二是重视发展各具特色的中小金融机构和类金融机构。

第二，科学推进小微企业金融服务监管。一是完善现行监管激励体系。建议银监会和人民银行在小微企业金融服务差异化监管方面进行政策整合，进一步完善并统一监管激励指标，为商业银行提供准确有效的激励导向。二是对中小金融机构实施差异化监管。对于中小银行、小额贷款公司、典当行、融资租赁公司等中小金融机构实施差异化监管。

第三，持续完善小微金融服务的基础设施与制度建设。一是有序推进征信体系健康发展；二是加快完善社会信用体系，全面提升信用融资水平；三是建立全国性电子化的动产融资统一登记平台；四是加快建设应收账款融资服务平台；五是充分研究和利用金融科技加快金融基础设施建设和金融监管水平提升；六是扩大中小金融机构资金来源；七是完善小微企业金融服务统计口径。

第四，健全小微企业贷款风险补偿机制。在总结当前各地开展小微企业贷款风险补偿机制建设经验的基础上，建立国家层面的小微企业贷款风险补偿机制，并制定全国统一的管理制度，组建自上而下的管理机构，为小微企业贷款风险补偿机制的建立及运行提供服务和有效监管。

第五，大力推动多层次金融市场建设。一是深化多层次股权交易市场的建设；二是加快发展企业债券市场，切实拓宽企业融资渠道。

（四）加大金融支持新型农业经营主体力度

“2020 年全面建成小康社会”目标实现的关键在于当前贫困人口如期脱贫。截至 2016 年底，按照“农民年人均纯收入 2300 元（2010 年不变价）”的贫困线标准，中国仍有 4335 万贫困人口。这其中约有 1500 万 ~2000 万人需要通过产业发展来脱贫。

2012 年以来，新型农业经营主体开始出现在官方文件中。党的十九大报告指出，构建现代农业产业体系、生产体系、经营体系，完善农业支持保护制度，发展多种形式适度规模经营，培育新型农业经营主体，健全农业社会化服务体系，实现小农户和现代农业发展有机衔接。目前，实现适度规模化经营的农业产业化龙头企业、农民专业合作社、家庭农场和专业大户这四类新型农业经营主体逐渐发展壮大，其主要特点是规模化、产业化、商品化、集约化程度较高，已成为我国发展规模经济、建设现代农业的重要力量，总体具备了带动贫困农户就地脱贫的条件。

1. 新型农业经营主体及金融服务概况。改革开放以来，随着我国扶贫开发工作的大规模开展，全国很多地区贫困发生率大幅度降低。与此同时，扶贫工作也进入了“贫困程度深、致贫原因杂”的攻坚阶段。金融作为一种市场手段，直接支持生产条件、劳动技能、知识、文化均较弱的贫困农户，虽然能够缓解其资金短缺的问题，但仅靠其个人、单户的生产方式短期内难以较好地形成稳定的、规模化的脱贫效应，还有可能形成银行的坏账风险，需要更多地考虑间接发挥金融对贫困农户的支持作用。

党的十八大报告明确：要发展多种形式规模经营，构建集约化、专业化、组织化、社会化相结合的新型农业经营体系。党的十八大以来，我国现代农业经营体系建设取得较大进展。2017 年 5 月，中办、国办印发《关于加快构建政策体系培育新型农业经营主体的意见》提出，“在坚持家庭承包经营基础上，培育从事农业生产和服务的新型农业经营主体是关系我国农业现代化的重大战略”，并第一次明确了支持新型农业经营主体发展的政策框架。

目前，全国部分地区支持新型农业经营主体的金融服务有以下特征：一是初步形成了双层金融机构体系，大中金融机构主要服务大中型农业产业化龙头企业，农商行（农信社、农合行）和村镇行等小微金融机构主要服务一般规模农业产业化龙头企业、农民专业合作社、家庭农场和专业大户。二是金融产品有所创新，多地积极探索“林权”抵押融资产品、钢架大棚质押和涉农财政补助期权质押贷款产品，产业链成员出资成立担保基金的担保贷款产品，基于现场调查、农村信用体系、大数据征信等技术的无抵押无担保小额信用贷款。三是部分地区对公共服务体系进行了有益探索，浙江省政府、广西田东县政府在原有农户信用体系的基础上，将新型农业经营主体纳入征信范围，广州、杭州、成都、南昌、昆明和田东等地都建立了农村产权交易中心或农村综合产权交易所，为农村产权以合理价格及时变现提供了平台，为金融机构发放产权抵押贷款解除了后顾之忧。四是财政支持力度持续加大，部分地方政府通过财政建立风险补偿基金与金融机构共担风险，制订农业保险保费补贴方案和针对保险公司理赔的政府分担机制等。

2. 存在的主要问题。

第一，金融机构逐利性强，服务深度低。一是不同地区农商行、农信社和农合行服务情况差别巨大，大部分农商行、农信社和农合行选择了提高笔均贷款额度和资金调出县域等方式获取利润，本地吸存资金未能有效服务新型农业经营主体。二是现有农村资金互助组织综合实力弱，当前的资金互助组织主要是在贫困农户之间建立的，资金互助组织在资金来源、内部治理和机制设计等方面都存在较大缺陷，难以将新型农业经营主体作为主要服务对象。三是村镇银行和小贷公司“使命漂移”，“村镇银行不村镇”、“小贷公司不小额”现象普遍，总体上难以有效服务新型农业经营主体。四是农行、邮储行服务意愿、能力有限，农行绝大多数县支行人员有限、乡镇网点很少、逐利性强，吸储意愿强、放贷意愿弱。五是国开行、农发行扶贫事业部间接服务新型农业经营主体业务方面有较大开发潜力。

第二，金融技术创新速度慢、范围小。一是抵质押技术创新速度慢、范围小，农村土地承包经营权和农民住房财产权抵押贷款进展缓慢，质押技术普及率低。二是“无押、无保、无表”信贷技术推广范围有限，四类新型农业经营主体总体上缺抵押、缺担保、无财表，贷款需求上额度小、用款急，融资需求以笔均数十万元的信用贷款为多，只有个别省份金融机构探索了信用贷款技术，受益面很窄。

第三，信用体系和担保体系不健全。一是信用体系建设覆盖面窄，信用信息独占性强、兼容性低，针对新型农业经营主体的信用评级工作相对不足，效用发挥受限，现有各金融机构之间的信息和数据无法共享，导致信息资源浪费严重，同时其他金融机构对信用评级的认同性低，导致信用体系兼容性不足。二是政策性担保体系缺失，目前以财政出资为主、以新型农业经营主体为主要服务对象的政策性融资担保机构和再担保机构不足，已经建立政策性担保机构的地区大多也没有明确专项资金支持新型农业经营主体。

第四，政府政策的科学性、精准性和差异性不足。一是县域金融机构增值税简征政策引导性不足，未能明确引导这些金融机构服务向贫困农户、普通农户、新型农业经营主体和农村小微企业下沉。二是坏账损失分担机制缺乏科学性，很多县级政府受地方财力限制未建立新型农业经营主体贷款坏账分担机制。三是贴息政策应用多、不精准，不利于金融扶贫长效机制形成，从操作上看，新型农业经营主体的贷款贴息大多未与其带动或吸纳的贫困农户情况挂钩，对扶贫脱贫的贡献不大。

3. 建立新型农业经营主体金融支持体系的建议。

（1）建立多层次农村金融机构体系。

①约束与鼓励并重，引导农商行（农信社、农合行）服务覆盖新型农业经营主体。明确农商行（农信社、农合行）支农支小主力责任，严控存贷比，要求其吸存资金优先满足本地农户和新型农业经营主体；停止部门利益驱使的要求农信社在规定时间内必须转为农商行的做法；积极推广农信系统创新抵质押技术和发展农村信用体系降低成本风险的典型经验，以便有效服务新型农业经营主体融资需求。

②加快探索基于农民专业合作社联合社的农村资金互助合作升级版。建立农民专业合作社联合社，实现生产、供销和信用合作三位一体。在信用合作中，农合联

可将农信机构纳为会员，允许有条件的成员合作社组建农民资金互助会，并与农信机构建立战略合作关系，同时建立农合联成员合作社信用体系，为农合联成员合作社提供授信服务。

③学习江苏经验，推动村镇银行和小贷公司回归农村。2007 年，江苏省就明确规定，小贷组织贷款支持“三农”的比例不得低于 80%，经过 10 年实践，已基本探索出了小额信贷的“江苏模式”。当前村镇银行和小贷公司使命漂移，这就需要以“江苏模式”为榜样，有计划、有步骤地推动已有和新设村镇银行和小贷公司回归农村业务。

④鼓励大型金融机构发挥特长支持新型农业经营主体。充分发挥国开行信用贷款业务经验，为农商行（农信社、农合行）、村镇银行和小贷公司在信贷技术和产品的引进与改造、人员培训、IT 系统建设和批发供应资金等领域提供服务；鼓励农发行、农行和邮储行向服务新型农业经营主体和农户较好的农商行（农信社、农合行）、村镇银行和小贷公司提供批发供资服务。

⑤发展互联网金融为新型农业经营主体服务。互联网金融利用大数据和云计算技术实现部分风险控制，考虑同时与较为成熟的线下渠道相结合，实现线上、线下相结合的互联网金融服务新型农业经营主体模式。探索以金融为抓手、以农业产业链核心企业为中心向合作的农民专业合作社、农户提供全方位社会化闭环服务的新型服务模式。

（2）丰富多样化金融技术产品体系。一是加快推进农权抵押贷款。鼓励金融机构根据当地资源创新推广适合新型农业经营主体的林权抵押、农村承包土地经营权、农民住房财产权抵押贷款产品。二是推广农业设施抵押和财政补助期权质押经验。三是为小弱新型农业经营主体提供免押、免保、免表的个人信用贷款。四是在建立农村信用体系的基础上，通过技术和产品创新，为专业大户户主、家庭农场主和农民专业合作社负责人提供个人信用贷款。五是继续探索互联网金融线上、线下结合的放贷技术。利用互联网，通过线下信贷员天然的熟人圈信息优势与大数据线上风控模型相结合，探索对新型农业经营主体的无押、无保纯信用贷款的发放。

（3）建设农村信用和政策性担保体系。

①分类分层建立奖惩挂钩、更新全面的农村信用体系。一是在对新型农业经营主体分类、分层基础上，建设差异化信用体系。二是建立新型农业经营主体贷款额度、利率和期限与信用等级相挂钩的机制，激励新型农业经营主体加强内部管理、完善财务制度、强化守信意识。三是整合现有的人行征信和工商信息两大平台数据，建立政府主导、征信统一的金融网络资讯信息服务平台，实现信息的部门间互通共享，扩大新型农业经营主体信用信息的采集类别，以利交叉查验。

②推动建立新型农业经营主体融资性担保服务体系。一是建立县级政策性农业担保机构为规模较大、信用较好、信息较全的新型农业经营主体提供服务，建立省级农业再担保机构，为县农业担保机构提供服务。二是在信用体系评级较完善的地

区，可灵活运用信用评级结果，对信用等级高的小规模新型农业经营主体予以担保支持。

（4）完善梯次性财税政策体系。

①以简易征收增值税引导县域金融机构服务下沉。将简易征收增值税政策优惠对象限定为“农户、新型农业经营主体贷款和农村小微企业贷款平均余额占全部贷款平均余额的比例高于70%（含70%）”的小微金融机构，达不到以上要求的金融机构金融业增值税税率按6%（而非3%）征收。小贷公司参照执行。

②建立完善风险补偿机制。由县财政出资建立风险补偿基金，对为新型农业经营主体提供相关金融服务的信贷机构、担保公司、保险公司，给予风险分担补偿，以激励金融机构主动防范金融风险。

③实行分层梯次贴息机制。逐步减少财政资金用于新型农业经营主体贷款的贴息额度。依据新型农业经营主体带动贫困农户脱贫深度与广度的不同，采取差异化的分级贴息机制。

④增加奖补对象，收缩奖补范围。奖补政策少用“涉农”“三农”等宽泛的表述，收缩为“农户”“新型农业经营主体”“农村小微企业”等精准表述。奖补政策适用对象覆盖服务新型农业经营主体和农户较好的农商行、农信社、农合行、村镇银行、小贷公司。

（五）加大金融支持农户力度

实现农户经济跨越式发展对我国加快农业现代化建设、深化农业供给侧结构性改革等具有重要的推动作用。但是，当前金融满足率低阻碍了农户的进一步发展壮大。因此，加大金融对农户的支持力度是当前工作的首要任务。

1. 农户经济发展概况。

（1）农户经济是实体经济的重要组成部分。农户是中国农村最基本的生产单位，是传统农耕文明的重要载体。同时，农户既是专业大户和家庭农场等新型农业经营主体的培育源泉，也是农民专业合作社中承担生产职能的社员，还是与农业产业化龙头企业结成“公司+农户”“公司+基地+农户”产业链条的重要主体。根据农业部统计，截至2016年底，全国共有生产性农户2.6亿户左右，按我国农村家庭平均每户3人计算，涉及农业人口7.8亿人。因此，农户在我国经济社会发展中占据重要地位。但是，随着工业化和城镇化发展，小农户经济面临着土地经营规模小、劳动生产率低、务农收益少等诸多问题，而这些问题的解决直接或间接需要金融支持。

（2）农户的融资需求分析。从金融需求角度看，农户融资具有额度小、笔数多、地点分散，成本高；缺抵押、缺担保、缺财表；时间急、期限短、频次高等特征，且长时间内难以改变。而我国现有金融机构是以服务大中型企业和城市居民为目标，以正规财务报表和充分抵押物为基础运作的。金融机构服务的对象，依托的技术手段，提供的产品等与农户的融资需求均不匹配。因此，虽然农户需求影响面广、影响力大，但存在很大的缺口。

2. 农户金融供给状况。

（1）服务农户的主要金融机构概况。我国服务于农户的主要金融机构有：国开行、农发行等开发性和政策性金融，农行和邮储银行等大型商业金融，农商行（农信社、农合行）、村镇银行、小贷公司等小微商业金融，村级资金互助社等合作性金融，民间金融和保险机构等。它们根据自身特点，直接或间接、批量、稳定地对应服务于一定层次和类型的农户，初步形成了服务农户的农村金融体系。

（2）符合农户融资特点的金融技术及产品创新概况。传统银行放贷采用押房、押地和第三方担保的保证技术，大多数农户因无法满足这些条件而被拒。因此，金融服务农户必须提供符合其融资特点的金融产品。部分金融机构通过创新抵质押方式，引进小组联保、现场调查等草根金融技术，运用大数据互联网平台，解决了“无抵押、无担保、无财表”农户的贷款难题。

（3）农村信用体系开始逐步建立。部分地区的农商行系统和邮储行，依托网点优势，在当地金融办和人民银行等相关机构的支持下，开始涉足农村信用体系建设。农村信用体系建设较好的地区，农户的金融可得性有了很大提高。

（4）国家渐次出台了许多惠农政策。

①财政政策。在财政奖励方面，规定财政部门对县域金融机构当年涉农贷款平均余额同比增长超过13%的部分可按照不超过2%的比例给予奖励（财金〔2016〕85号）。在财政补贴方面，规定财政部门可对满足一定条件的新型农村金融机构给予不超过其当年贷款余额的2%的补贴（财金〔2016〕85号）。

②税收政策。在增值税方面，对金融机构、小贷公司取得的农户小额贷款利息收入，免征增值税（财税〔2017〕48号、财税〔2017〕77号）。在所得税方面，对金融机构、小贷公司农户小额贷款的利息收入，保险公司为种植业、养殖业提供保险业务取得的保费收入，在计算应纳税所得额时，按90%计入收入总额（财税〔2017〕44号、财税〔2017〕48号）。对金融企业涉农贷款计提的贷款损失专项准备金、小贷公司按年末贷款余额的1%计提的贷款损失准备金，准予在计算应纳税所得额时扣除（财税〔2015〕3号、财税〔2017〕48号）。

③货币政策。一是定向降准政策。为引导优化信贷结构，促进金融机构将信贷资金更多地投向农村地区贷款困难的群体，近年来，人民银行多次实施“定向降准”政策，引导金融机构增加有效信贷投入。二是扶贫再贷款政策。2016年3月，人民银行决定设立扶贫再贷款，利率在正常支农再贷款利率基础上下调1个百分点，引导地方法人金融机构切实降低贫困地区涉农贷款利率水平。

3. 金融支持农户和贫困农户发展中存在的具体问题。

（1）涉农金融机构数量少、能力弱。

①缺乏专门支持农户发展的国有大型金融机构。目前，全国尚没有专门为农户

特别是贫困农户服务的国有大型金融机构。中行、工行、建行虽在县域设有服务网点，但网点数很少且几乎都在县城，农户业务占比很小，扶贫参与度极低。

②中小型金融机构数量少、能力弱，支持农户意愿低。农信社乡镇网点多，但是很多农信社、农合行改制为农商行后，逐利倾向增强，加剧了县域资金外流和脱农倾向。村镇银行受主发起行和一县一行的设立限制，数量少、规模小、涉贫浅。村民资金互助组织资金总量小，服务农户少、单笔额度低。小贷公司资金来源受单一股东持股比例和两个银行业金融机构外源融资比例（1:0.5）的限制，大多无力也无心服务农户。

（2）金融产品和技术创新速度慢、运用范围小。

①免抵押免担保信用贷款技术实际覆盖农户范围小。在针对农户的小额贷款中，仅有农村信用体系建设较好省区或市县的农商行较多采用免抵押、免担保的信用放贷技术，实际覆盖农户范围非常有限。

②抵质押贷款创新产品应用范围小，推进速度慢。一是农村承包土地经营权和农民住房财产权抵押贷款目前还处于试点阶段，受到多方面制约；二是仓单、农机具、应收账款等质押贷款应用较少。

③互联网金融无法为信息不畅通的农户提供金融服务。农村地理、经济和人群的特征导致了农村金融在征信管理、风险控制、业务流程等方面存在着许多不足，导致互联网金融无法为信息受阻的农户提供金融服务。

④政策性农业保险覆盖面窄，商业性农业保险推广面小。政策性农业保险覆盖面窄，金融机构“慎贷”心理严重，影响了对贫困农户的放贷。商业性农业保险作为订单农业中的重要一环，在稳固个体农户和农业龙头企业契约关系方面具有关键作用，但目前在全国的普及率仍然较低。

（3）农村金融制度性基础设施发展滞后。

①现有统计指标体系不能完整、准确反映金融支农情况。现行金融统计标准中，金融机构主要采用“涉农贷款”“农业贷款”等指标，比较宏观、粗放，不能准确反映金融机构对贫困农户、普通农户的金融支持情况。

②农村信用体系建设薄弱，信息管理效率较低。农村信用体系建设仅在部分地区开展，总体来看仍然滞后于农户融资需求。同时，现行的信用体系建设主要由农商行（农信社）、邮储行承担，独占性强，共享性低，效力不够。

（4）现行监管体制削弱了金融机构服务农户的积极性。现行监管当局重风控、轻发展，对发展方面的考核少，引导政策粗放，对地方授权不足，金融坏账终身责任追究制下信贷员宁可不贷也不敢错贷，制约了金融支持农户发展。

（5）金融支农政策规范性、梯度性不够，引导力不强。

①金融监管政策偏紧，未能构建起服务农户的宽松金融环境。对服务农户的主要农村金融机构，尚没有规范的、明确的吸存资金必须用于本地比例的硬性要求，成为农户借贷资金供给不足的重要原因；对贫困农户贷款业务的监管，未能充分考

虑其风险大、成本高的特点，需适度提高贷款不良率的容忍度。

②财税政策粗放。当前财税政策遵循“凡县域涉农皆同等优惠”的原则，缺乏梯次性，引导力不足。一是农户贷款风险分担政策，缺乏梯次性；二是贴息政策广泛应用，贫困农户全额贴息贷款的本质是否定资金的时间价值而免费获得资金使用权，不利于贫困农户脱贫后市场观念的建立。

③金融政策不规范。一是央行扶贫再贷款额度未根据金融机构服务农户的深度进行精准分配，导致资金运用效率低；二是很多深度服务农户的微型金融机构或组织不能享受扶贫再贷款的政策优惠，降低了政策效力；三是一些地区对农户贷款利率实行限制政策，影响市场价格信号配置资源的基础作用。

4. 金融服务农户的目标和基本理念。

（1）金融服务农户的双目标。一是助推贫困农户脱贫目标的实现；二是建立多层次、多类型的农村金融制度体系。

（2）金融服务农户的基本理念。一是金融服务农户在专业领域上要分类型；二是金融服务农户要以实体经济的分层为基础；三是金融服务农户要明确市场与政府的职能划分，以农户为主体，坚持政府引导、市场运作、社保兜底、政策支持的核心理念；四是金融服务农户应重视政府间职责的划分和部门间的分工、协调合作；五是实行差异化、梯次性的支持政策。

5. 建设农村普惠金融体系。由于农户较为贫弱、农业风险较大等原因，农户金融具有准公共服务的属性，因此，应建立面向农户的微利包容、财务可持续的准公共农村普惠金融体系。

（1）建立多层次、多类型的农村普惠金融机构体系。

①建立国家级农业农民专业银行。将农行的“三农”事业部及所辖县级机构从农行分离出来，建立政策性的中国农民银行，专门为农户提供金融服务。

②发挥国开行、农发行等开发性政策性金融机构的批发供资作用。国开行、农发行要承担起向农村小微型准公共金融机构批发供资的任务，同时为其提供技术开发、产品设计和人员培训等服务。

③强化农商行（农信社、农合行）、邮储行等对农户的放贷主力责任。建立新型乡村农民银行和乡村农民小贷公司。选择优秀村镇银行和小贷公司分别组建乡村农民银行和乡村农民小贷公司，享受国家专项财税、货币优惠政策，微利运行。特别优秀的相关机构可组建省域或全国性的金融控股公司。

④发展县域农业保险公司。在各县设立不以营利为目的的政策性农业保险公司，主要为农户提供服务，为其获得贷款增信。同时，在省级设立再保险公司分担风险，注册资金由财政全额出资或吸收部分金融资本。

（2）建设多样、适用的农村普惠金融技术产品体系。

①普遍为农户提供免抵押、免担保的信用贷款。总结推广各地农户小额信用贷款成功经验，鼓励金融机构充分利用乡村熟人社会信息真实充分的特点，以小组联

保、现场调查等技术为手段，为农户提供免抵押、免担保、免财表的“三免”信用贷款服务。

②积极推动抵质押创新贷款技术在全国的广泛应用。一是加快推进农村产权制度建设，发展“四权”抵押贷款。加快推进农村产权的权属确权颁证工作，同时加快建立省、市、县层次分明、功能完善的农村产权价值评估与流转交易市场体系。试行“四权”抵押贷款业务，探索开展土地信托业务。二是积极开展大型农机具抵押贷款、仓单质押贷款、订单农业与供应链融资等业务。

③通过线下线上相结合的方式为农户提供金融服务，不仅可以使沉睡的农户数据得到有效利用，还可以借助互联网金融优势，降低风控成本，增加客户黏性，提高放贷效率。

（3）配套建设农村普惠金融基础设施和社会化服务体系。

①完善农户金融统计制度。将现有涉农贷款统计体系中的“三农贷款”指标进一步细化，将农户贷款细分为建档立卡贫困农户、普通农户、专业大户和家庭农场贷款四类，以便于全面反映金融对农户的整体支持情况。

②大力加强农村信用体系建设。建立健全适合农户特点的信用信息征集和信用评级体系，整合各部门信用信息资源，形成统一的信息共享平台。大力推进信用户、信用村、信用乡镇、信用县建设，并对其实行利率优惠、贷款优先、额度优厚的梯次优惠办法。

（4）健全农村普惠金融监管体系。

①完善中央与地方统分结合的双层金融监管体系。农村金融主体活动场所在县域属于基层金融，应区别于对大中金融的监管模式，应在中央政府的指导下，以地方政府为主承担监督和管理职能，支持地方金融办加挂地方金融监督管理局牌子。

②平衡好创新、发展与风险、监管的关系。适当合理放松对非系统性风险的监管，改单向坏账追究责任制为综合评估制，对责任人采用优劣、双向、分时段综合评估和奖惩的方法。

（5）构建梯次、规范、协调的农村普惠金融政策支持体系。

①合理分权，放宽县域金融机构准入。一是强化存贷比指标管理的奖惩措施，收缩存贷比不足30%、有明显抽血作用金融机构的存款网点和吸存能力；二是适当提高农户金融贷款业务的不良贷款容忍度，建立符合贫困农户金融业务特点的考核评价机制；三是对非吸储小贷公司可以扩大资本和外源融资比例，由现在1:0.5酌情阶梯式调整到1:1～1:5。

②对服务农户的县域金融机构实行梯次、规范的税收优惠政策。坚持财税支持政策总量上只增不减与结构上有增有减相结合的原则，建议：一是对农户10万元以下小额贷款利息收入实行增值税、所得税双免政策；二是实行梯次性的风险分担政策。

③停止粗放型财政政策。停止各级政府对农户特别是贫困农户贷款坏账的财政

全兜底政策，由财政与金融机构设定合理分担比例。停止各级政府对农户特别是贫困农户贷款的财政全贴息政策，改由财政承担合理比例。

④实施梯次性、规范化的金融政策。根据金融机构服务农户的深度与广度，实行差异化的存款准备金率和扶贫再贷款利率，保证资金的使用效率。

⑤增强各项支持政策间的协调性和整体效应。金融内部准入、货币、监管政策间的协调由国务院金融稳定发展委员会牵头；金融政策与财政政策、税收政策间的协调由财政部、人民银行、发改委牵头建立农村普惠金融政策优化协调小组来实施。

四、支持实体经济发展的配套政策

（一）支持实体经济发展的财税政策

当前，财税政策在支持小微经济发展方面还存在不足。一是财政资金支持规模有限、支持手段与结构不合理、资金运用效率不高。财政资金使用缺乏有效监督管理，无法保证资金流向真正需要扶持的小微经济体；二是税收优惠政策存在不足，大部分小微企业难以享受到优惠；三是支持小微经济的政府采购政策缺乏规范性和透明度；四是支持小微经济的税收征管等公共服务还不健全。

1. 加大对小微企业的财政资金支持力度，对财税资金使用进行过程管理。

①加大财政资金对小微经济的扶持力度，保持其在财政预算中的合理增幅。建议扩大中央预算支持小微企业发展的专项资金规模，或在国家层面设立小微企业发展基金，重点支持小微企业技术创新、结构调整和节能减排，扩大对信用记录良好、管理完善、财务规范的小微企业的专项资金支持力度。

②建立完善风险补偿机制。由县财政出资建立风险补偿基金，对为新型农业经营主体提供相关金融服务的信贷机构、担保公司、保险公司，给予风险分担补偿，以激励金融机构主动防范金融风险。

③实行分层梯次贴息机制。逐步减少财政资金用于新型农业经营主体贷款的贴息额度。根据建档立卡贫困人口占农业产业化龙头企业员工数量的比例、建档立卡贫困农户占农民专业合作社社员总数的比例，梯次确定对新型农业经营主体贷款的贴息比例。

④建立财税资金运用的跟踪机制和评估机制，加强绩效评价，从“重拨付、轻跟踪”向“重申请、严监督”转变。

2. 完善有利于小微经济发展的税收优惠政策。建议对所有小微企业实行一般纳税人资格自由选择制度，降低税收间接成本，为小微企业提供与大企业平等竞争的准入机制。

3. 完善政府采购政策，提高小微企业政府采购占比。结合我国现行政府采购政策，督导落实政府关于小微企业采购计划的执行情况，对未能完成目标的，应提交说明或在下一年度提出整改措施。细化政府采购实施方案，进一步增强招投标过程中的规范性和透明度。适时调整政府采购目录，不断降低小微企业参与政府采购的准入门槛和注册资本限制。对于小微企业，尤其对于贫困地区小微企业的政府采购，应规定明确的采购比例。通过政府采购过程中的商品质量、技术水平、履约状况审查，逐步建立小微企业信用等级制度。

（二）支持实体经济发展的行政、产业和价格政策

正确认识和把握我国社会发展的阶段性特征，处理好政府和市场的关系，使市场在资源配置中起决定性作用和更好发挥政府作用。要打造服务型政府，创新和完善宏观调控政策体系，建立“亲”“清”新型政商关系，从简政放权、产业升级和价格改革等方面，明确长效机制，寻求重点突破，为实体经济创新发展提供良好环境。

1. 加快网络信息技术与实体经济深度融合。一是优化互联网和信息基础设施整合机制。加大网络设施投入，加快网络信息技术自主创新，推动制造业与互联网融合发展，加强关键信息基础设施保护，推动政府信息系统和公共数据的互联共享，大力推进中小微企业公共服务平台建设。二是利用现代信息技术建立中小微企业信用平台。利用大数据、云计算等现代信息技术，推动省级政府部门和人民银行牵头，联合各级政府部门、市场第三方，建立中小微企业信用体系大数据平台数据报送机制，打通各个信息孤岛，实现数据共享。三是重视发展数字经济促进就业创业。在发展实体经济过程中加快传统经济数字化转型，在产业延伸中稳定存量就业岗位。加强数字技术人才培养，提高已有劳动者数字技能，提升其转岗就业能力。四是进一步推进物流降本增效促进实体经济发展。推进物流相关领域政府数据开放共享，推动物流活动信息化、数据化，支持物流信息平台创新发展。加快推进物流仓储信息化标准化智能化，大力发展“互联网+”高效物流的新业态、新模式。

2. 完善以政府信用为支撑的中小微企业增信机制。一是开展“融资增信工程”。针对中小微企业成本上升、融资困难、抵押担保能力不足等问题，推动人民银行系统加快与各级地方政府试点开展“融资增信工程”，引入“政府+银行+企业”和“政府+保险+银行”的风险共担模式。通过增信，推动中小微企业间实行有限责任担保，避免连环担保和担保圈风险。二是完善中小微企业信贷风险补偿资金制度。筹资设立中小微企业信贷风险补偿资金，对向中小微企业提供融资服务的银行、担保、保险等机构给予贷款风险补偿。遵循“公开透明、定向使用、科学管理、注重绩效”的原则，确保资金使用规范、安全和高效。三是推进中小微企业信用担保体系建设。建立更多为中小微企业提供信贷服务的金融机构、担保机构、小型信贷公司，加大对市、县两级政府对融资性担保机构的扶持力度。建立健全中小企业信用保证法律制度支持体系，建立完备的担保、信用保险与损失补偿金补助制度，推动建立担保机构与银行业金融机构间的风险分担机制。四是扩大中小企业集合债券和小微企业增信集合债券发行规模。鼓励发行人按照《公司法》《证券法》《企业债券管理条例》等法律法规和有关文件的要求，积极稳妥发行此类债券。强化银证合作，出台有针对性的信息披露准则和监管措施。五是加大失信惩戒力度。优化涉金

融领域的失信“黑名单”制度和联合惩戒机制，规范涉金融黑名单的数据来源和标准。深入开展涉金融失信行为专项治理工作，向有关监管部门和地方政府推送涉金融失信人信息，共同开展失信行为治理和失信风险防范工作。

3. 科学规划并实施符合我国国情的中高端制造业产业规划。一是完善中高端产业布局。优化要素供给，促进西部地区实体经济产业升级，推动中高端产业中东西梯次布局。设立地方政府引导基金直投基金，进一步强化政府基金和专项债券引导。二是增强开发区创新活力。明确开发区发展的定位和方向，始终坚持产业定位，更好地为振兴实体经济服务。鼓励各地结合实际深化改革。整合、归并、减少开发区内设机构，集中精力抓好经济管理和投资服务，加快开发区转型升级。三是鼓励企业与国内外技术转移机构合作。共建一批国际技术转移中心，着力引进关键核心技术、高层次人才和管理经验等。以产业提质增效升级为核心，加快向全球价值链高端附加值区域攀升。借力“一带一路”倡议优化对外合作模式。四是推动服务业支撑引领实体经济转型升级。落实《服务业创新发展大纲（2017～2025年）》，围绕服务业创新发展，构建现代服务产业新体系、推动服务业创新发展和中国制造2025互促共进、支撑引领经济转型升级和社会全面进步。五是推动建筑企业“走出去”。绕开东道国在技术标准、资质等方面的行业准入壁垒，积极开拓发达国家基础设施市场，逐步提升高端基础设施市场的占有率，带动国内工程行业装备、技术和标准走出去。

4. 推动完成各类价格改革，打破行业垄断。一是完善实体经济相关重点领域价格形成机制。紧紧围绕使市场在资源配置中起决定性作用，加快价格改革步伐，推进农产品、水、石油、天然气、电力、交通运输等领域价格改革，放开竞争性环节价格。二是建立健全政府定价制度。将政府定价范围主要限定在重要公用事业、公益性服务、网络型自然垄断环节，严格规范政府定价领域的政府定价行为，坚决管细管好管到位。三是加强市场价格监管和反垄断执法。清理和废除妨碍全国统一市场和公平竞争的各种规定和做法，严禁和惩处各类违法实行优惠政策行为，建立公平、开放、透明的市场价格监管规则。加快建立竞争政策与产业、投资等政策的协调机制，实施公平竞争审查制度，促进统一开放、竞争有序的市场体系建设。四是继续清理规范涉企收费。持续加大对涉企乱收费行为的查处力度，要求取消、停征或者减免的收费要逐项落实到位，不得变换、自立收费项目，切实减轻企业负担。五是加大行政审批中介服务事项清理力度。深化行政审批中介服务市场化改革，加大对基层行政审批中介服务事项清理力度，加大对中介服务机构的监管力度。

第一章

支持实体经济发展的背景和意义

全球金融危机以来，支持实体经济发展在全球范围内获得了极大的认同，尤其在引领未来新一轮科技变革和产业革命的领域，世界范围内有实力的国家已经展开了激烈的竞争。我国一直保持重视实体经济的传统，强调金融要为实体经济服务的根本原则，但近年来，受内外部环境影响，我国与金融相关的领域快速发展，而实体经济发展相对较慢。在此背景下，支持我国实体经济发展具有特别重要的意义，是缓解我国当前经济失衡问题的根本途径，是重塑我国经济结构的主要方向，是形成适合我国国情经济发展理论的基础。

一、政策文件中实体经济概念的梳理

我国货币政策领域的文件中最早使用了实体经济的概念，美国次贷危机出现端倪后，相关文件中实体经济概念的使用频率开始上升。2008 年以来，中央会议开始频繁提出支持实体经济发展的要求。

（一）全球金融危机背景下的实体经济概念

从中央会议的论述来看，2002 年党的十六大报告中首次提出正确处理虚拟经济和实体经济的关系，但如何解读却存在争论。[①] 2008 年底，在全球金融危机的背景下，实体经济概念再次出现在中央会议的表述中。2008 年 12 月 8 日至 10 日，中央经济工作会议召开之际正值美国次贷危机引发的金融危机愈演愈烈，9 月，雷曼兄弟公司申请破产保护使金融危机的阴霾笼罩着整个华尔街，并且使得金融危机的影响迅速扩散到世界其他经济体，形成了全球金融危机。金融危机对全球经济的影响冲击力强、波及面广，据 IMF 的统计，全球实际 GDP 增速由 2007 年的 5.6% 降至 2008 年的 3.0%，并进一步将至 2009 年的 -0.1%，发达经济体、新兴市场经济体和发展中经济体无一幸免，发达经济体增速由 2007 年的 2.7% 降至 2008 年的 0.1% 和 2009 年的 -3.4%，新兴市场经济体和发展中经济体由 2007 年的 8.6% 降至 2008

① 从行文来看，报告所提到的实体经济和虚拟经济是对高新技术产业、基础产业、制造业、服务业、基础设施建设的划分，但具体划分标准却无法从报告中获得更多信息。

年的5.8%和2009年的2.9%。在此背景下，2008年中央经济工作会议指出：金融危机的影响从金融领域扩散到实体经济领域；在国际金融危机冲击下，实体经济增速大幅下滑。会议还对未来形势作出了判断：这场金融危机不仅本身尚未见底，而且对实体经济的影响正进一步加深，其严重后果还会进一步显现。

（二）货币政策领域最早使用了实体经济概念

亚洲金融危机之后，国内对实体经济和虚拟经济的理论研究大量涌现。随着理论研究影响力的扩大，实体经济概念率先在货币政策领域的政策文件中被使用。中国人民银行2001年一季度《货币政策执行报告》在分析当年金融市场状况时便提及："1999年以来我国股票市场发展很快，股市投资火爆，与实体经济活动趋缓的迹象形成明显反差，实体经济与虚拟经济冷热不均。"2003年三季度的《货币政策执行报告》提及："今后，人民银行将继续按照国务院部署，密切关注房地产等资产价格的变动，及时防止房地产领域增加不良贷款、产生新的金融风险和对实体经济造成损害。"2007年二季度开始，美国次贷危机开始出现端倪，人民银行的《货币政策执行报告》也开始逐步加强对危机的关注程度。2007年开始，每一季度的《货币政策执行报告》中都提及了实体经济概念。

（三）金融领域是实体经济概念使用最频繁的领域

货币政策领域的政策文件中最先使用了实体经济概念，在2010年以来实体经济概念使用频率明显升高的情况下，包括货币政策在内的金融领域仍然是实体经济概念使用最频繁的领域。从2010年以后的宏观经济背景来看，世界经济在后危机时代的泥潭中无法自拔，复苏遥遥无期，我国宏观经济面临着艰难的国际环境，出口萎靡不振。从国内情况来看，应对金融危机所实施的扩张性的财政政策和货币政策的刺激效果正在减退，在内外部需求整体疲软的情况下，企业的经营状况却无法得到根本改善。更为严重的是，受前期宏观刺激政策影响，我国企业杠杆率快速上升，财务成本上升迅速，在企业经营艰难的情况下上升的财务成本更显得无法承受。此时，企业融资难、融资贵问题成为宏观经济运行中的突出问题。

（四）宏观经济政策领域中的实体经济概念

虽然政策文件中的实体经济概念最早也最频繁地出现在与金融领域相关的表述中，但随着实体经济概念适用频率的提高，其应用领域也得以拓展，最主要的方向是应用到更广泛的宏观经济政策领域。

（五）明确提出着力振兴实体经济

2016年中央经济工作会议在部署下一年工作时专门将"着力振兴实体经济"作为一个部分来描述，使实体经济发展成为政策的核心，这不同于以往政策文件中仅将实体经济发展作为货币政策、宏观经济政策等的一个组成部分。从当时的背景来看，全球金融危机使得我国宏观经济的传统需求萎缩，东南亚等其他发展中经济体地区劳动力成本比较优势上升又进一步挤压了我国低端产品的海外市场需求，我国企业产品销售形势堪忧。与此形成鲜明对比的是，呈现较强上升趋势的国内需求却热衷于国外高端产品，日本的马桶盖、韩国的彩妆、澳大利亚的奶粉被国内消费者疯狂抢购。面对这一形势变化，2015 年 11 月 10 日的中央财经领导小组第十一次会议上提出了“供给侧结构性改革”，着力提高供给体系质量和效率，并将其写入了 12 月召开的中央经济工作会议公报。在此背景下，2016 年中央经济工作会议中的着力振兴实体经济包括了以下几个方面，一是树立质量第一的强烈意识，开展质量提升行动，提高质量标准，加强全面质量管理。二是引导企业形成自己独有的比较优势，发扬“工匠精神”，加强品牌建设，培育更多“百年老店”，增强产品竞争力。三是实施创新驱动发展战略，既要推动战略性新兴产业蓬勃发展，也要注重用新技术新业态全面改造提升传统产业。四是建设法治化的市场营商环境，重视优化产业组织。

（六）强调防止“脱实向虚”

脱实向虚问题早在 2012 年 1 月召开的全国金融工作会议上便提出来，会议指出：要坚持金融服务实体经济的本质要求，确保资金投向实体经济，坚决抑制社会资本脱实向虚、以钱炒钱，防止虚拟经济过度自我循环和膨胀，防止出现产业空心化现象。2016 年 12 月 9 日，中央政治局召开会议分析研究 2017 年经济工作时，脱实向虚问题被特别提及：资本脱实向虚令实体经济发展面临更多挑战，一些资金的脱实向虚扰乱了实体经济的信心。进而，2017 年政府工作报告中提出：促进金融机构突出主业、下沉重心，增强服务实体经济能力，坚决防止脱实向虚。从当时的背景来看，全球金融危机虽然已经过去 8 年，世界经济的复苏之光时隐时现，全面复苏遥遥无期，企业投资回报率持续无法回升，企业投资下滑到非常低的水平，投资积极性已经严重不足。与之相比，与金融相关的创新却层出不穷，2016 年末资产管理行业管理资金规模已经达到 102.7 万亿元，是 2014 年末的 2 倍，网络借贷（P2P 平台）存续资金已经达到 0.82 万亿元，是 2014 年末的 8 倍。金融相关领域资金规模快速膨胀，远高于社会融资规模和工业企业总资产的增长速度，社会资本带来的资金更多地聚集在金融相关领域。

二、支持实体经济发展的国际背景

20 世纪 70 年代以来，以美国和英国为代表的发达国家的经济结构经历了一次巨大转变，其主要特征是本土制造工厂的大量外迁，以金融业为代表的服务业在国民经济中的占比提高。经过了近 40 年的发展，这种经济增长模式终于难以为继，2008 年，源于美国的次贷危机最终演变为波及全世界大部分经济体的全球金融危机。全球金融危机对世界经济的影响是深远的，对世界各国选择经济增长方式的观念影响也是深远的，灾难后的痛定思痛，世界主要经济体开始更加重视制造业等的发展。

（一）世界经济持续低迷

随着2008年全球金融危机的爆发，世界经济迅速降温，2008～2009年两年世界GDP累计下跌5.7个百分点。随后各国普遍实施的大规模刺激政策和救助计划对稳定世界经济产生了积极作用，但效果却随着时间的推移而逐步减弱，接下来的6年时间里，世界经济增速持续低迷，2016年GDP增速比危机前低了2.5个百分点。

虽然全球金融危机对世界影响是全面的，但仍然可以看到新兴市场和发展中经济体受到了更深远的影响。发达经济体2015年GDP增速达到了2.1%，仅比危机前的2007年低0.5个百分点，即使是受全球金融危机和欧债危机双重影响的欧盟也仅比危机前低1个百分点。与之相比，金融危机打破了新兴市场和发展中经济体危机前良好的发展势头，又使其陷入危机后的泥潭无法自拔，2016年新兴市场和发展中经济体的GDP增速为4.1%，比危机前的2007年下跌4.4个百分点。2016年，新兴市场和发展中经济体GDP增速比发达经济体GDP增速高2.4个百分点，而金融危机前的2007年这一指标为5.9个百分点。

新兴市场和发展中经济体内部也出现分化。从亚洲国家来看，同样受到了全球金融危机的剧烈冲击，并承受了后危机时代经济的持续低迷，2016年增速为6.4%，与危机前相比大幅下跌4.8个百分点，但6.4%的增速仍然成为全球经济增长最快的地区。与之相比，其他地区的新兴市场和发展中经济体承受了更大的增长压力。拉丁美洲和加勒比海地区2010年以来经济增速下滑过快，2016年已经出现负增长；中东北非地区2013年以来的增速过于低迷，平均仅为2.8%；撒哈拉以南非洲地区的经济增速同样经历了过快下滑，2016年仅为1.4%。

（二）国际贸易的大幅萎缩

金融危机前的20年里，国际贸易一直是推动世界经济增长的重要力量，国际贸易增速持续高于GDP增速。2005～2007年，国际贸易增速分别高于GDP增速2.9个百分点、3.9个百分点和2.5个百分点。金融危机后，国际贸易保护主义抬头，贸易限制措施数量不断增加，反倾销调查事件不断增多，国际贸易增速出现大幅下滑，2015～2016年分别低于GDP增速0.7个百分点和0.9个百分点。2016年以来，发达经济体的民族主义、民粹主义、孤立主义浪潮迭起，英国脱欧、欧洲的移民问题、美国特朗普政府上台以来的保护主义等都对国际贸易产生较大的负面影响。

（三）制造业的重要性凸现

全球金融危机爆发的导火索是美国房地产市场出现拐点，但最终发展成为震惊世界的全球性金融危机却要归咎于金融体系。金融危机前的美国，为了促进房地产行业的发展，积极发展房地产信贷资产证券化（MBS）业务，随着房价的攀升，MBS相关业务越来越有利可图，金融机构便在MBS基础上推出担保债务凭证（CDO）和信用违约互换（CDS），由此房地产基础上的金融产品规模迅速扩张，并通过美国的证券公司销往世界各地。

与金融行业发展的如火如荼相比，美国的本土制造业却在持续萎缩。20世纪70~80年代起，美国东北部的底特律、匹兹堡、克利夫兰、芝加哥等工业城市便出现工业衰落、工厂倒闭、失业增加的现象，被称为“锈带”。虽然20世纪90年代以匹兹堡为代表的老工业城市凭借教育、旅游、技术研发等行业的发展成功转型，但底特律等城市却经历长期衰退之路，2013年底曾经风光无限的汽车城底特律正式宣告破产保护。

与美国相比，德国始终坚持以制造业为立国之本，即使向服务业进行调整的阶段，德国也主要发展技术培训、技术解决方案和售后服务等与制造业相关的服务业，这与美国发展金融业为主的服务业完全不同。虽然20世纪70~80年代以煤炭和钢铁为基础的鲁尔工业区同样经历了衰落，但通过政府振兴计划、调整产业结构、科研投入和产学研的结合，鲁尔工业区重新以新型工业区的面貌振作起来。目前，德国已经建立起了多元主体分工协作的科研创新体系、以特色职业教育为基础的劳动力培训体系、稳定的劳资关系和公司治理结构、出口导向型的经济增长模式，从而使德国制造能够持续保持旺盛的生命力，德国制造业在GDP中的占比能够长期保持在20%以上。2008年全球金融危机使几乎所有发达经济体均陷入了衰退的泥潭，随后的欧债危机更是严重冲击了欧盟经济，但德国却依靠制造业，在接连不断的危机中保持了经济增长和较低的失业率。

（四）各国纷纷实施制造业振兴战略

对增强本国制造业和抓住技术进步机遇的渴望，已经迫使世界范围内有实力的国家之间展开了激烈的竞争。美国2009年11月正式提出“再工业化”战略，随后推出的法案包括《重振美国制造业框架》《美国制造业促进法案》《先进制造业伙伴计划》《美国制造业振兴蓝图》等，主要措施包括了通过税收等手段鼓励海外制造业回归和刺激本国制造业投资，推动制造业产业升级和结构转型，加大创新投入力度，强硬的外贸政策。德国在2013年4月的汉诺威工业博览会上正式推出了《保障德国制造业的未来：关于实施工业4.0战略的建议》，作为《德国2020高技术战略》的重要组成部分。工业4.0，即第四次工业革命，来源于德国的领先意识、危机意识和机遇意识，是德国确保未来在世界上的经济竞争力和技术领先而制定的国家发展战略，总体目标是实现绿色的智能化生产。我国也在2015年5月正式印发了《中国制造2025》，提出了制造业创新中心建设工程、智能制造工程、工业强基工程、绿色制造工程、高端装备创新工程等五大工程。可以预见，未来全球制造业领域的竞争将更加激烈，先进机器人、人工智能、3D 打印，以及工业化和信息化相结合的移动互联网、云计算等领域将会诞生新一轮的科技革命，引起新一轮的产业变革。

三、支持实体经济发展的国内背景

近年来，持续低迷的世界经济挤压了我国低端产品的海外市场需求，而国内大量工业企业转型升级艰难，整体上看，工业企业经营形势堪忧，投资回报率持续无法回升，投资下滑到非常低的水平，投资积极性严重不足。与之相比，近年来我国与金融相关的创新却层出不穷，金融相关领域的资金规模快速膨胀，社会资金更多地聚集在金融相关领域，造成了工业与金融业之间的失衡。

（一）我国工业发展状况分析

1. 工业占比持续下滑。我国一直保持着重视工业的传统，改革开放以来工业增加值占 GDP 的比重长期保持在 35% 以上，高于世界其他主要经济体 20% 以下的水平，工业为我国实体经济的发展打下了坚实的基础。全球金融危机对我国工业造成了巨大冲击，从传统的加工贸易逐步扩大到整个工业产业链，工业增加值占 GDP 比重持续快速下滑，改革开放以来首次跌破 35%，2016 年跌至 33.3%，比金融危机前的 2007 年下降了 8 个百分点。2016 年四季度以来工业增长形势略有改善，2017 年上半年增加值累积同比增速为 6.9%，比上年同期提高了 0.9 个百分点，扭转了全球金融危机以来持续下滑的态势。2017 年上半年，工业增速与 GDP 增速持平，与 2016 年上半年 0.7 个百分点的差距相比，情况有所改善。

2. 工业投资萎靡不振。工业投资是我国固定资产投资的主力，占比在 40% 左右。全球金融危机对我国投资的影响极其严重，固定资产投资增速从 2007 年的 30.4% 持续大幅下滑至 2016 年的 8.1%，工业投资的情况更差，金融危机以来的增速长期低于固定资产投资增速，2016 年仅为 3.6%。工业占全部固定资产投资的比重也在持续下滑，2016 年为 38.2%，比 2011 年下降 4.5 个百分点。2017 年以来固定资产投资情况有所企稳，上半年累计同比增长 8.6%，比 2016 年全年增速提高 0.5 个百分点，工业投资的情况也同样有所好转，2017 年上半年同比增长 4.6%，比 2016 年全年增速提高 1 个百分点。

3. 工业利润出现下滑。全球金融危机以来，工业企业利润跌宕起伏，在危机的冲击下大幅下滑，在国家政策刺激下又大幅上升，随着政策刺激影响的逐渐减弱，工业企业利润震荡下行。2014～2015 年是工业企业非常艰难的时期，规模以上工业企业利润增速分别为 3% 和 -1.8%。2016 年以来情况有所好转，尤其是 2017 年以来，规模以上工业企业利润增长较快，上半年累计同比增速达到 21.1%。但与全球金融危机前稳定在 30% 左右的利润增速相比，当前的情况并不乐观，增速水平方面仍存在一定差距，同时增速的稳定程度并不高。

4. 企业负债率持续下降。全球金融危机冲击下工业企业普遍存在收缩资产的倾向，此时政府的刺激政策在一定程度上起到了稳定作用，2009 年我国工业企业资产负债率保持了 59.2% 的高位。扩张性的政策刺激了企业借贷，使企业负债率具有较强刚性，直到 2013 年我国工业企业负债率仍在 57.8%，仅比 5 年前的高位回落 1.4 个百分点，高于危机前 2006 年的水平。此时的高负债率成为工业企业的巨大包袱，财务成本负担沉重，资金的回报率低，严重压缩企业进一步负债能力及相应的投资能力。为此，我国将降低企业负债率作为"三去一降一补"供给侧结构性改革的重要组成部分，为企业降负，提高企业的活力。2014 年以来，规模以上工业企业负债率下降明显，至 2016 年达到 55.8%。但是，还需要看到目前的企业负债率还存在结构性的问题，私营企业负债率下降明显，而国有控股企业仍然保持较高水平，2017 年上半年末为 61.1%，比私营企业高 9.5 个百分点。

5. 人工成本持续上涨。近年来，我国人工成本上涨问题突出。2016 年全国城镇非私营单位和私营单位就业人员年平均工资分别为 67569 元和 42833 元，分别比上年提高 8.9% 和 8.2%，虽然 2012 年以来增速有所放缓，但增速水平仍较快。从收入法 GDP 的组成来看，2015 年，劳动者报酬、生产税净额、固定资产投资折旧、营业盈余的占比分别为 47.9%、14.9%、13.2% 和 24.1%，分别比上年提高 1.4 个百分点、下降 0.8 个百分点、提高 0.3 个百分点和下降 0.9 个百分点。劳动者报酬保持占比提高最多，生产税净额和营业盈余的占比在下降。

6. 企业财务成本占比下降。近年来，我国缓解企业融资难、融资贵、降低企业融资成本的政策措施取得了一定成效，同时，在去产能的过程中，企业也在退出一些前期的过度投资，主动降低负债水平，促进了财务成本的下降。2017 年上半年，规模以上工业企业财务费用 6409 亿元，同比增长 3.5%，分别比主营业务成本、管理费用、销售费用的增速低 9 个百分点、5.1 个百分点和 6.6 个百分点。财务费用占主营业务收入之比为 1.08%，分别比 2015 年和 2016 年下降 0.13 个和 0.01 个百分点。

7. 高端领域对外依存度较高。经过近 70 年的发展，我国已经形成了比较完整的工业体系，尤其是近年来，在国家重点研发经费的支持和企业大量研发资金的投入下，我国工业逐步向高端化迈进，在高铁、核电、航空航天、船舶、钻井平台、发电机组等前沿领域实现了一系列的突破。但总体上看，我国工业在高端领域仍然与世界先进水平存在较大差距，尤其是高端装备对外依存度较强。我国目前主要的进口装备包括高端芯片、高端机床、高端数控系统、工厂自动化装备、高端智能机器人、关键基础性零部件（轴承、液压件、密封件等）、精密测量仪器等。2016 年，我国共进口加工中心和数控机床 3.2 万台，蒸汽锅炉及过热水锅炉 349 台，发电机组及旋转式交变机 19.5 万台。

8. 科技创新成为未来的趋势。全球金融危机带来了世界经济的持续低迷，世界主要经济体都已经将经济复苏寄托于新一轮的科技革命。为了能够抢占新一轮科技革命的先机，我国也已经将科技创新摆在了经济社会发展更加突出的位置，大力构建现代产业新体系，从而推动经济社会的可持续健康发展。2015 年 5 月，国务院印发了《中国制造 2025》，通过引导社会资源的集聚来推动优势和战略产业的发展。2016 年 11 月，国务院印发了《“十三五”国家战略性新兴产业发展规划》，通过制定国家层面的战略来迎接新一轮科技和产业变革，发改委也于 2016 年推出了新版《战略性新兴产业重点和服务指导目录》。总的来看，我国工业未来的热点包括了高档数控机床、机器人、智能装备、先进轨道交通装备、新能源、节能环保等领域。

（二）工业与金融业的失衡

全球金融危机肇始于发达经济体的金融业，对我国的直接冲击是发生在与外贸相关的制造业，直到目前我国金融业整体上仍然是健康的，我国金融业当前暴露出诸多问题的根源是制造业、批发零售业等的不振。在这样的背景下，金融危机后的工业与金融业之间的失衡不可避免，趋利避害的资金会从工业部门涌向金融业，刺激政策注入金融领域的流动性也很难流向工业部门。

1. 工业与金融业对 GDP 贡献的变化形成反差。全球金融危机后，我国工业增加值增速持续下滑，对 GDP 的贡献率也随之下降，2016 年已经降至 30.7%，比金融危机前的 2007 年低 13.3 个百分点。与之相比，金融危机后我国金融业仍然保持了相对较快的增速，对国民经济增长的重要性逐步突出，尤其是 2015 年金融业对 GDP 的贡献率达到 16.6%。2016 年以来，在金融政策密集出台的背景下，金融业增速出现了较大幅度的下滑，2017 年上半年对 GDP 的贡献率降至 5.4%。与此同时，工业的情况有所好转，2017 年上半年的增速达到 6.5%，对 GDP 的贡献率为 34.6%。

2. 金融体系规模快速膨胀。全球金融危机以来，我国金融业得到了快速发展，金融体系资金规模加速膨胀，高于社会融资规模的扩张速度，更远高于工业的扩张速度。社会融资规模和工业企业总资产与金融体系资金规模的比值持续下滑，2016 年末，社会融资规模与金融体系资金规模的比值为 42.7%，同比下降 2.7 个百分点；规模以上工业企业总资产与金融体系资金规模的比值为 29.3%，同比下降 3.6 个百分点。从金融体系各行业来看，资产管理行业和非银行放贷机构的资金规模增长最为突出，2016 年末的增速分别为 31.2% 和 22.3%，分别比金融体系资金规模增速高 11.1 个百分点和 2.2 个百分点，2016 年两者增速还有所回落，2015 年末两者的增速分别高达 56.8% 和 34.3%。

3. 工业的回报远低于金融业。全球金融危机对我国工业企业造成了较大冲击，危机后工业企业经营环境无法得到根本性的改善，利润率偏低，大量工业企业甚至出现亏损，这成为资金不愿意流入工业企业的根本原因。从上市公司 2016 年净资产收益率情况来看，采矿业、制造业、电力热力燃气及水生产和供应业分别为 3.2%、8.8% 和 10.2%、建筑业为 10.6%，与之相比，金融业的净资产收益率达到了 13.4%。

（三）经济政策与支持实体经济发展

全球金融危机以来，中央深入分析国内外经济环境，作出了经济发展进入新常态的重大判断。目前，我国已经形成了以新发展理念为指导，以“三去一降一补”五大任务为抓手，以供给侧结构性改革为主线的政策体系。

1. 经济发展进入新常态。在全球金融危机影响下，我国经济增长从 2012 年开始逐步回落。2014 年 5 月，中共中央总书记习近平在河南考察时首先提出了新常态的概念，这是中央在深入分析国内外经济环境后，对我国经济发展作出的重大判断。经济发展新常态意味着我国经济将告别过去 30 年 10% 左右的高速增长，转为中高速增长。未来，我国经济发展仍处于重要战略机遇期，我国经济结构将进一步优化升级，经济增长动力由要素驱动和投资驱动转向创新驱动。我们要保持战略上的平常心，适应新常态，并将认识、把握、引领新常态作为当前和今后一个时期做好经济工作的大逻辑。

2. “三去一降一补”五大任务。2016 年中央经济工作会议提出了抓好去产能、去库存、去杠杆、降成本、补短板五大任务，去产能是压缩产能过剩行业，处置僵尸企业；去库存是化解三四线城市的房地产库存；去杠杆是降低非金融企业尤其是国有企业较高的杠杆率，推进市场化法制化债转股；降成本是降低实体企业的税费负担、制度性交易成本、用能和物流等成本；补短板是提升公共服务、基础设施、创新发展、资源环境等对经济发展的支撑能力。“三去一降一补”成为我国未来一个时期经济政策制定的主要抓手。

3. 供给侧结构性改革。2016 年 1 月，中央财经领导小组第十二次会议上提出了研究供给侧结构性改革。在我国经济发展进入新常态的背景下，调整经济结构，在保持总量增长的同时实现结构优化变得更加重要。我国正在向中等收入国家迈进，各种矛盾问题凸现，究其根源是经济发展中存在诸多短板，比如产能严重与关键装备大量进口之间的矛盾，国内需求不足与大量出境购物之间的矛盾等。供给侧结构性改革就要从生产端入手，化解产能过剩，优化产业结构，降低企业成本，增加公共服务，使供给能够满足需求的变化。

4. 创新驱动发展战略。2015 年 3 月，中共中央、国务院出台了《关于深化体制机制改革加快实施创新驱动发展战略的若干意见》，明确创新是推动我国发展的重要力量，要加快实施创新驱动发展战略，适应我国经济发展进入新常态的特点，迎接全球新一轮科技革命与产业变革的重大机遇和挑战。具体包括营造激励创新的公平竞争环境，建立技术创新市场导向机制，强化金融创新的功能，完善成果转化激励政策，构建更加高效的科研体系，创新培养、用好和吸引人才机制，推动形成深度融合的开放创新局面，加强创新政策统筹协调。

5. 中国制造 2025。2015 年 5 月，国务院正式印发了《中国制造 2025》，给予制造业国民经济主体，立国之本、兴国之器、强国之基的地位，决定实施制造强国战略，目标是新中国百年诞辰之际建设成为引领世界制造业发展的制造强国。具体为提高国家制造业创新能力，推进信息化与工业化深度融合，强化工业基础能力，加强质量品牌建设，全面推行绿色制造，大力推动重点领域突破发展，深入推进制造业结构调整，积极发展服务型制造和生产性服务业，提高制造业国际化发展水平。同时提出了制造业创新中心建设工程、智能制造工程、工业强基工程、绿色制造工程、高端装备创新工程等五大工程。

6. 战略性新兴产业发展规划。2016 年 11 月，国务院印发了《“十三五”国家战略性新兴产业发展规划》，认为战略性新兴产业是全球新一轮科技革命和产业变革的方向，是我国培育经济发展新动能和增强未来竞争力的关键。具体包括推动信息技术产业跨越发展，促进高端装备与新材料产业突破发展，加快生物产业创新发展步伐，推动新能源汽车、新能源和节能环保产业快速壮大，促进数字创意产业蓬勃发展，超前布局战略性产业，促进战略性新兴产业集聚发展，推进战略性新兴产业开放发展，完善体制机制和政策体系等。

（四）金融政策措施

覆巢之下无完卵，脱离了实体经济的金融业如无源之水、无本之木，仅靠资金在金融体系内部空转的交易来维持，终究会吹起泡沫和等待着泡沫的破灭。正因如此，2016 年底的中央经济工作会议将防控金融风险放到更加重要的位置，在守住不发生系统性金融风险底线的前提下，下决心处置一批风险点。随后，金融监管部门出台了一系列抑制金融业的过度膨胀、防控金融风险的政策措施。

1. 央行的 MPA 考核。2016 年，央行将原有的差别准备金动态调整和合意贷款管理机制升级为宏观审慎评估（MPA），按季进行事后评估，按月进行事中事后监测和引导。宏观审慎评估的内容包括资本和杠杆情况、资产负债情况、流动性、定价行为、资产质量、外债风险、信贷政策执行等七大方面。与原有政策相比，MPA 的特点，一是较原有差额准备金动态调整机制考虑的评估因素更加全面；二是继承了原有合意贷款管理模式中对资本充足率的重视，坚持了商业银行资产扩张必须以资本进行约束的原则；三是在贷款方面，考虑商业银行债券股权投资、买入返售等资产形成了广义信贷的概念，排除了商业银行利用资产腾挪规避信贷调控的影响；四是将利率定价行为作为考察因素，引导商业银行在利率市场化的背景下建立符合自身实际的利率定价系统，避免恶性竞争。

2017 年一季度，央行正式将表外理财纳入 MPA 的细分项广义信贷的统计范围。表外理财数值的计算标准为，资产中扣除现金和存款后的剩余部分。考核方式仍然是广义信贷余额同比增速与目标 M2 增速的偏差，全国性系统重要性机构（N - SIFIs）、区域性系统重要性机构（R - SIFIs）、普通机构（CFIs）分别不超过 20 个百分点、22 个百分点、25 个百分点。

2. 银监会开展银行业检查。2017 年 3 ~4 月间，银监会连续出台了《关于开展银行业“违法、违规、违章”行为专项治理工作的通知》（银监办发〔2017〕45 号)、《关于开展银行业“监管套利、空转套利、关联套利”专项治理的通知》(银监办发〔2017〕46 号)、《关于开展银行业“不当创新、不当交易、不当激励、不当收费”专项治理工作的通知》（银监办发〔2017〕53 号文）等文件，被统称为“三违反”“三套利”“四不当”（“三三四”）专项治理。随后银监会部署开展了全系统专项治理检查工作。

2017 年 4 月，银监会又出台《关于集中开展银行业市场乱象整治工作的通知》(银监发〔2017〕5 号)，主要涉及股权和对外投资方面、机构及高管方面、规章制度方面、业务方面、产品方面、人员行为方面、行业廉洁风险方面、监管履职方面、内外勾结违法方面、涉及非法金融活动方面等十个方面的乱象，要求银行业金融机构严格开展全系统自查及“上对下”抽查。

3. 证监会加强市场监管。2016 年以来证监会对股票市场监管不断加强，主要领域为，一是操纵市场行为，包括利用资金和持股优势进行连续买卖，利用信息优势控制信息披露节奏和披露内容，在控制的多个账户之间进行交易，虚假申报，不真实披露持股信息等；二是高送转配合股东减持行为；三是退市难现象，对重大违法现象采取零容忍态度，执行重大违法强制退市制度；四是忽悠式和跟风式重组。

股票市场监管加强的同时，证监会对证券类金融机构也加强了监管，包括《关于修改〈证券公司风险控制指标管理办法〉的决定》、《证券期货经营机构私募资产管理业务运作管理暂行规定》、《基金管理公司子公司管理规定》、《期货公司风险监管指标管理办法》、《公开募集开放式证券投资基金流动性风险管理规定（征求意见稿)》等。

4. 保监会加强机构监管。2017 年 4 月，保监会出台了《关于进一步加强保险业风险防控工作的通知》（保监发〔2017〕35 号)，从完善流动性风险管理体系、加强保险资金运用管理、完善公司治理管理体系、密切跟踪关注各类新型保险业务、加强外部风险摸排和管理、加强消费者权益保护、着力摸清风险底数、加强资本管理、加强声誉风险防范、健全风险防控工作机制等领域对保险业风险防控工作进行了部署。

第二章

支持实体经济发展的理论综述

实体经济概念是我国经济领域的特有词汇，直到目前为止，国内对实体经济的界定仍然没有达成共识。与新生的实体经济概念一样，支持实体经济发展的理论也还没有形成体系。为此，尽量广泛搜集现有相关研究成果，成为厘清实体经济概念、开展支持实体经济发展理论综述的可行途径。

一、理论研究中的实体经济概念

追溯我国实体经济概念的源起，并没有发现舶来的痕迹，甚至很难为其找到对应的英文表述。我国学术领域对实体经济的研究起步很早，但在实体经济界定方面存在较大争议，直到目前仍无法达成共识。

（一）“实体”的词源分析

从词源分析来看，实体经济中的“实”字是作形容词来用，作为形容词用的“实（實）”字，具有如下几层意思。一是《说文》讲：實，富也，引伸之为草木之实；会意字，貫为货物，以货物充于屋下是为实。二是《小尔雅》讲：实，满也，塞也。三是《广雅》讲：实，诚也。四是《宋程颐曰》讲：心有主则实，实则外患不能入。五是《诗・小雅・节南山》讲：节彼南山，有实其猗。六是《孙子・虚实篇》讲：兵之形，避实而击虚。总体来看，“实”字体现出富有、充满、真诚、笃定、广大、坚强的意思。

实体经济中的“体”字是作名词来用，古文中的原意表示身体，如《说文》讲：体，总十二属之名也；《广雅》讲：体，身也。早在东汉时期的《论衡》，便将“实”和“体”组成的“实体”一词来用，其中讲道：实体有不与人同者，则其节行有不与人钧者矣。这里的“实体”一词仍然强调的是身体的强壮。近代以来，“实体”一词逐渐有了引申的含义，《辞海》的解释为：西方哲学史上范畴，指一切属性的基础，如作为万物本原的独立存在的东西，又称本体。

（二）国内实体经济的研究

国内的理论研究在很早便开始使用实体经济概念，最初也仅是将实体经济概念作为金融体系、货币等概念的相对概念，并没有对实体经济概念的内涵进行深入研究和探讨。例如，赵海宽和王晓岩（1987）① 写道："从货币政策的手段到最终目的有一个作用过程，这个过程分为两个层次，其一是从货币政策的实施到货币量的变化——中介变量变化的阶段，这个阶段的传导主要是在金融体系内部进行的。其二是货币量的变化到最终目标——物价、经济发展变动的过程，这个阶段主要是在实体经济内部进行的。"王松奇（1988）② 写道："从实体经济运行的角度看，如果一定时期生产企业生产周期延长或商业企业资金周转速度放慢，这样，即使媒介同样的再生产规模也会需要比原来多的货币。"

1989 年出现了涉及实体经济内涵探讨的文章。程极明（1989）③ 虽然没有明确提出实体经济概念，但文中的"实际经济"概念与目前学者们采用的实体经济概念所表达的意义是一致的。文章还指出："现代资本主义存在一种矛盾现象，大量资本脱离生产而形成了一种'象征'经济，资本运动在相当大的程度上与生产运动相分离。"丁剑平（1989）则明确使用了实体经济概念，文中写道："实体经济与象征经济之间具有一种互相依赖、协调发展的关系。象征经济发展虽可超前或滞后于实体经济，但最终要服务于实体经济并受实体经济的制约。"邹华生（1994）④ 认为，为避免日本、韩国那样的经济震荡，我国应采取措施整顿金融秩序，降低货币供应量增速，回缩刚刚吹起的经济泡沫，使我国重新回到实体性经济的轨道上来。张晓晶（1995）⑤ 引入符号经济概念，试图从符号经济与实体经济关联中来探寻股市变动与实体经济的偏离。从上述文章对实体经济概念的探讨中可以看出，实体经济概念更多地被用作资本、货币、金融领域、金融泡沫等的对立面。

亚洲金融危机的爆发使得理论界对实体经济内涵的探讨空前繁荣，大量研究文章涌现。但有一点与之前的研究相类似，那就是学者们并不急于对实体经济的概念给出定义，或者认为实体经济的定义是不言而喻的，学者们更多地专注于探讨实体经济的对立面。这一时期，之前出现的众多与实体经济相对的概念逐渐汇总为虚拟经济概念（一个与实体经济对立意味更强的概念）。对于实体经济的内涵，也就是实体经济与虚拟经济的界定，成思危（1999）⑥、李扬（2003）⑦ 等认为虚拟经济主要为金融；戴相龙（2003）⑧、秦晓（2000）⑨ 等认为虚拟经济是金融的一部分；吴

---

① 赵海宽、王晓岩："论我国货币政策的传导机制"，《国际金融研究》，1987 年第 5 期。

② 王松奇："我国模式转换时期的货币需求函数"，《数量经济技术经济研究》，1988 年第 6 期。

③ 程极明："略论'象征'经济与'实际'经济"，《吉林大学社会科学学报》，1989 年第 6 期。

④ 邹华生："从泡沫经济到实体经济——论劳动价值学说对经济运行的现实意义"，《北京师范大学学报》（社会科学版），1994 年第 2 期。

⑤ 张晓晶："试论股市变动与实体经济的偏离"，《当代经济科学》，1995 年第 1 期。

⑥ 成思危："虚拟经济与金融危机"，《管理科学学报》，1999 年第 2 卷第 1 期。

⑦ 李扬："关于虚拟经济的几点看法"，《经济学动态》，2003 年第 1 期。

⑧ 戴相龙："加强虚拟经济研究 进一步深化金融体制改革"，《南开学报》（哲学社会科学版），2003 年第 2 期。

⑨ 秦晓："金融业的'异化'和金融市场中的'虚拟经济'"，《改革》，2000 年第 1 期。

立波（2000）[①] 等认为虚拟经济是部分金融活动和某些非金融活动的组合；北京大学中国经济研究中心宏观组（2002）[②] 等认为金融并不是虚拟经济；陈淮（2000）[③]、林左鸣（2006）[④] 等从资本和价值角度出发对实体经济和虚拟经济进行界定；陈文玲（1998）[⑤] 认为“无形商品、无形资产、无形货币和无形市场，共同组成了流通的新空间……把独立运行的以‘无形’为特征的经济形态统称为虚拟经济，而把以实物运动为特征的经济形态称为实物经济。”

综合国内现有研究成果可知，实体经济是宏观经济层面的概念，是国民经济中部分特定行业的集合，涵盖了农业、工业和商贸流通行业，其中制造业尤其是新兴制造业是实体经济的核心，除此之外的其他行业，尤其是金融业，是否属于实体经济存在非常大的争论。

（三）国际上实体经济的词源分析

我国实体经济概念并没有发现舶来品的痕迹，从国际上看，甚至很难为其找到对应的英文表述，与实体经济概念最相近的英文用语是“Real Economy”。但是，直到目前为止，Real Economy 仍然没能成为正式的经济学概念，帕尔格雷夫经济学大辞典、皮尔斯的现代经济学词典中都没有收录 Real Economy 这一用语。

从正式的经济学概念来看，与实体经济有关的经济学概念包括实际工资（Real Wages）和实际收入（Real Income），是指按所能得到的商品和劳务计算的工资和收入水平，也就是剔除价格因素影响之后的工资和收入水平。这一概念来自古典经济学家和新古典经济学家的观点，即货币并不会对实际收入产生实质性影响，货币的变化将完全反映在通货膨胀方面，这被称为货币中性或“货币面纱”论。目前的主流宏观经济学中的部分学派仍然坚持这一思想，例如以弗里德曼为代表的货币主义学派认为，货币流通速度通常是比较稳定的，名义产出（实际产出与通货膨胀之积）很大程度上取决于货币存量，长期来看，货币供应量的变化将最终反映在通货膨胀方面。莫迪利安尼和米勒的 MM 模型认为公司的价值与融资结构无关，由此股权与债券融资、银行体系与资本市场融资对企业的价值没有影响，金融结构不会对实体经济造成影响。

与实体经济有关的另一个经济学概念是著名的真实经济周期（Real Business Cycle），是指经济中收入、产出、就业等非货币因素变量所发生的周期性波动。目前，真实经济周期理论学派已经成为宏观经济学中正统的具有强大影响力的学派之一，

---

① 吴立波：“虚拟经济及其影响”，《经济学家》，2000 年第 5 期。

② 北京大学中国经济研究中心宏观组：“金融不是虚拟经济”，《经济社会体制比较》，2002 年第 1 期。

③ 陈淮：“关于虚拟经济的若干断想”，《金融研究》，2000 年第 2 期。

④ 林左鸣、吴秀生：“虚拟价值的人类活动论依据”，《北京大学学报》（哲学社会科学版），2006 年第 43 卷第 2 期。

⑤ 陈文玲：“论实物经济、虚拟经济与泡沫经济——从崭新的视角看东南亚金融危机与中国的宏观经济运行”，《管理世界》，1998 年第 6 期。

真实经济周期理论学派的经济学家们大多对新古典增长模型进行变换和扩展来建立真实经济周期模型，并认为经济周期之所以发生，是来自技术、税率、政府支出、偏好、政府规则、进出口比价指数、能源价格等因素的冲击。与真实经济周期理论研究相关的诺贝尔经济学奖获得者包括小罗伯特·卢卡斯（Robert E. Lucas Jr.）、芬恩·基德兰德（Finn E. Kydland）、爱德华·普雷斯科特（Edward C. Prescott）。

（四）国际上实体经济的研究

“Real Economy”表述的使用可以追溯到凯恩斯（1933a，b）①，其中使用了真实交换经济（Real Exchange Economy）这一概念，货币在真实交换经济体系中仅作为降低交易成本的工具，并不改变本质上作为物物交换的经济体系的结构。与之对应，凯恩斯引入了货币经济（Monetary Economy）概念，在货币经济体系中，货币完全改变了物物交换的本质和产品流程的性质。凯恩斯认为，传统经济学家所构建的真实交换经济体系的运作模式不能简单地应用到货币经济体系中。

在经济学研究中使用“Real Economy”这一用语的早期文献包括：Sims（1980）② 用经济中的真实变量（Real Variables in the Economy）这一用语表示实际GDP、失业率等与货币和价格无关的变量，并将它们统称为 Real Economy。Anderson（1989）③ 将 Real Economy 定义为 Nonfinancial Economy（非金融经济）。Drucker（1986）④ 将 Real Economy 定义为产品和服务的流通，与之对应，定义了 Symbol Economy 为资本的运动和信用的流通，认为 Symbol Economy 代替 Real Economy 成为世界经济的发动机和驱动力，是世界经济结构发生的重要变化。2000 年以来，经济学研究中使用“Real Economy”这一用语的文献有所增加。Evans and Hnatkovska（2007）⑤ 研究了国际金融一体化对 Real Economy 的影响，这里的 Real Economy 主要关注于宏观经济波动和福利。Rosengren（2010）⑥ 指出全球金融危机的发生使金融中介和金融市场与 Real Economy 关系的研究的重要性进一步突出。

从经济学研究领域对 Real Economy 用语使用情况来看，始终延续了早期古典经济学家和新古典经济学家货币中性或“货币面纱”论的思想。Real Economy 用来指代宏观经济中实际收入、实际产出、就业等非货币因素变量，以及由这些变量组成

---

① Keynes, J. M., “A Monetary Theory of Production”, 1933a. Keynes, J. M., “The Distinction Between a Co-operative Economy and an Entrepreneur Economy”, 1933b.

② Sims, C. A., “Macroeconomics and Reality”, Econometrica, 1980, Vol. 48 (1): 1-48.

③ Anderson, Donald, “The Single European Market and the Real Economy”, Business Economics, 1989, Vol. 24 (4).

④ Drucker, P. F., The Frontiers of Management: Where Tomorrow's Decisions are Being Shaped Today, New York: Truman Talley Books, 1986.

⑤ Evans, M. D. D. and Hnatkovska, V. V., “International Financial Integration and the Real Economy”, IMF Staff Papers, 2007, Vol. 54 (2): 220-269.

⑥ Rosengren, E. S., “The Impact of Liquidity, Securitization, and Banks on the Real Economy”, Journal of Money, Credit and Banking, 2010, Vol. 42: 221-228.

的不考虑货币、资本等因素的经济体系，这一经济体系继承了物物交换经济体系的本质，主要包括产品和服务的流通。正是由于 Real Economy 与货币和金融密不可分的关系，近年来，美联储的政策文件中也开始频繁使用这一用语，并且 Real Economy 用语也在财经杂志中被普遍使用。①

二、实体经济类似概念的辨析

由于实体经济概念本身还没有形成一个被广泛认可的定义，所以便形成了目前实体经济概念与其他一些类似概念之间的界限模糊，如近代出现的实业概念，以及当代的产业、实物经济、实际经济、经济实体等概念。

（一）实业与实体经济

实业是含义上与实体经济非常接近的概念，两个概念均强调了一个“实”字，同时，与实体经济类似，实业也是若干产业的集合。实业概念的出现要远早于实体经济概念，洋务运动时期便开始提倡兴办实业，辛亥革命时期竞相宣传实业救国论。关于实业的具体内容，1920 年孙中山撰写了《实业计划》中包括了交通开发（铁路、公路、运河、筑堤、河流疏浚、电报线路）、开辟商港、新式街市、水力、钢铁、矿山、农业、灌溉、植树造林、工业等，可以看出当时基础设施是最急需的实业，同时工商业也都属于实业的范畴。如今，实业是指要有实物商品作为中间生产及流通环节，包括了工业和商业。同时，实业一词也经常出现在公司名称之中，这类公司通常包括多个下属企业，业务范围较广。对比实业和实体经济两个概念，两者之间的细微差别体现在，实业更多强调企业层面，如某企业从事实业，而实体经济则更多强调宏观经济层面。

（二）产业与实体经济

在英文中，Industry（产业）一词既可以指工业，也可以指经济中具体的一个行业，以后一种含义为基础形成的 Industrial Organization（产业组织理论）是经济学的重要组成部分之一，国内通常所说的产业也主要指后一种含义。基于后一种含义，可以将产业定义为，从事相同性质经济活动的所有单位的集合，在竞争性市场中生产同质产品的相互竞争的为数众多的一批企业，在垄断性市场中企业数量会较少。产业是介入微观和宏观之间的集合概念，属于中观经济学范畴。从国内的具体应用来看，产业的范围并不固定，大的方面可以划分为农业、工业、服务业三大产业，小的方面可以指化工产业、汽车产业、金融产业等。对比产业和实体经济两个概念来看，产业是对经济活动单位的划分，实体经济是具有某些共同特征的产业的组合。

---

① Griffith - Jones, S. and Gallagher, K.,“Curbing Hot Capital Flows to Protect the Real Economy”, Economic and Political Weekly, 2011, Vol. 46 (3): 12 - 14.

（三）实物经济与实体经济

实物经济概念最早出现在陈文玲（1998）① 的研究中。20 世纪末的亚洲金融危机使以无形为特征的经济形态获得了极大的重视，这种无形经济形态，是指在社会化大流通中，跨越有形国界的无形商品、无形资产、无形货币和无形市场共同组成了流通的新空间。与之对应，实物经济是指以实物运动为特征的经济形态，商品无论是以土地、生产资料、劳动力的形式存在，还是以资本、货币的形式存在，只要在流通中以实物状态运动，都应该属于实物经济。实物经济是无形经济形态产生的基础，实物经济发展到一定阶段必然会出现无形经济形态。其一，商品流通包含商流、物流、信息流、价值流等，除物流还保持着实物形态外，商流、信息流、价值流都已经独立于实物载体之外。其二，无形资产的产生使有形资产能够被高效利用，并产生较高的经济效益。其三，无形货币产生于有实物载体的有形货币。其四，无形市场是有形市场的延伸，无形市场和有形市场之间，既相分离，又存在联系。总结来看，实物经济概念着重强调围绕有形商品展开的经济活动，这种商品既可以是农业品、工业品，也可以是货币，但信息等无形商品则不属于实物经济。与之相比，实体经济概念更多是从经济组织角度出发。

（四）实际经济与实体经济

实际经济这一用语主要出现在国内的经济研究文献中，含义上比实体经济概念更接近英文中 Real 一词。总体上看，实际经济的使用主要可以分为两类。一类是指代宏观经济中实际收入、实际产出、就业等不考虑货币和价格因素的变量。这类文献大量存在，是实际经济概念的主要应用领域。另一类用于真实经济周期理论（国内部分经济研究文献翻译为实际经济周期理论）以及在此理论基础上发展起来的 RBC 模型和动态随机一般均衡（DSGE）模型中。如陈晓光和张宇麟（2010）②、饶晓辉和刘方（2014）③、黄赜琳和朱保华（2015）④ 等。总结来看，实际经济与实体经济的差别主要体现在，一是实际经济概念更为学术化；二是实际经济概念更多用于分析宏观经济整体运行状况；三是实际经济概念更多用于描述宏观经济变量的特征。与之对比，实体经济概念更多强调经济中特定部分的经济组织和经济活动。

（五）经济实体与实体经济

经济实体与实体经济虽然仅是词组顺序的改变，但两者之间存在较大差别，前

---

① 陈文玲：“论实物经济、虚拟经济与泡沫经济——从崭新的视角看东南亚金融危机与中国的宏观经济运行”，《管理世界》，1998 年第 6 期。

② 陈晓光、张宇麟：“信贷约束、政府消费与中国实际经济周期”，《经济研究》，2010 年第 12 期。

③ 饶晓辉、刘方：“政府生产性支出与中国的实际经济波动”，《经济研究》，2014 年第 11 期。

④ 黄赜琳、朱保华：“中国的实际经济周期与税收政策效应”，《经济研究》，2015 年第 3 期。

者指能够有效行使经济职能的企业法人，后者则是指特定类别的企业及其经济活动。经济实体概念的提出远早于实体经济概念。党的十二大明确提出系统地进行经济体制改革任务，1984 年，党的十二届三中全会通过了《中共中央关于经济体制改革的决定》，认为增强企业活力是经济体制改革的中心环节，要使企业真正成为相对独立的经济实体，成为自主经营、自负盈亏的社会主义商品生产者和经营者，成为具有一定权利和义务的法人。

三、三次产业之间关系研究

三次产业是世界上通用的产业结构划分方法，第一产业是产品直接来源于自然界的部门；第二产业是对初级产品进行再加工的部门；第三产业是为生产和消费提供各种服务的部门，也被称为服务业。虽然关于实体经济概念的界定存在争议，但得到普遍认可的实体经济概念涉及第一和第二产业以及部分服务业，支持实体经济发展关注的是剩余部分服务业在其中所发挥的作用。

（一）三次产业及其演进规律

Fisher（1935）[①] 从经济发展阶段的视角对三次产业进行了划分，认为人类社会的经济发展依次经历了三个不同阶段，相应形成了三次产业，农业和矿产业为第一阶段，形成第一产业，将自然资源以各种方式转型成产品为第二阶段，形成第二产业，提供各种服务活动为第三阶段，形成第三产业。随后，Clack（1940）[②] 提出了三次产业演进的规律，“随着时间的延续和经济的发展，从事农业的人数相对于从事制造业的人数将下降，而后制造业的从业人数相对于从事服务业的人数将下降。”并认为这一规律的根源在于，随着人均实际收入的上升，人们对农产品、制造业产品、服务的需求将依次上升。对于农业、制造业、商业之间转换的规律，17 世纪 Petty 在《政治算术》中便已经提及，其认为商业、制造业、农业所能得到的收入是依次下降的，收入的差异促使劳动力向能够获得更高收入的部门移动，由此带来了产业之间的转换。

（二）农业与工业

农业以吃穿等基本生活资料为产品。人们对基本生活资料的需求有一定的限度，当收入水平达到一定水平后，消费需求会向高层次发展，基本生活资料的需求将不再随收入水平的增加而同步增加，即农产品需求的收入弹性出现下降趋势。农业的这种低收入弹性使农产品在价格方面处于不利地位。同时，农业生产周期长，受自然条件影响大，技术进步条件较差，劳动生产率提高有限。与农业相比，工业的技

① Fisher, A. G. B., The Clash of Progress and Security, London: Macmillan, 1935.

② Clack, C., The Conditions of Economic Progress, 1st, 1940, MacMillan, 2ed, 1957.

术进步条件非常好，技术进步可以使工业产量提升，单位生产费用下降，劳动生产率提高。所以，几乎所有经济体经济发展到一定阶段后，农业在国民总收入中的比重都趋于下降。为了保持农业人均收入与第二和第三产业的平衡，需要降低农业人口，最终的结果是农业在国民经济中的占比和农业人口在总人口的占比均出现下降。

（三）工业与服务业

国民经济中服务业对工业替代远比工业对农业的替代复杂得多。Fuchs (1968)[①] 声称如同从农业社会转向工业社会一样，美国在发达国家中率先从工业社会进入服务业社会同样是革命性的。40 年后，全球金融危机的爆发使早已进入后工业社会的美国再次提出了“再工业化”和“制造业回归”战略。工业和服务业的比例如何与国民经济发展相适应，一个经济体到底应该以工业还是服务业作为经济基础和主导产业，这些都是没有达成共识的命题。随着经济体经济的不断发展，服务业劳动力占比将上升，但服务业在国民经济中的比重却不一定与劳动力占比的上升同步。这是因为，住宿、餐饮、商贸、仓储、交通运输等传统的服务业，其生产率、工资、技术、创新、学习效应、溢出效应等均比较低，服务业具有很强的吸收劳动力的能力，但缺乏很强的促进经济增长的能力。传统上认为，服务业的发展将会导致经济增长的停滞[②]。与之相比，制造业可以产生大量创新，成为生产率提高的源泉，可以促进经济的持续增长。

（四）现代服务业对工业的支撑

随着以信息技术为代表的科技的发展和社会的进步，服务业中也已经大量涌现出技术创新和商业模式创新，区别于传统服务业，这类服务也被称为现代服务业，包括信息传输软件和信息技术服务业、租赁和商务服务业、科研技术服务业、文化体育和娱乐业、居民服务业、房地产业、金融业等。现代服务业对工业的支撑效应越来越明显，同时服务业与工业之间的界限变得越来越模糊。一是制造业的服务化。制造业所生产的产品中含有大量的服务价值，包括上游的研发和设计，下游的销售和售后服务等。二是知识等无形资本成为制造业竞争力的重要来源。随着研发、设计、售后服务、供应链管理与制造业结合的愈发紧密，这些类型的服务业对制造业保持竞争力越来越重要。三是服务业的制造业化。随着信息通讯等技术的迅猛发展，服务业所提供的产品趋于标准化和批量化，与制造业产品的界限变得模糊。

---

① Fuchs, V. R. , The Service Economy, National Bureau of Economic Research, 1968.

② Kaldor, N. , Causes of the Slow: Economic Growth of the United Kingdom, Cambridge: Cambridge University Press, 1966.

第三章

我国实体经济发展现状、成绩及问题

新中国成立以来，我国以工业化为代表的实体经济的发展取得了伟大的成绩。计划经济时期，较为完整的工业体系的建立为改革开放之后我国经济的腾飞奠定了坚实的基础。改革开放之后，我国实体经济总量增长迅速，但从实体经济（以制造业为代表）与虚拟经济（以金融和房地产业为代表）比较来看，可以发现实体经济与虚拟经济以 1989 年和 2005 年为分界点，经历了三个发展阶段，在这三个阶段中实体经济的发展既取得了一定的成绩，也产生了一系列问题。从党的十九大报告对我国实体经济发展的指导精神来看，需要在三个方面发力：第一，从实体经济的内部矛盾入手，在深化供给侧结构性改革的进程中解决实体经济供给质量问题；第二，改善我国宏观调控体系，进一步支持我国实体经济的发展；第三，优化实体经济发展的外部环境。

一、我国实体经济的发展历程

实体经济与虚拟经济是一对相对概念。按照成思危等学者的界定，虚拟经济概而言之是“钱生钱”的经济活动，从这一点理解出发，实体经济可以简单理解为非“钱生钱”的经济活动，但在实际经济运转过程中面临难以界定的情况。以房地产业和金融业为例，其行业内部既包含“钱生钱”的资本运作，也包含服务于实际物质生产的经济活动，但就研究工作而言难以准确界定二者的界限。为了便于衡量我国实体经济的发展情况，本报告将实体经济简单界定为除房地产业和金融业之外的经济部门与活动，虚拟经济简单划定为房地产业和金融业①。其数值为实体经济总量是指除去金融业及房地产业之后的各行业 GDP 总值，而虚拟经济总量则是指金融业及房地产业的 GDP 总值。

① 严格意义上来讲，不能简单的将房地产和金融等同于虚拟经济，因为在房地产和金融行业范围内，也有实体经济的成分，例如，房地产业中的供给端，开发商建房子的过程是实体经济范畴，倒买倒卖地皮是虚拟经济的范畴；房地产业中的供给端如果民众买来自住是实体经济范畴，而若投机性需求，购房待涨准备赚差价的，那么就是虚拟经济范畴。银行的汇兑服务、支持企业正常生产而提供贷款，券商为民众的理性投资提供经纪服务，所收取的服务费和合理利息的活动都是实体经济的范畴，如果金融市场出现过度投机或者融资链条被拉长提高企业融资成本就属于虚拟经济的范畴。

（一）改革开放以来我国实体经济的规模演变

对我国实体经济规模可以从两个方面来考察，一方面从实体经济总量，另一方面从实体经济总量占我国 GDP 比重，采集相应数据测算我国实体经济发展规模的演变和所占比重的变化。

1. 实体经济规模发展迅速，但相比虚拟经济增速相对较缓。从实体经济的总量来看，改革开放 30 多年来，我国实体经济发展迅速，总量不断增加，从现有数据来看，1978 年年末，我国的实体经济（扣除金融业与房地产业的 GDP 总量）为 3522 亿元，2016 年年末达到了 633862 亿元，增长了 179 倍，年平均增长达到 14.86%。相比较而言，我国以金融业和房地产业为代表的虚拟经济增长更为迅猛，1978 年金融业总量仅为 77 亿元，房地产业总量也仅为 80 亿元，量级非常小，说明改革开放时期我国的经济结构以实体经济为主，但 2016 年年末金融业和房地产业分别达到了 62132 亿元和 48133 亿元，增长了 811 倍和 601 倍，年平均增长率分别达到了 20.6% 和 18.75%。如图 3－1 所示。

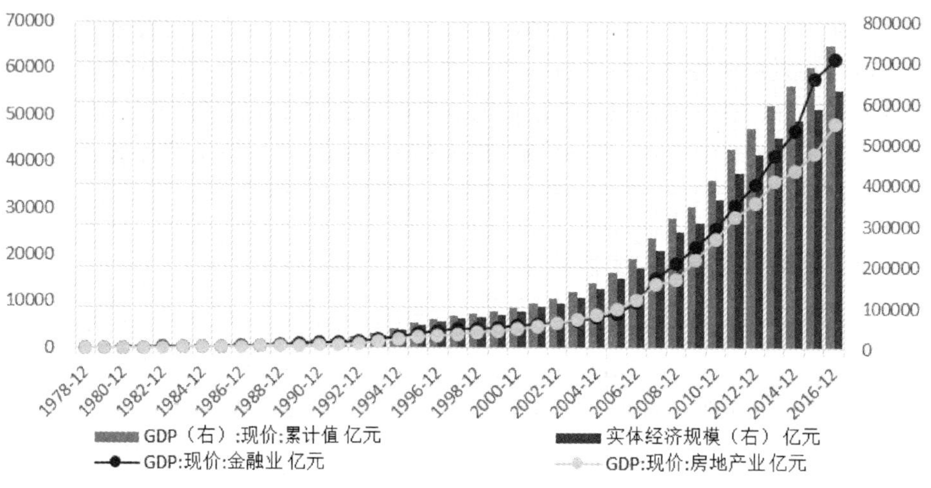

图 3－1 实体经济与虚拟经济总量

数据来源：国家统计局，万得数据库

2. 实体经济在 GDP 中的占比则呈现出不断下降的趋势。从实体经济占我国 GDP 比重指标来看，实体经济在 GDP 中的占比呈现出不断下降的趋势，从 1978 年的 95.75% 经过短暂上升（1978 年的 95.75% 到 1982 年的 96.12%）逐年下降到 2016 年的 85.18%，2017 年上半年的比重为 84.48%，1978～2016 年总共下降了 10.57 个百分点。以金融业和房地产业为代表的虚拟经济的 GDP 占比逐年上升，总体上来看，从 1978 年的 4.25% 上升至 2016 年的 14.82%，2017 年上半年的比重突破了 15%，达到了 15.52%，相对的虚拟经济占比在 1978～2016 年总共上升了 10.57 个百分点。如图 3－2 所示。

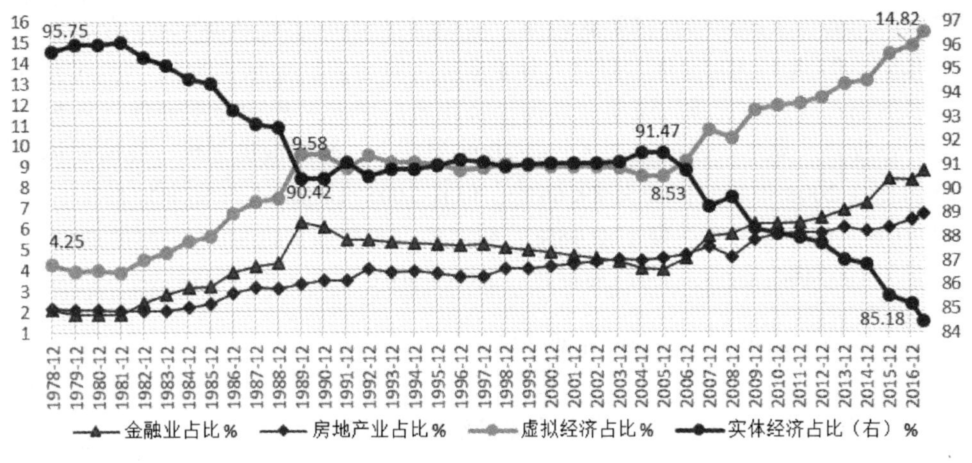

图 3-2　实体经济与虚拟经济 GDP 占比

数据来源：国家统计局，万得数据库

（二）实体经济与虚拟经济关系发展的三个阶段

从实体经济与虚拟经济的结构分析中我们可以清晰看出，实体经济和虚拟经济的发展分为三个阶段。

1. 第一阶段（1978~1989 年）：实体经济占 GDP 比重迅速下滑。这段时期内，我国的实体经济占 GDP 比重从 1978 年的 95.75% 下滑至 1989 年的 90.42%，下降了 5.33 个百分点。以金融业和房地产业为代表的虚拟经济膨胀迅速，虚拟经济 GDP 占比从 1978 年的 4.25% 迅速上升至 1989 年的 9.58%，相对的，虚拟经济占 GDP 比重上升了 5.33 个百分点，这一时期内虚拟经济内部的金融业发展较房地产业发展更快，在 1982 年占 GDP 的比重超过了房地产业。

2. 第二阶段（1989~2005 年）：实体经济与虚拟经济平衡发展。在这一时期内，实体经济的占比小幅度上升，从 1989 年的 90.24% 上升至 2005 年 91.47%，上升了 1.23 个百分点，相应的，以金融业和房地产业为代表的虚拟经济的 GDP 占比小幅度下降，从 1989 年的 9.68% 下降至 2005 年的 8.53%，相对下降了 1.15 个百分点。应该注意的是，在这一时期内房地产业的 GDP 比重在 2003 年超过了金融业的比重。实体经济与虚拟经济的发展与我国 GDP 的增长基本保持同步，虚拟经济与实体经济的发展基本处于均衡发展态势。这一趋势在图 3-2 中也可以表现出来，2005 年之前的金融业与房地产业规模增速与实体经济规模增速基本保持同步。

3. 第三阶段（2005 年至今）：实体经济占 GDP 比重下滑趋势显著。这一时期又可以简单以 2008 年金融危机爆发为临界点划分为两个区间，第一区间是 2006 年之后到金融危机爆发之前，实体经济所占 GDP 比重下滑严重，从 2005 年 91.47% 迅速下滑至 2007 年的 89.27%，短短两年时间萎缩了 2.2 个百分点。相应的，以金融业和房地产业为代表的虚拟经济膨胀迅速，虚拟经济 GDP 占比从 2005 年的 8.53% 迅速上升至 2007 年的 10.73%，相对上升了 2.2 个百分点，金融业所占 GDP 比重再次超过了房地产业所占比重，说明在虚拟经济比重的上升过程中金融业的权重超过了房地产业权重。第三阶段的第二区间是 2008 年至今，金融危机之后，我国实体经济 GDP 占比在 2008 年短暂回升至 89.66%，但在 2008 年之后下降幅度加快，从 2008 年到 2016 年的 8 年时间下降了 4.48%，相对的，虚拟经济占 GDP 比重在 2008 年短暂回落至 10.34%，之后上升趋势加速，2008～2016 年间上升了 4.48%。

二、我国实体经济发展的内外部环境分析

（一）国际金融危机背景下世界实体经济发展困境

产生于美国的 2008 年金融危机的深层次原因之一是美国本土产业空心化之后的经济过度虚拟化，形成资产泡沫。由于发达经济体的虚拟经济过度膨胀与实体经济严重脱节，且金融监管严重滞后与失控，产业“空心化”的后果就是导致了实体经济缺乏新的增长点，而虚拟经济领域累积的风险却日益膨胀，一旦金融风暴袭来，这些国家的金融机构和金融体系就会遭受沉重的打击，实体经济也随之陷入空前严重的危机。在全球经济一体化的格局下，金融危机从美国迅速蔓延至欧洲和日本等发达经济体，诸多研究对金融机构的产品创新和监管过度放松进行了批判，但更应从产业资本和虚拟资本以及相应的产业结构进行剖析（蔡昉，2009），这实际上也为研究我国支持实体经济的发展提供了一个合理的研究框架。

2008 年金融危机余波之后，欧债危机又开始出现，某种程度上来说，欧债危机也是虚拟经济与实体经济失衡的危机，全球经济迟迟走不出危机的阴霾。总之，2008 年以来的国际金融危机暴露了虚拟经济过度的弊端。作为一个尚未完成产业结构转型的新兴经济体，我国必须吸取教训，厘清实体经济与虚拟经济的关系，夯实实体经济的基础，以从容应对国际金融市场的剧烈动荡。

（二）我国实体经济发展的主要成绩

经过我国人民的不懈努力和艰苦奋斗，我国制造业的实力不断增强，特别是 2001 年加入 WTO 以后，我国以制造业为代表的实体经济突飞猛进，涌现出包括中兴、联想、海尔、华为、奇瑞、格力等在内的一大批具有全球竞争力的知名企业。党的十六大尤其是十八大以来，我国以制造业为主的实体经济实现了历史性的跨越式发展。新中国成立以来，实体经济的持续发展壮大为确立我国经济大国地位、增强国家综合实力奠定了坚实的物质基础。

1. 制造业产出和主要工业品产量位居世界前列。稳健的实体经济是我国的传统优势，而制造业是我国实体经济的主体。改革开放以来，依托强大的制造业，我国经济发展始终行驶在快车道上，创造了年均增速 9% 以上的发展奇迹，实体经济在

其中发挥了极其重要的作用，可以说，我国经济发展壮大的过程也是实体经济优化升级的过程。20 世纪 80 年代至今，全球制造业格局发生了重大变迁，以美国为代表的发达国家的经济发展逐渐脱实向虚，而发展中国家尤其是我国的制造业则迅速崛起。据历史数据统计，在世界制造业历史上，2010 年是一个值得中国制造业骄傲的年份。从 1980 年到 2010 年世界制造业增加值从 27900 亿美元增加到 102000 亿美元，期间，美国制造业增加值从 5840 亿美元增加到 18560 亿美元，占世界制造业增加值的比重从 20.93% 降低到 18.20%；而我国制造业增加值从 1330 亿美元增加到 19230 亿美元，占世界制造业增加值的比重从 4.78% 增加到 18.85%，首次超过了美国；同样在制造业产出占比上，2010 年我国也实现了超越美国，该年我国制造业产出占世界的比重为 19.8%，首次超过美国的 19.4% 成为全球制造业第一大国，打破了美国连续 110 年占据世界头号商品生产国的历史，我国有 220 种产品产量位居世界第一。从主要工业品的产量上来看，我国常年位居世界首位或前列。如表 3－1 所示。

表 3－1　　中国工业产品产量居世界位次

年度	钢	煤	原油	发电量	水泥	化肥	棉布
1995	2	1	5	2	1	2	1
1996	1	1	5	2	1	1	2
1997	1	1	5	2	1	1	2
1998	1	1	5	2	1	1	2
1999	1	1	5	2	1	1	2
2000	1	1	5	2	1	1	2
2001	1	1	5	2	1	1	2
2002	1	1	5	2	1	1	1
2003	1	1	5	2	1	1	1
2004	1	1	6	2	1	1	1
2005	1	1	5	2	1	1	1
2006	1	1	6	2	1		1
2007	1	1	5	2	1	1	1
2008	1	1	5	2	1	1	1
2009	1	1	4	2	1		1
2010	1	1	4	1	1	1	1
2011	1	1	4	1	1	1	1
2012	1	1	4	1	1		1

数据来源：国家统计局，万得数据库

注：自 2012 年以后此类排名不再统计

2. 我国工业企业规模增速显著。国家统计局所统计的内资工业企业相关数据显示，我国内资工业企业的数量从 2000 年的 13.44 万家增加到 2016 年的 32.9 万家，增长了 1.45 倍，年均增长 6.7%。就我国内资工业企业的经营情况来看（如图 3－3 所示），资产总额从 2000 年的 100497 亿元增长到 2016 年的 873122 亿元，增长了 7.69 倍，年均增速达到了 14.6%；业务收入总额从 2000 年的 61606 亿元增加到 2016 年的 908606 亿元，增长了 13.75 倍，年均增速达到 18.74%；利润总额从 2000 年的 3111 亿元增加到 2016 年的 54324 亿元，增长了 16.46 倍，年均增速达到 21.06%。从内资工业企业的增加值来看（如图 3－4 所示,），从 2000 年的 40260 亿元增加到 2016 年的 247860 亿元，增长了 5.16 倍，扣除价格因素，年均增速达到 9.99%，规模以上工业企业年均增速更高，达到了 12.51%。

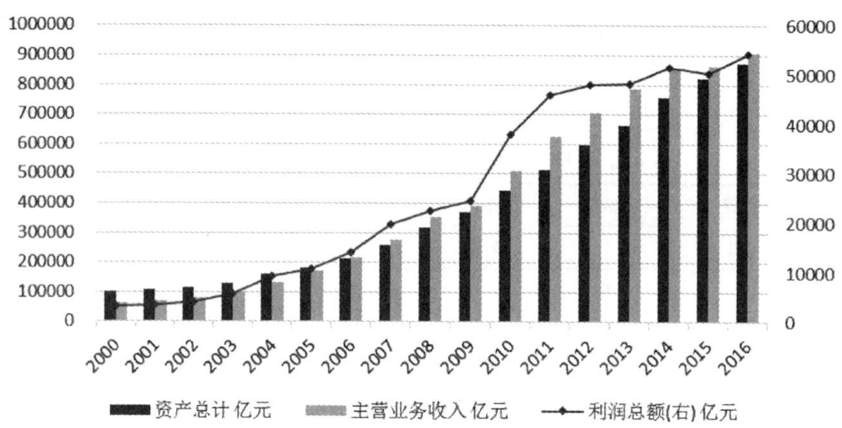

图 3－3 我国内资工业企业主要经营指标

数据来源：国家统计局，万得数据库

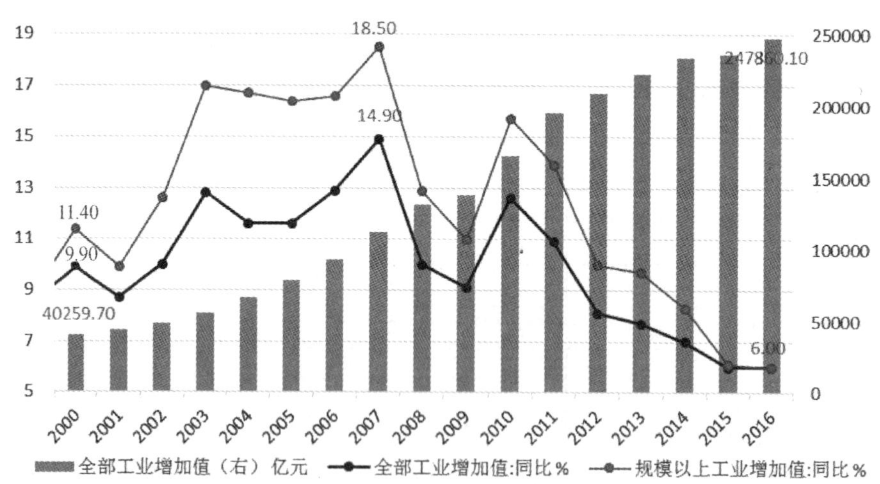

图 3－4 我国内资工业企业增加值

数据来源：国家统计局，万得数据库

3. 我国企业竞争力显著增强。改革开放 30 多年来，我国工业企业的发展速度举世瞩目，为数不少的大企业已经开始进军世界企业之林，竞争力显著增强。从企业竞争力来看，在《财富》世界 500 强榜单上，我国进入世界 500 强榜单的企业从 2002 年的 11 家增加到 2017 年的 103 家（不含港澳台地区），上榜数量位列世界第二。美国以 132 家公司排名第一。虽然中国在上榜公司数量上远远超越排在第三位的日本，但是除了金融业，日本上榜主体是 10 家电子和通信行业公司和 10 家汽车制造业公司，来自具备创新能力的优势行业；而我国除了金融业，最多的行业分布是 19 家能源、炼油、采矿公司和 14 家房地产、工程与建筑公司。另外，更能代表实体经济的另一排行榜由全球制造商集团编制，在 2017 年发布了首届报告《全球制造 500 强》，以 2016 年营业收入作为衡量标准进行排名，其中，中国内地入选的企业共有 57 家，入围榜单前十强的企业有中国石化、中国石油以及上汽集团，从企业数量的国家分布看，美国占据 500 强中的 133 席，以全球最顶尖的实验室、绝对的技术优势雄居全球之首；日本以 85 家公司位列第二，在专利申请数量上，日本仅次于美国位列全球第二。中国（含港澳台地区）、德国、法国和英国是制造业大国的第二阵营，分别有 76 家、26 家、25 家和 23 家企业入选。这说明我国尽管已是制造业大国，但仍然不是制造业强国。展望未来，为了实现从“我国制造”向“我国智造”转变，我国企业应通过与国际接轨整合产业链的方式，不断活跃和提升企业在全球商业体系链条中的角色，增强国际竞争力。

从我国出口情况来看，从 2000 年的 2492 亿美元（仅占世界出口市场的 3.86% 左右，是世界上第 7 大出口国），在 2009 年以 12016 亿美元成为世界第一大贸易出口国，在 2013 年我国进出口总额首破 4 万亿美元，超越美国成为世界第一大贸易国，但世界第一大贸易国的位置在 2016 年又被美国超过。从 2000 年到 2016 年我国的货物出口年均增长达到了 15.29%，进出口总额年均增长达到了 14.75%。如图 3－5所示。

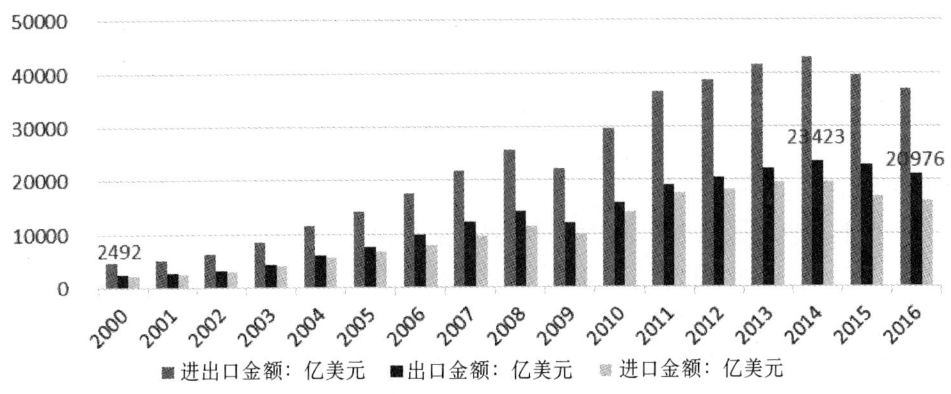

图 3－5　我国进出口总额

数据来源：国家统计局，万得数据库

（三）我国实体经济的研发与可持续性发展能力

近年来，我国以企业为主体、市场为导向、产学研相结合的技术创新体系正在稳步形成，科技创新能力显著增强，日益成为实体经济发展的强大引擎。

1. 全国研发投入快速增长。近年来，我国积极实施创新驱动发展战略，科研经费大幅度增加，技术创新水平得到提升。数据显示，我国的研发投入从 2006 年到 2016 年增长了 6.14 倍。如图 3－6 所示。

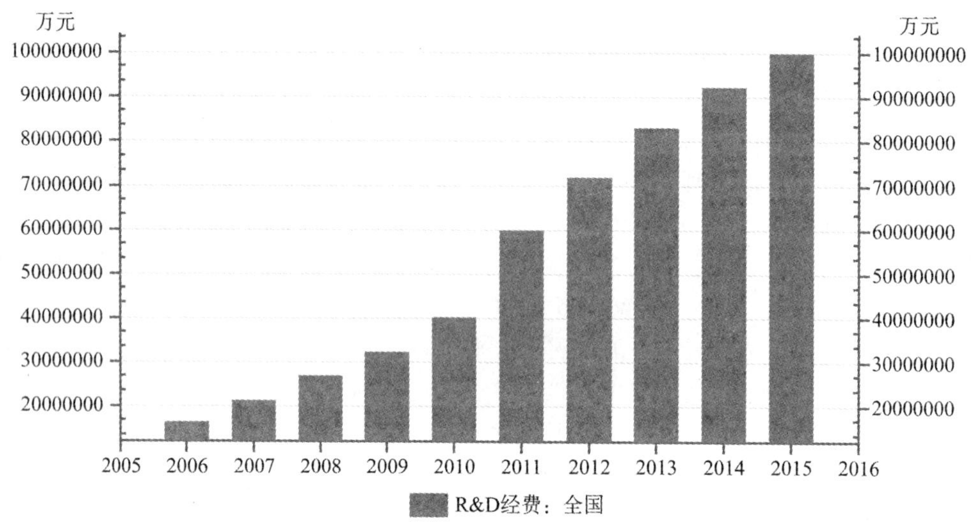

图 3－6 我国科研经费投入情况

数据来源：万得数据库

2. 我国研发水平的国际地位显著提高。2011 年我国发明专利申请量首次超过美国，跃居世界第一位，占到全球总量的 1/4。2013 年我国 PCT 国际专利申请量已跃居世界第三。我国科技创新能力得到快速提升，某些领域与欧美发达国家技术创新水平的差距趋于缩小，已经从以前的“望尘莫及”大幅提升至如今的“望其项背”。在影响未来研发走向的十大关键性领域中，我国有 8 项进入研发领先国家前五位，其中农业和食品生产、军事航天、国防安全、能源生产与效率、信息与通信等 5 个领域进入前三位。

3. 企业研发投入加大，研发能力增强。近年来，为了鼓励、支持和引导企业加快技术创新，我国相继出台了一系列政策措施，引导各类创新要素向企业集聚，不断优化企业技术创新的政策环境。据统计，2016 我国企业 500 强研发投入同比增长 7.4%，研发强度为 1.48%，同比提升 0.19 个百分点。其中，研发强度超过 10% 的有 5 家公司，分别为百度（15.89%）、华为公司（15.09%）、中兴通讯（12.18%）、我国航天科工（11.92%）、阿里巴巴集团（10.54%）。

同时，企业创新水平显著增强。据统计，2011 年开始我国研究开发人员数量已经居世界首位。近年来我国加快实施创新驱动发展战略，全国各地千方百计引入各个领域的高层次人才。由于资金和人才等创新资源加快向企业集聚，我国高端制造业的自主创新能力显著增强，“上天”“入地”“下海”等高新技术走在世界前列。目前，我国以企业为主体的技术创新体系日臻完善，充满活力，在实体经济发展中发挥着越来越重要的作用。例如，北京市高新技术企业常年占全国总数的近20%的水平，成为北京市重要的经济增长极。东部经济发达省份大力发展战略性新兴产业，着力提高科技成果转化率，实体企业生机勃勃。

三、世界工业化进程中我国实体经济发展的阶段性特征

研究我国的实体经济发展情况，离不开实体经济的相对概念——虚拟经济，考察实体经济与虚拟经济关系发展趋势，应该从世界主要发达国家经济发展基本规律入手。这种规律主要体现在工业化发展的阶段性规律上，在此基础上分析我国当前实体经济发展的基本阶段。

（一）世界经济工业化发展的一般规律

按照一般性发展规律，随着一国经济增长，其内部经济结构随着工业化进程的发展，会产生相应的结构性变化，以第二产业为主导的实体经济所占的国民经济比重会逐步降低，而第三产业的比重会逐步上升，但在第三产业内部的服务业结构在不同国家会产生不同的发展结果，是以金融业和房地产业为主导还是以生产性服务业为主导不尽相同。发达国家进入后工业化阶段出现经济增长低迷现象具有普遍性，实体经济的资本回报率降低、利润率下降，会导致传统物质生产的产业资本缺位，以美国国际金融垄断资本为代表的发展模式出现产业空心化具有一定的普遍性和代表性。但同时，德国和北欧国家坚持发展制造业为主、注重研发并大力扶持中小企业，出现产业空心化的现象并不严重，典型经验就是德国和北欧三国在2008年金融危机之后率先复苏①。

（二）我国工业化进程中的阶段性特征

诸多的研究成果和我国经济发展成就说明我国当前具有工业化后期或后工业化阶段初期的阶段性特征。

1. 购买力平价水平上我国人均GDP达到了后工业化初期的水平。经济学研究领域的钱纳里模型被诸多的研究者作为对各个国家的工业化水平进行评价的依据。我国社会科学院工业经济研究所等机构参照钱纳里模型，按照2005年美元购买力平价水平，对不同人均GDP水平下一个国家所处的工业化阶段进行了研究。根据他们的研究，人均GDP为2980～5960美元时处在工业化的中期阶段，人均GDP为5960～

① 详细内容参阅本书第四章。

11170 美元时处在工业化的后期阶段，2012 年发布《我国工业化进程报告（1995～2010)》认为，“十五”“十一五”期间，我国已经快速走完了工业化中期阶段，这意味着我国在“十二五”和“十三五”已经步入工业化的后期阶段。根据美国宾夕法尼亚大学发布的购买力平价数据，2010 年我国人均 GDP 达到 8420 美元（2005 年购买力平价)，按照近几年我国经济和人口增速推算，2016 年我国人均 GDP 已经达到 14700 美元，按此指标判断我国应处于后工业化阶段的初期。

2. 三大产业占比上我国具备了后工业化初期的特征。从结构化数据的产业结构来看，钱纳里等经济学家从经济结构方面提出的判别标准，一个国家的第一产业所占比重低于 10%、第三产业所占比重大于第二产业，就标志着这个国家进入后工业化时期。同时，根据国家统计局的行业划分方法，实体经济划分为三个产业：第一产业指农林牧渔业；第二产业包括工业（采矿业，制造业，电力、燃气及水的生产和供应业）及建筑业；第三产业是指除金融业及房地产以外的相关行业，主要包括交通运输、仓储和邮政业，信息传输、计算机服务和软件业，批发和零售业，住宿和餐饮业，租赁和商务服务业，科学研究、技术服务和地质勘查业，水利、环境和公共设施管理业，教育，卫生、社会保障和社会福利业，文化、体育和娱乐业及公共管理和社会组织等行业。改革开放 30 多年来，在我国实体经济的产业结构中，第一产业占比在 20 世纪 90 年代以前比较平稳，20 世纪 90 年代以后呈现出快速下降的发展趋势，2010 年首次跌破 10%，为 9.5%；第二产业占比围绕 50% 上下波动；第三产业占比自 20 世纪 80 年代中期以后就不断上升，自 2013 年开始第三产业占 GDP 比重高于第二产业（如图 3－7 所示)。2016 年第一产业占 GDP 比重为 8.56%，第二产业占 GDP 比重为 39.81%，第三产业占 GDP 比重为 51.63%。按照此指标，目前正在步入后工业化阶段，可以说我国具备了后工业化阶段初期的基本条件。

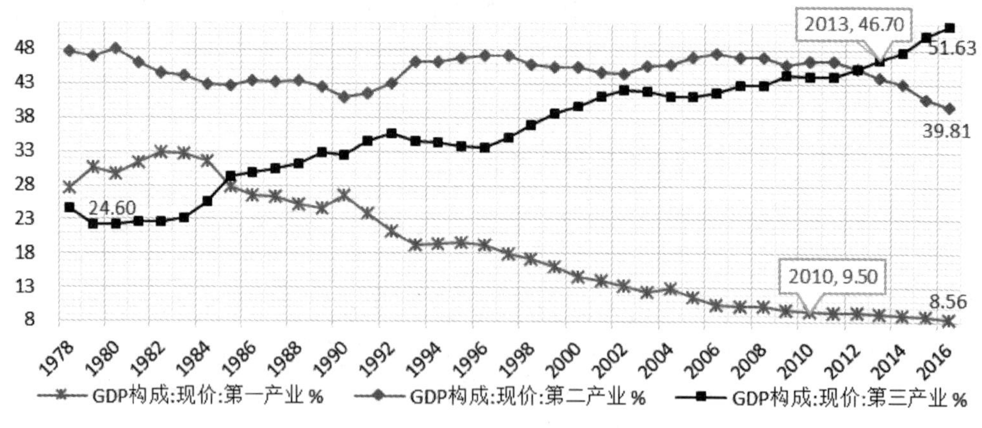

图 3－7 GDP 三大产业占比

数据来源：国家统计局，万得数据库

3. 就业人口占比上我国具有工业化的中后期阶段的特征。从结构化数据的人口结构来看，一个国家农业就业者比重在 10%～30% 之间处于工业化后期，低于 10%

进入后工业化时期；城镇化率在50% ~60%之间处于工业化中期，60% ~75%之间处于工业化后期，高于75%进入后工业化时期。2014年我国农业就业比首次低于30%，为29.5%，2016年仅仅为27.7%，城镇化率为57.35%，按照这两类指标来判断，我国处于工业化中后期，明显滞后于按照前两类指标判断所处的阶段。

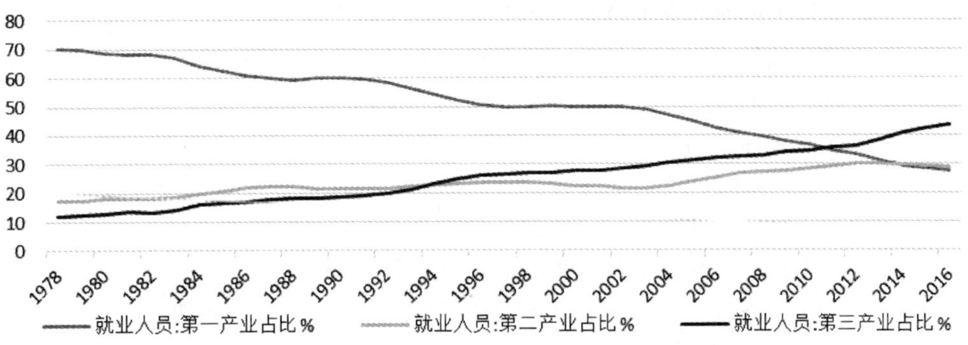

图3-8 三大产业就业人口占比及城镇化水平

数据来源：国家统计局，万得数据库

（三）我国工业化发展阶段实体经济所面临的发展困境

基于发达国家在后工业化过程中出现的产业空心化的基本规律和治理模式，当前我国在工业化进程中面临三大困境。

第一，我国经济正处于增速换档的关键阶段，我国经济增长将从高速转向中高速增长。随着我国经济规模的增加和要素等方面条件的变化，我国经济增速将出现一定幅度的下降，这是我国进入经济新常态的主要表现，GDP由高速增长转为中高速增长，预计会长时间处于6.0% ~7.0%之间，这一转变也符合世界各国经济发展的规律。

第二，我国经济发展的内在要素发生了结构性变化，劳动力约束、资源环境约束和结构性矛盾加大。（1）劳动力要素约束强化。在过去相当长的时间内，我国的廉价劳动力数量优势明显，人口红利是我国经济快速发展的主要原因之一，但自21世纪初以来，进入了“低出生、低死亡、低增长”的现代型人口增长阶段，劳动力数量红利开始逐步减退，“刘易斯拐点”逐渐引起广泛关注。随着“人口红利”衰竭和“刘易斯拐点”的到来，我国的城镇化进程将会逐步放缓。未来我国的城镇化将由加速阶段转变为减速阶段，预计今后城镇化年均提高的速度将保持在0.8 ~1个百分点，很难再现“九五”“十五”期间每年1.35 ~1.45个百分点的增幅。（2）资源环境约束强化。改革开放以来，我国的经济发展主要是依靠物质要素的投入来推动的。从1978年到2016年，我国能源消费总量从5.7亿吨标准煤迅速上升到43.6亿吨标准煤。尽管近几年我国单位GDP能耗有所下降，但依然为高收入国家的1.8倍，中等收入国家的1.2倍，世界平均水平的1.5倍。同时，我国人口众多，人均资源量少，经济增长将受到越来越严重的资源和环境约束，将面临能源供给、生产能力、运输能力和废气排放的环境容量不足的困难。(3) 结构性矛盾加大。当前我国经济已经走过“总量不足”的发展阶段，但是由于有效供给不足而带来的“结构性不足”仍是我们面临的重大挑战。我国的资本总存量、人均资本存量仍远远落后于发达国家，资本积累仍有空间，资本增加对经济增长的贡献仍有中期潜力可挖，核心问题在于资本的结构而非总量。由于我国的人口基数大，人均资本存量较发达国家的水平依然偏低，汇丰银行曾经研究过2010年我国的资本存量水平，我国人均资本存量不足美国的8%、韩国的17%，按照2010年至2016年我国全社会固定资产投资完成额的实际平均增速14.85%计算，我国2016年的人均资本存量也仅相当于2010年美国和韩国的18%和39%。具体来看，我国对传统基础设施投资投入力度大，但教育、医疗、社会保障等公共服务产品方面的投资依然不足，而基础研究、技术标准、知识产权等软件基础设施的投入更显薄弱。

第三，实体经济收益率和实体经济资本回报率持续下降。从2010年开始我国GDP已经连续7年出现下降，据测算，我国的资本产出比已经由2010年的34%下降到2016年的26%左右，而资本边际产出已经由2010年的25%下降到2016年的18%左右。从微观层面来看，根据刘陈杰(2016)的测算，我国企业的投资资本回报率(ROIC)由2008年的16%下降到2015年的4.2%，已经低于企业实际融资成本；我国银行国际金融研究所和清华大学白重恩的研究结果也显示了我国投资回报率下降的趋势，从90年代中期到现在投资回报率下降趋势明显，尤其是2008年之后投资回报率下降的速度很快，据白重恩测算，2015年我国整体投资回报率只有不到4%，也低于银行贷款利率。

四、我国实体经济发展存在的主要问题

(一) 产业结构不合理，产业空心化趋势明显

后工业化国家的产业空心化和实体经济发展困境现象虽然在不同国家有不同的表现，但其具有共性。产业空心化是产业结构演进中企业行为和资本流动应对外部产业环境变化的结果，有三种共性：(1) 从企业行为的层面看，无论国内劳动力成本的提高、自然资源供给的紧张还是汇率的变动都可能引起群体性的企业生产和投资对本土制造业等实体经济部门的远离。(2) 从产业资本流动的层面看，产业环境约束会导致产业资本在本土制造业等实体经济部门的回报率下降，从而出现向更高资本回报率的区域和产业流动的倾向，并最终引起产业空心化的出现。(3) 产业资本的流动呈现出“离本土化”和“离制造业化”的趋势。在这两种趋势下，大量产业资本从本土流出到海外，从实体经济部门流出到虚拟经济部门，这意味着企业本土的制造业等实体经济部门出现了资本流失和投资不足，两者都产生了产业空心化，后一种“离制造业化”的产业资本流向了虚拟经济部门，所产生资产泡沫就影响了实体经济的发展。

对于我国而言，在我国尚未达到后工业化阶段的背景下，产业空心化的形成途径有两种，“离本土化”和“离制造业化”，同时产业空心化会形成流动性过剩、信用过剩和产能过剩三种过剩现象。

第一，产业空心化的形成途径有两种：“离本土化”和“离制造业化”。从工业化国家的产业空心化的共性原因来看，是产业结构演进中企业行为和资本流动应对外部产业环境变化的结果。在我国具体表现为发生在本土制造业的“两端挤压”效应上，即：从当前的国际经济发展和产业布局来看，对我国而言出现了“高端挤压”和“低端挤出”的效应和现象，我国面临着发达国家抢占战略制高点和发展中国家抢占传统市场的双重压力。金融危机之后，发达国家纷纷提出“再工业化”或“制造业回流”战略，在新的技术平台上提升制造业，以核心技术和专业服务持续强化其全球价值链的高端环节的垄断地位和竞争优势，冲击着我国世界工厂的地位，对我国提升产业层次、发展先进制造业形成巨大压力。同时，新兴市场国家也在加快产业升级，利用其低成本优势，加紧与我国在传统国际市场上展开竞争。在“高端挤压”和“低端挤出”的效应和现象出现之后，实体经济部门的回报率下降，我国的传统制造业企业等向更高资本回报率区域和产业流动也是资本逐利的必然结果，我国沿海地区作为率先完成工业化的区域，这种现象表现得尤为明显，江浙地区的有较强研发能力和资本实力的民营企业开始向东南亚国家投资“离本土化”，或者向财务公司、融资租赁等金融业态和房地产开始布局，从实际的资本回报率来看也远远大于当前的传统制造业，支持实体经的发展在东部沿海的发生有其必然性。

第二，产业空心化和经济泡沫化过程中的三种过剩：流动性过剩、信用过剩和产能过剩。按照马克思资本循环理论所阐释的实体经济发展定义，货币执行支付手段的职能一方面把商品交换从现金交换中解放出来，扩大和方便商品的流通，为商品经济的运行创造条件；另一方面又发展了商品经济的内在矛盾。在信用制度下，货币支付手段所形成的债务链条一旦被打破，会导致商品生产、经营无法顺利进行。同时，货币资本的过剩会驱使生产过程突破界限产生流动性过剩、信用过剩、生产过剩。（1）流动性过剩。在传统的粗放型经济发展模式下，我国的经济增长过度依赖投资，导致我国的货币投放量大量超发，通过 M2 和 GDP 比较来看，M2 与 GDP 的比值不断上升，金融危机之后，该比值从 2009 年的 179% 迅速上升至 2016 年的 208%，说明了我国货币存在超发情况，货币供应一直以来脱离实体经济发展，流动性过剩出现有其发生的必然性。（2）信用过剩。一般认为，股市和房市泡沫是信用极度膨胀的产物，信用是实体经济与再生产过程联系的中介，资产泡沫就是在这个过程中形成的。马克思在资本论中分析了信用固有的“二重性”：一方面在信用经济中，再生产过程的不同过程都以信用为中介，生产过程的发展促使信用扩大，而信用又引起工商业活动的扩展。信用制度是生产过剩和商业过度信用制度是生产过剩和商业过度投机的主要杠杆，可以把伸缩的再生产过程强化到极限。另一方面，随着投机和信用事业的发展，它还开辟了千百个突然致富的源泉，导致更多的产业资本家实体经济发展困境。（3）产能过剩。一方面，产业转型升级过程中，利润率下降趋势规律形成的周期性产能过剩和体制性产能过剩；另一方面，消费升级与产业转型升级不协调导致的结构性产能过剩。

（二）与世界主要发达国家相比，我国的金融业发展过快

党的十九大报告指出，增强金融服务实体经济能力，但如果金融业发展过快，就会脱离实体经济的发展基础，形成金融的“自我膨胀”和内部循环。从纵向发展来看，我国的实体经济规模发展迅速，但相比金融业的发展仍相对不足；另外，从横向对比来分析，与世界主要发达国家的金融业增加值占 GDP 比重相比较来看，我国金融业的发展过快，不但远远高于以制造业为支柱产业的德国，也超过了现代金融业发展高度发达的美国和英国。如图 3 –9 所示。

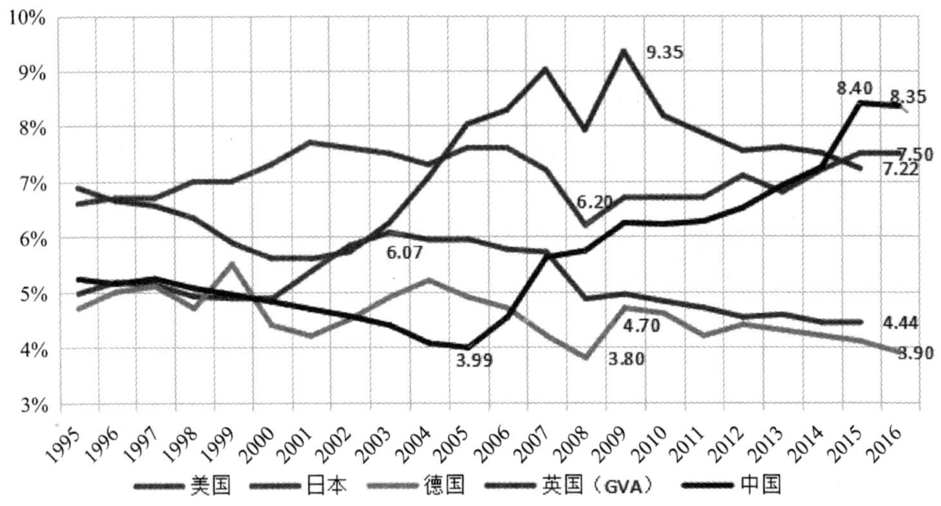

图 3 –9　主要发达国家与中国金融和保险业增加值占 GDP 比重

数据来源：美国：美国经济分析局；日本：日本内阁府；德国：欧盟统计局；英国：英国统计局；中国：国家统计局

德国由于是典型的以制造业为主的产业发展模式，金融业发展处于服务实体经济的地位，金融业增加值的 GDP 占比一直在发达国家中居于靠后的位置，而且自金融危机之后从 2009 年一直处于下降的趋势，2016 年的 GDP 占比为 3.9%，接近于 2008 年的最低水平 3.8%；美国和英国的金融业 GDP 占比一直在发达国家中居于前列，但二者的发展趋势显著不同。美国金融业 GDP 占比在 2008 年金融危机达到最低点 6.2%之后，处于增长趋势，2016 年达到了 7.5%，接近于 2001 年最高点；英国金融业增加值 GDP 占比在 2008 年达到最低点之后与美国不同，在 2009 年达到最高点 9.35%之后迅速下滑，2015 年的金融业 GDP 占比为 7.22%，改变了自 2004 年以来其金融业增加值 GDP 占比高于美国的趋势。日本金融业增加值 GDP 占比自

2003 年达到最高值 6.07% 之后一直下滑，2016 年为最低点的 4.44%。

我国的金融业增加值占比发展趋势与发达国家显著不同：一是增长迅速，在 2005 年达到最低点的 3.99% 之后一直保持迅速增长的发展趋势，2015 年迅速攀升至 8.4%，2016 年短暂回落至 8.35%。二是目前的金融业增加值 GDP 占比已经显著高于英美等发达国家的水平，并远远高于 2012 年我国《金融业发展和改革"十二五"规划》所提出的金融业增加值 GDP 占比的 5% 水平。

我国金融业发展过快、远远高于世界发达国家的现象，印证了本章的主要结论——"实体经济规模发展迅速，但相比虚拟经济增速相对较缓"，表明了金融业与实体经济发展整体失衡的状态。

（三）与金融业房地产业相比，实体企业资本回报率下降趋势明显

近年来我国宏观经济总体放缓，实体经济增长乏力，但是金融业、房地产业等虚拟经济产业的发展规模却迅速膨胀，行业利润依然保持强劲增长的发展态势。这种行业利润严重失衡的状况令人十分担忧，正是由于虚拟经济利润大，企业"脱实向虚"的倾向越发明显。从整体数据上来看，近几年受产能过剩、成本上升等因素影响，制造业权益资本回报率（ROE）从 2006 年的 6.7% 下降至 2015 年的 5.4%。相比之下，房地产业和金融业的投资回报率较高，吸引了大量社会资金流入，例如，上市房地产企业的 ROE 从 2006 年的 8.2% 上升至 2013 年的 13.6%，尽管近年有所下降，但仍然保持在 10% 以上；金融业的投资回报率同样较高，2015 年证券公司 ROE 约为 19.6%，1 年期股权类信托理财产品收益率平均为 8.3%。

（四）我国制造业大而不强

我国制造业大而不强的问题可以从世界 500 强和全球制造业 500 强的排名来考察。第一，在世界 500 强的排名上，美国、中国和日本位居前三，我国从 2002 年的 11 家增加到 2017 年的 103 家（不含港澳台地区），但分析行业分布可以发现，虽然我国在上榜公司数量上远远超越排在第三位的日本，但除了金融业，日本企业的上榜主体是 10 家电子和通信行业公司和 10 家汽车制造业公司，来自具备创新能力的优势行业；而我国除了金融业，最多的行业分布是 19 家能源、炼油、采矿公司和 14 家房地产、工程与建筑公司。另外，在利润榜的分布上，前五名分别为美国苹果公司、中国工商银行、中国建设银行、中国农业银行和中国银行，由此可以看出我国制造业的盈利能力显著弱于金融业。第二，在全球制造业 500 强的分布上，我国内地入选的企业 57 家，位列美国、日本之后。以营业收入计算的排名，我国有中国石化、中国石油和上汽集团，但以利润计算的排名前 10 名中没有一家中国企业。

（五）企业成本上升明显

经营成本高企是导致实体企业生产经营困难的重要原因。近年来我国实体企业

特别是中小微企业，已经全方位进入“高成本时代”，不同程度地存在用工成本上升、融资难融资贵和税费负担沉重等问题。2013 年 9 月 23 日发布的《全国企业负担调查评价报告》显示，2013 年企业效益增速普遍回落，一半以上的企业存在人工成本攀升、原材料价格上涨、资金压力紧张、融资成本高、招工难等问题。税费高企导致企业不堪重负，有的被迫撤离实体经济领域，有的甚至被迫关闭和停产，企业经营环境有待优化。

（1）用工成本上升。众所周知，改革开放以来，丰富廉价的劳动力是支撑我国实体经济不断发展壮大的关键因素。但是，2004 年以来我国劳动力供给逐渐从无限供给向局部短缺转变，企业面临日益严峻的“用工荒”。据统计，2012 年我国 15 ~ 59 岁劳动年龄人口为 93727 万人，比上年减少 345 万人，占总人口的比重为 69.2%，比上年末下降 0.6 个百分点，这是我国劳动年龄人口比重首次出现下降，并且在 2030 年以前仍会逐渐减少。同时，我国普通劳动者的薪酬逐年上升，实体企业负担沉重。

（2）中小实体企业融资难、融资贵。资金是实体经济的“血液”。在企业利润日趋微薄的背景下，融资难、融资贵问题长期困扰我国实体企业的发展，与其社会贡献十分不匹配，近年来备受社会关注。一是融资难问题。由于资产抵押品不足，经营状况也缺乏稳定性，即使资金严重短缺，广大中小企业也很难从正规金融机构获得信贷资源。全国工商联发布的数据显示，2016 年我国 95% 的小微企业未曾从金融机构获得过贷款。融资难问题阻碍实体企业开展正常的生产经营活动，十分不利于企业转型升级。二是融资贵问题。银行贷款是企业获得资金的重要来源，但是高额的融资成本已经成为企业的沉重负担。目前我国中小企业融资成本包括贷款利息、浮动利息、保证金利息、担保费用、融资顾问费用、抵押物登记费用、评估费用等，合计高出银行贷款利率约 50%，实际资金成本超过 10%，有的地方高达 15% ~ 20%；有的中小企业由于抵押物少、规模受限等原因，贷款申请遭拒率高达 56%，资金不足已严重制约实体企业的发展。此外，如果广大小微企业得不到正规金融机构的贷款，只好转而求助于民间高利贷。有些地区民间借贷的平均利率高达 30%，极大地推高了小微企业的融资成本，许多企业陷入了“不借等死，借钱找死”的两难境地。如果融资难、融资贵问题继续侵蚀实体企业的经营效益，最终必将阻碍实体经济发展。

（3）税费负担沉重。近年来我国加快税改步伐，企业税负有所减轻。但是，重复征税、“高征低扣”、所得税扣除比例过低等问题仍然严重制约实体企业的发展。当前我国企业税费负担较重，应当综合考虑降低税收、政府性基金以及各项收费。

（六）社会价值缺失，企业家精神衰减

企业家精神是时代和社会造就的产物，只有在合适的社会环境中，才能发芽成

长、开花结果。但目前我国急功近利、金钱至上、人心浮躁。这种环境导致了企业家们的创新思想退化、冒险意识淡薄、担当精神缺失。

1. 投机严重，缺乏实业精神。国内众多上市公司、银行以及民企纷纷抛开本业，通过委托贷款或相互放贷的形式赚取主营业务外收入。在银根持续紧缩导致的资金流动性不良的情况下，这无疑能赚取超出实体经济多倍的利润。然而这种短视行为终将导致实体经济萎缩，通货膨胀加剧。一旦经济环境发生变化，企业家往往做出短期利益最大化的选择，这种选择往往造成社会整体利益的损失。同时从广大毕业生的就业渠道来看，首选去当政府公务员，收入有保障，社会地位高；其次是垄断性国企，大型国有企业代替了外资企业、民营企业，成为高收入、高福利的好归宿；选择私企被看作是无奈的权宜之计；愿意选择自主创业的比例少之又少。从长远看，这种缺乏创业精神和担当意识的局面对我国实体经济的发展会造成严重影响。

2. 唯利是图，漠视社会责任。近年来，以“瘦肉精”、“毒奶粉”和有毒胶囊为代表的食品药品安全问题、企业生产活动造成的环境污染、各种产品质量与售后服务事件、因缺乏防护造成的职业病和生产事故等问题层出不穷。这些问题的产生，不仅说明企业社会责任感的缺失，更反映了政府制度规范的缺位。

3. 信用缺失，无视商业道德。当前由于现金流断裂所导致的跑路问题在江浙、山东等地区层出不穷。这些问题的出现虽然有社会整体性因素和企业经营外部环境的原因，但企业家契约精神的丧失却是不容置疑的事实。企业家如果不能坚持基本的道德底线，更遑论履行对其他利益相关者的社会责任了。中小企业吸纳了大量人员就业，一旦企业资不抵债导致破产，或者企业主扔下烂摊子玩跑路，隐患将是巨大的。表面上是跑路危机，但背后却是商业文化和信仰危机，即企业家精神的湮灭。当前我国市场经济体制尚未完善，关系就是商机、财富和生产力。不重信用只重关系的“原罪”就成为企业家挥之不去的烙印。目前，我国的企业诚信建设缺乏统一引导，信用市场环境建设急需加强，诚信管理服务非常滞后。企业因信用缺失而付出的法律成本极为低廉，付出的社会成本也微不足道。这些问题都需要解决以逐步形成我国社会主义企业家精神。

五、我国实体经济发展的建议

（一）从实体经济的内部矛盾入手，在深化供给侧结构性改革的进程中解决实体经济供给质量问题

振兴实体经济是供给侧结构性改革的主要任务。党的十九大报告在“深化供给侧结构性改革”部分专门强调，“必须把发展经济的着力点放在实体经济上”。在这一过程中，要通过产业协同发展，提高实体经济的发展质量，具体而言，要着力疏通结构性障碍，促进资源要素高效流动和优化资源配置机制，推动产业链

再造和价值链提升，充分释放有效供给，着力满足有效需求和潜在需求，达到实现供需匹配和动态均衡发展的目标。党的十九大报告在这一方面指出了两个方向，第一，加快建设制造强国，加快发展先进制造业，推动互联网、大数据、人工智能和实体经济深度融合，在中高端消费、创新引领、绿色低碳、共享经济、现代供应链、人力资本服务等领域培育新增长点、形成新动能。第二，以供给侧结构性改革为主线，推动经济发展质量变革、效率变革、动力变革，着力加快建设实体经济、科技创新、现代金融、人力资源协同发展的产业体系，着力构建市场机制有效、微观主体有活力、宏观调控有度的经济体制，不断增强我国经济创新力和竞争力。

（二）改善我国宏观调控体系，进一步支持我国实体经济的发展

第一，要在深化金融体制改革的进程中，增强金融服务实体经济能力。党的十九大报告提出，要深化金融体制改革，增强金融服务实体经济能力，提高直接融资比重，促进多层次资本市场健康发展。从当前我国社会主要矛盾已经转化为“人民日益增长的美好生活需要和不平衡不充分的发展之间的矛盾”这一论断出发，金融要把为实体经济服务作为出发点和落脚点，全面提升服务效率和水平，把更多金融资源配置到经济社会发展的重点领域和薄弱环节，更好满足人民群众和实体经济多样化的金融需求。为此，要综合考虑金融与实体经济的联动有效性，加快体制机制改革创新，提升服务效率和水平。

第二，持续推进财税体制改革，支持实体经济的发展。对于实体经济中的中小微企业，要高度重视融资难融资贵和税费负担重的问题，应该加大扶持力度，从政策方面予以支持。一方面通过减税降费、降低要素成本和各类制度性交易成本减轻企业负担，另一方面要激励企业自身内部降本增效。

（三）优化实体经济发展的外部环境

第一，优化市场环境，从政府与市场关系角度上通过优化资源配置来助推实体经济的发展。首先，进一步厘清政府和市场的边界，继续深化行政体制改革，深化“放管服”改革，加快向服务型政府转型，全面实行清单管理制度，切实做到使市场在资源配置中起决定性作用和更好发挥政府作用。其次，健全完善市场体制机制，打造法治化便利化的营商环境，打通资金、技术、人才等生产要素向实体经济合理流动的通道。最后建立统一透明、有序规范、责权明确的市场监管机制，强化产权保护，规范市场秩序，激励企业家精神，完善创新创业生态，推动企业做强新制造、发展新服务、创造新供给。

第二，在总供给和总需求层面上，扩大有效需求来对接实体经济的发展。在坚持供给侧结构性改革的基础上，扩大有效需求特别是内需，逐步改善市场发展预期，提振实体经济在供给端的发展信心。首先，要提高投资有效性和投资效率，在产业

升级、重大民生工程和公共服务建设等领域发挥政府与社会资本的双重力量。其次，在绿色消费、信息消费领域，扩大服务消费规模，引领和创造消费需求，最终促进消费在结构升级中释放增长潜力。最后优化进出口外贸结构，积极培育智能制造和高端制造业等领域新的出口增长点，并积极推动服务贸易业态创新，最终促进服务贸易与商品贸易融合发展。

第四章

支持实体经济发展国际实践与比较

从支持实体经济的角度研究世界主要发达国家的发展模式，大致可以从英美模式、德国模式、北欧国家模式和日韩模式等几种典型发展路径上进行分析。对这些国家支持实体经济的发展可以从产业政策、政府与市场关系处理中的角色、金融危机之后的实体经济回归等几个方面进行分析，既有成功的案例，也有失败的教训。通过对这些不同模式的分析，可以给我们处理实体经济与虚拟经济的关系带来诸多启示。

一、以高新技术为先导产业的美国

（一）美国政府通过（R&D）引领美国新技术、新产品和新产业

虽然表面上看美国坚持的自由市场机制倡导分散决策机制，而美国政府也对外宣传政府不干预市场，倡导自由与竞争，但美国任何一项足以引起世界新技术变革的发明及开发和实施，背后都有美国政府的支持。美国政府的两大科研机构美国国家科学基金（NSF）和美国国立卫生研究院（NIH）支持“R”，即基础科研，它们在做基础科研立项筛选的过程中，已经代表了美国政府对世界最前沿科技产业的支持，也就代表了一种产业政策。美国领先全世界的互联网、生物技术前沿科技产业都是在国家科研项目的支持下完成的，如谷歌的计算方法就是 NSF 的项目成果。

（二）通过政策手段确保实体企业的自由竞争

第一，无论是政府强力干预市场的罗斯福时期，还是里根之后的自由主义经济机制，美国政府都从创造良好的竞争环境、大量投入科研经费并培养和引入高端科技人才等方面提升美国企业的国际竞争力。罗斯福时期开始通过国有资本的方式加强了对运输、航空、港口和电讯等基础行业的持续投资，并且，美国对科研的重视及投资程度在发达资本主义国家首屈一指，基本上政府对科研的投入占到社会全部科研投入的 60% 以上。

第二，英美政府在资本市场上重视对市场主体的增信。主要包括为企业提供政府担保、创办银行贷款和资本市场连接环节的二级市场金融机构。例如第二次世界

大战后罗斯福政府为解决退伍军人的住房问题，在市场层面建立了房利美（Fannie Mae）和房贷美（Freddie Mac）从事住房抵押贷款二级市场业务，并赋予了一系列金融机构优惠政策，如税收优惠、提供信用额度、业务特许证和低风险债券，甚至隐形的债务担保，以支持它们的市场化运营，这两家公司解决了市场短缺问题，完成了政府的大众住房的社会目标，并且，两家公司的资本回报率远远超过了保险和银行等金融机构。但同时，由于这两家公司过于追求自身收益，忘记了其自身定位，为2008年金融危机提供了爆发的土壤，从其满足住房需求的实体经济更多地表现为资产泡沫的虚拟经济。

第三，实体经济层面的国有经济成分逐步被私有化。第二次世界大战后美国和英国分别经历了一轮国有化进程，但在自由主义思潮的影响下，这些国有经济成分逐步被私有化。1945年，英国工党艾德礼组阁，开始了国有化政策以促进英国战后经济的恢复，英格兰银行收归国有、《煤炭法》《民用航空法》《电报和无线电通讯法》《电力法》《运输法》《煤气法》的实施保证了这些行业的国有化进程，后来历经威尔逊政府的再次国有化，到70年代末，英国的邮电、通信、电力、煤气煤炭、铁路、造船行业的国有经济达到了100%，航空、钢铁汽车也达到了50%以上。政府在国有企业进行了全方位的管理和控制，人事、财务、定价、收入等全部由政府管理，国有企业只是享有生产计划和日常管理的运营权限，政府在国有经济的管理中占有绝对主导地位。但是，英国国有经济亏损严重，效率低下，在撒切尔夫人上台之后大力推行私有化，历经三个阶段的私有化进程，以国有化的英国石油公司的5%股份出售开始到英国电信公司、钢铁公司、煤气公司等私有化改革，国有经济私有化改革成为至今英国经济发展的主要政策，即使历经金融危机，也未再国有化。

（三）金融危机后“再工业化”战略促进实体经济回升

金融危机之前，美国资本市场为主体的虚拟经济占主导，重要制造业日趋空心化，“离制造业化”和“离本土化”的产业空心化趋势明显，形成了制造业份额的长期下降趋势和实体经济与虚拟经济的持续失衡，金融业和房地产业在国民经济中的比重显著提升，在金融危机之前金融业利润占全部公司利润的比例已高达40%，并且美国高度发达的资本市场进一步促成了虚拟经济的膨胀和资产泡沫的形成。经济系统稳定性受到严重威胁。金融危机之后，在2010年美国政府正式启动“再工业化”，瞄准新一轮产业结构升级所带来的机遇，在新能源、信息、生物、航天、新材料、3D打印等高端制造业、新兴产业领域进行前沿技术创新的扶持，进行“互联网+工业”的新科技革命，其重点是大数据与云计算。美国把创新驱动发展作为新兴产业发展的总纲领，分别于2009年、2011年和2015年连续出台三个版本的创新战略，其主题分别为“推动可持续增长和高质量就业”“确保经济繁荣增长”和“维持美国创新生态环境，为人民提供一个新型政府”。可见，美国把投资于创新和营造良好创新生态环境作为新兴产业发展的基石。同时，美国也高度重视重点领域的突破发展，在三个版本的《美国创新战略》中，都把发展先进制造业、生物技术、清洁能源等作为优先发展的领域，位于创新金字塔的顶层，持续推进上述领域的技术突破和产业发展，确保美国的领先地位。2015年，根据新形势变化，美国拓宽了重点领域的范围，将精准医学、大脑计划和智慧城市等也列入重点支持的领域。

二、支持制造业为主导产业的德国

国际金融危机之后欧盟内部的希腊、西班牙等国又发生了主权债务危机，但德国经济则依靠其强大的制造业而引领着欧盟的经济发展，没有发生所谓的产业空心化也就不存在实体经济发展困境的现象。德国健康而持续的经济发展的根本原因就在于以制造业为核心的实体经济，德国为了保证实体经济的发展，主要做了以下几方面的工作。

（一）坚持以促进制造业的发展为基本理念的产业政策

德国政府的产业政策一直秉承德国全力打造“制造业”实体产业和全力支持“中小企业”发展的思想。随着国际竞争市场的不断变化，德国政府也在围绕着制造业和中小企业不断调整其产业结构、技术结构和产品结构，传统的汽车制造、机械制造、化工、电子工业优势一直支撑着德国经济稳定而健康的发展，同时在德国政府的产业政策支撑下，自动化工程、信息科学、生物及遗传工程、环保等技术领先世界。与日韩的全方位并深入企业微观层面扶持企业的做法不同，德国政府的作用仅仅是维持市场竞争秩序，稳定币值等宏观经济环境，提供社会经济基本条件和社会保障制度，立足点在于为保护企业间竞争和产业的协调发展提供相应的制度框架。当前德国政府正在开展和实施由《德国2020高技术战略》推动的“工业4.0”计划。

（二）德国金融业以国有经济为主导，支持实体经济的发展

德国的金融业以国有银行机构为主导，私有银行资产占所有银行资产的比重较低。德国银行业由三大支柱构成：合作银行（Raiffeisen - Volksbank）（包括两个层级：大众银行和中央合作银行）体系、国有银行（包括储蓄银行和州立银行）体系和私有商业银行体系。根据德意志联邦银行公布的银行资产数据计算，私有银行资产占德国银行总资产的比例不超过50%，远远低于美国和英国的水平。德国私有银行为众所周知的德意志银行、德国商业银行和慕尼黑抵押银行，其所占比重较小，这些银行为面向全球资本市场的全能银行，除存贷款的表内业务之外也有参与全球资本市场的投行业务，是完全资本化运作的金融集团。而公有的储蓄银行立足当地、担负着向德国广大的中小企业提供融资需求的公共任务，并不以盈利为目标。因此，德国的银行业平均资本回报率常年基本保持在4%的水平，远远低于欧盟其他成员国商业银行的9.9%的资本回报率。这种银行体系结构在金融危机和当前世界经济

低迷的情况下不但能更好地服务实体经济发展，也提高了自身的风险防范能力。

（三）德国政府坚定不移支持中小企业，促进实体经济发展

德国政府一直认为，由中小企业为主体构成德国实体经济是德国保证就业、外贸平衡、经济增长、物价稳定四个目标实现的基础。因此，德国对中小企业的扶持也是所有发达国家中最大的，这也使得在历年世界500强企业中德国企业数量从未超过35家，远远低于美国、日本、法国和中国。

（四）政府对房地产市场严格干预，将房地产作为社会准公共产品来看待

德国房地产市场长期发展稳健，房价波动小，没有出现过大起大落的现象。1975～2015年德国实际房价累计涨幅远远低于英国和法国100%以上的涨幅。德国政府认为如果房地产泡沫发生，将会对德国实体经济和社会公平造成冲击，不符合德国社会市场经济体制的原则，因此要大力干预，主要有三种做法：一是补贴供给，长期通过对房地产供给面的补贴增加供给；二是鼓励租房，租房市场设有补贴、价格设定机制，但又不妨碍住房市场的供求关系；三是抑制投机，至少40%的购房首付比例以及对低收入家庭的更高首付比例要求（与美国金融危机爆发之前的做法正好相反），很好地避免了类似美国次贷危机的爆发。

（五）金融危机之后德国开始培育制造业领域新兴产业的发展

德国是举世闻名的制造业强国，进入21世纪后，德国持续推动制造业领域新兴产业的发展，分别于2006年、2010年和2014年出台三个版本的国家高技术战略。其中，2006年版《国家高技术战略》面向2010年的发展提出了产学研联合攻关的安全研究、健康与医学、环境技术、信息与通信、航空航天、车辆交通与技术、微系统技术、纳米技术、生物技术和材料技术等17个重点领域的发展任务；2010年版《国家高技术战略2020》则面向2020年的市场需求提出了气候和能源、健康和营养、交通、安全及信息通信等五大领域的规划和部署；2014年德国政府通过的“创新为德国”新高科技战略确定了数字化经济和社会、可持续发展及能源、创新的工作天地、健康生活、智能交通、民生安全等六个方面科研和创新的优先主题。值得一提的是，作为德国《国家高技术战略2020》战略的一部分，2013年4月，在德国工程院和西门子、博世等公司的推动下，正式推出德国工业4.0战略，努力推动信息技术和传统技术深度融合，促进制造业智能化、网络化、自动化发展，进一步提升德国在未来全球制造业版图中的地位，凸显德国制造的优势，描绘德国新兴产业发展的蓝图。

三、政府主导实体产业发展的北欧

以瑞典、丹麦、挪威、芬兰北欧四国为代表的发展模式，以高端制造业和国际

价值链顶端分工体系而备受各国的推崇。

（一）政府主导产业发展方向，并适时调整

瑞典政府主导了瑞典的产业方向发展，并适时调整。瑞典同德国、日本一样也是外向导向型经济，瑞典具有优势的机械制造、汽车、化工、通信等行业的背后离不开瑞典政府的产业政策的支持。瑞典政府主导了两次大规模的产业政策调整，第一次是第二次世界大战后，在世界经济复苏的过程中，瑞典加大了对科技创新产业的扶持力度，并引进相应的技术，新技术在生产领域内不但提高了劳动生产率，而且推动了产业结构的升级换代，造船、汽车、化工、机械制造等产业发展起来，奠定了瑞典发达的工业化强国的基础；第二次产业政策调整是在 20 世纪 70 年代末，经济发展放缓趋势加剧的情况下，瑞典对符合国际产业发展方向的生物、信息通信、航天、医药等当时的高新技术产业进行扶持，为经济的恢复和重新增长注入了新的动力，成为世界高科技产业的领导之一。同时，瑞典政府在打造优势产业的过程中，采取了创建科技园区推进科技与生产结合的方式，政府提供基础性公共服务，并且科技园区由政府出资建设，利用地方、企业等各方面的力量共同来举办，将大学、科研和生产结合在一起，并设立基金支持中小公司的研究与开发，使瑞典成为全球 R&D 投入最大的国家之一，有效地发展了现代高新产业，实现了产业结构升级。

（二）大力促进企业的创新发展

瑞典政府为企业的创新发展提供基础性公共服务。瑞典政府设有专门的为企业进行技术创新服务的机构，主要职责是为企业提供经济预测及科学技术的发展对企业的影响分析。

（三）从直接给予企业补贴转变为创造良好的外部条件

20 世纪 70 年代，瑞典政府对竞争能力下降的造船、钢铁等传统优势部门给予补贴或收归国有管理，以提高其竞争力，但后来证明这种直接干预微观经济的行为是无效的，80 年代后，政府改为创造一种良好的外部条件，如建造先进的交通通信等基础设施，创造良好的研究开发条件，让企业自由去发展，而不再采取倾斜性的产业政策。通过这些举措，关闭了一些不符合市场竞争优势和社会发展的老、旧企业，新的企业和新的有竞争力的产品发展了起来。

四、由出口导向转向以创新为导向的日本和韩国

（一）制定产业发展方向和产业技术标准，对国内市场进行保护

在政府强有力的产业政策支持下，20 世纪以电子产业为代表的行业在日本和韩国发展迅速，从委托加工的产业低端迅速上升至集成电路的产业高端。在政府经济

职能方面，日本的供给能力和效率要比美国强。与美国不同，日本战后成立了针对经济发展和产业政策的综合经济规划机构——经济企划厅，该企划厅的产业政策受自由竞争的市场机制所限，没有法律和行政上的约束力，对企业微观主体不允许发生直接效力，仅能起到产业政策对经济发展的指向作用，但由于日本民族文化和价值取向使这种产业政策对企业的诱导性强劲而有力。同时，日本企划厅的产业政策动态调整的科学性、自身的系统性是其战后初期成功的基础。

（二）日本和韩国政府在战后对经济进行强劲干预，积极发展外向型经济

日本和韩国在战后都积极发展和促进本国的外向型经济，通过货币对外贬值等做法实行“贸易立国”的出口主导战略，采取了出口→引进→扩大出口→扩大引进→赶上世界先进水平的发展道路，为战后日本的经济恢复和资本的累积、技术的引进以及高端产业的打造都起到了积极的作用。但这种发展战略不断带来类似日美“广场协议”贸易摩擦事件，同时也导致了日本经济结构的对外依赖性、产业结构单一、内需不足等缺点，长期来看，也是损失效率的。

（三）配合产业政策和外向型经济战略，封锁和保护国内市场

在实体经济领域，日本运输省对工业制造领域尤其是汽车制造进行重点保护，待日本汽车制造产业崛起后才慢慢放开国内市场，取消贸易关税；因为日本农业规模小、生产成本高、抵御国际农产品冲击的能力弱，农产品市场长期以来都是日本政府重点保护的对象之一，包括农林水产省对农产品的数量限制、高关税、进口检疫、价格保护等措施；另外，日本政府也对信息通信、零售和建筑行业采取了保护措施。短期内，贸易保护如果能配合有效的产业政策，可以促进民族工业的崛起，但长期也会带来由于缺乏国际竞争所导致的竞争力不强、创新不足的缺点和物价上涨的弊端。日本电信市场一直受到保护，20 世纪末在日本市场还是独家垄断，阻碍了日本通信设备市场和制造业的创新发展；国内物价方面，由于奉行农业保护政策等原因，日本的消费物价平均比远远高于美国。

（四）政府对企业的资金效用递减

第一，政府对符合产业政策的大型企业强大的资金支持。在日本经济腾飞时期，政府对企业的资金支持主要通过对起步阶段的高新技术企业直接注资、税收优惠和金融扶持等方式，日本政府实行了金融管制和外汇管制，政府限定最高利率，使企业能获得低息资金，同时也将积累下来的紧缺外汇用来引进先进技术和设备，实现了日本企业资金市场的高储蓄、高投资和高收益的整体特征。

第二，日本产业政策的成功，在微观经济的企业层面考察，并不能确保政府经济职能供给的高效率。日本强劲的政府干预，长期来看，造成了日本企业，尤其是大型垄断性集团对政府的依赖性倾向，削弱了市场竞争的活力和企业的技术创新能

力，人为地降低了企业的竞争风险和压力，造成了企业不顾成本收益的基本市场经济原理，盲目追求规模扩张和技术创新，不惜采用高负债的办法，以低成本扩张获取国际市场竞争优势，扩大了产业投资的风险。这种政府对高新技术的干预的效率损失最终在以同美国竞争中走下坡路的结果而被验证。同样的情况在韩国也发生了。20 世纪末，日本高新技术产品产值在世界市场上的份额趋于下降，1995 年相比 1989 年从 28% 下降到 23%，韩国高新技术产业则陷于高投入、低效益的困境之中。

（五）日本实体经济随着强大的创新能力正逐步复苏

日本在“失去的 20 年”的过程中，由于海外传统产业带来的利润和本土迅速刺破的资产泡沫，客观上形成了资金来源并节约了资金，这些资金在“失去的 20 年”期间流进了产业整合、重组、创新和研发环节，加上日本有可以匹敌德国的“工匠精神”，不断强化了日本在国际价值链分工体系中的角色和地位。例如对于日本传统的优势产业电子业来说，虽然日本电子企业在大众市场衰退，但在上游核心部件和商用领域里的话语权却在提升，而且，这种优势随着新技术的普及，会转化为大众消费市场的竞争力。因此，日本虽然存在较为严重的“去本土化”产业空心化和短暂资产泡沫的实体经济发展困境，但长远来看，由创新所驱动的“脱需向实”将会成为日本未来的长期趋势。

（六）金融危机后日本积极应对新一轮的科技和产业革命

面对全球范围内兴起的新一轮科技和产业革命浪潮，日本正积极出台各种科技创新和新兴产业发展相关的战略规划，逐步形成了新兴产业发展战略。其战略重点是大力发展机器人、电子信息和环境健康产业。为应对人口老龄化、信息化社会和可持续发展三大挑战，早在 2006 年日本就开始着手制定面向未来的新成长战略和创新计划，2007 年明确提出《日本创新战略 2025》，通过科技和服务创造新价值，促进经济的持续增长，着力推动健康、安全、开放多元和可持续发展的日本。同年，日本也开始推出经济增长战略，第一份是“经济增长战略大纲”，此后日本历届政府都会推出经济增长战略。截至目前，日本推出经济增长战略已达 9 次之多，每一次都会冠名为“新成长战略”。根据日本政府公布的最新版本“新成长战略”，其重点发展领域仍是环境、健康、农业、旅游等，并打破相关领域“坚如磐石般监管准则”，推动新兴产业相关领域的产业发展和经济成长。

五、发达国家支持发展实体经济的经验借鉴及教训启示

（一）以产业政策为核心

上述几种类型的国家，都有立足于本国实际发展状况的产业政策，在国家产业政策以及与之相配套的法律法规的支持下，通过市场化的资源配置方式，市场

资金向这些产业投资，不断培育并壮大这些产业。国际金融危机之后的各个国家的新兴产业政策尤为显著，美国、德国、日本等国明确新兴产业发展重点，推动相关领域加快突破，加快培育新的经济增长点，在促进经济复苏的同时努力抢占全球科技产业竞争制高点、培育新动能，发达国家纷纷出台国家层面的新兴产业发展战略。

（二）实体经济做大做强是经济发展的基础

考察主要发达国家实体经济和虚拟经济的关系，德国以及北欧三国等国家以制造业为代表，美国以房地产及金融业为代表，日本20世纪80年代之前经济存在严重的过度虚拟化的现象，但由于制造业领域的创新能力其经济发展逐步转向了以实体经济为主。具体从实体经济与虚拟经济的关系进行分析，德国对房地产执行了准公共产品的政策，其金融业的产权结构是以储蓄银行为代表的国有资本为主，其以制造业为主体的经济体系以实体经济的制造业为主，不存在虚拟经济过度发展的问题；美国在后工业化时代其经济结构长期具有显著的“去制造业化”的金融化现象，但由于美元作为世界货币而存在，美国的金融化体现为以国际金融资本为代表的全球资源配置能力，美国“再工业化”战略如果能顺利实施，在其推动下形成的新一轮以新技术为特征的制造业会重新恢复美国实体经济与虚拟经济的平衡；日本经济进入后工业化阶段后，在日元升值的催生下本土产业空心化问题较为严重，但也应看到，日本本土由于“去本土化”所造成的实体经济与虚拟经济的整体失衡状态会随着制造业领域的创新能力的推动逐步实现平衡。

（三）创新型政府运用新思维、新方法支持实体经济发展

历经金融危机对西方经济与社会的冲击，当前发达国家在促进制造业回流和重新振兴制造业的过程中，开始重视构建创新型政府和社会环境，从以前单纯的自由主义和国家干预的凯恩斯主义开始了新思维、新方法的支持实体经济的发展。《美国创新战略》（2015）把创新型政府建设作为主题，着力通过正确的人才、创新思维和科技手段，给美国人民提供更好的服务。美国政府大量投资于基础研究，增加民众获得高质量科学、技术、工程和数学（STEM）方面教育的机会，建设领先的21世纪物质基础设施和下一代数字基础设施，为创新创业提供源源不断的人力资本和物质基础设施。此外，政府还着力建设一个“创新工具箱”，为公共部门解决问题，通过联邦机构的实验室培养创新文化，通过更有效的数字服务和实践来推动社会创新。德国也重视全流程创新创业环境优化，努力在高等院校和科研院所营造创新创业文化，鼓励学生创业，在初等教育、职业学校和高等院校课程大纲中增设创业教育。同时，重视对高新技术企业的金融支持和产业标准体系建设，着力打造卓越的“欧洲尖端集群”等。德国还提出“创新德国”的理想蓝图，认为创新不仅是技术创新，还包括社会创新，要求为社会利益而推进创新和研发未来技

术，激发每一个人的创新潜能，汇聚经济、科技、社会及政治各方力量，促进持久繁荣。

（四）重视中小企业和创业企业发展

发达国家充分认识到中小企业和创业企业的重要性，对其政策支持力度不断加大，为新兴产业发展提供有力支撑。德国经验如前所述。美国启动“Start up America”计划，并出台三个版本的《美国创新战略》:《美国创新战略》（2009）提出，促进高增长和基于创新的创业，要求政府对创业者进行指导和培训，免除小企业的资本增益税，为小企业获得贷款提供便利，让小企业避免不公平的商业惯例；《美国创新战略》（2011）提出，对企业家创新提供支持，加大对小企业的贷款支持和税收抵免，为各种规模的企业提供良好的资本市场，并通过创业美国计划促进全国性创业，加快突破性研究从大学实验室到市场的转移，创造两个10亿美元规模的计划来加强投资和早期种子融资，促进创业者和优秀商业导师间的联系，改善初创公司的监管环境，通过平价医疗法案确保创业者和创业公司员工能够享受健康医疗保险来清除创新道路上的障碍；《美国创新战略》（2015）更是把支持创新创业作为推动私营部门创新的重要举措，通过公开政府数据、促进实验室成果转化、加强区域生态系统建设等使美国成为世界上最好的创业国度，并确保所有美国人都有一个公平的创业机会。

在支持中小企业的发展上，一是各个国家设立专门服务于中小企业的金融机构。美国中小企业管理局直接参与中小企业融资，通过直接贷款、协调贷款和担保贷款等形式，向中小企业提供资金帮助。日本成立专门为中小企业服务的金融机构，如中小企业金融公库、国民金融公库等5家金融公库和民间中小企业金融机构互助银行、信用组合、信用公库等。德国中小企业银行主要有合作银行、储蓄银行和国民银行等。二是健全中小企业融资信用担保体系。美国中小企业管理局对中小企业最主要的资金帮助就是担保贷款。日本信用保证协会和信用保险公库，在民间设有52个信贷担保公司，致力于为中小企业提供信贷担保服务。韩国有专门为中小企业融资担保的信用保证基金。

（五）良好的营商环境是实体经济发展的重要支撑

发展实体经济离不开良好的环境。从美德日三国推进实体经济的做法看，改善发展环境是推进实体经济发展的重要支撑。一是有完善的政策环境。美国出台了《美国复苏和再投资法案》《制造业促进法案》等有关法案，以此推进实体经济回归，促进经济可持续发展；德国在推进“工业4.0”战略中，制定了《2020年高科技战略》的具体实施计划。在推进实体经济发展过程中，应该制定推进实体经济发展的政策体系，确保实体经济发展有序推进。二是基础设施建设是必要条件。基础设施建设既是推进实体经济的重要组成部分，也是加快实体经济发展的重要“润滑剂”。三是营商环境必须适合实体企业的发展。金融危机的发生需考虑从体制、机制、政策等方面规范虚拟经济发展，将虚拟经济投资回报率保持在合理的区间内，进一步防范脱实向虚等倾向。允许不同所有制企业公平竞争，提高全社会的资源配置效率。按照建设服务型、高效型政府的要求，切实转变政府职能和工作作风，强化政府服务理念和服务职责，切实帮助企业解决面临的实际困难和问题，形成“亲”“清”的政企关系。

第五章

金融支持实体经济的主要问题与解决方向

研究金融支持实体经济问题，可分为两条线，一条是金融“脱实向虚”、自我膨胀及其治理；一条是金融对实体经济的资源配置不平衡，即大中企业高杠杆和小微经济体服务不到位并存，故需要在大中企业和小微经济体之间有一个合理的结构。

金融“脱实向虚”，顾名思义，一是“脱实”，即金融脱离服务实体经济的本质；二是“向虚”，即通过金融空转实现金融自我膨胀。“脱实”和“向虚”是一个问题的两个方面，资本的逐利性要求“脱实”必然“向虚”，反之亦然。但在“脱实向虚”的应对上，却可分而治之。按照苏格拉底“种上庄稼最能除杂草”的哲学思想，当前治理“脱实向虚”，可先拔杂草后种庄稼，之后年年种庄稼以除杂草——在加强监管堵住金融自我膨胀口子的同时将金融服务引导到服务实体经济的本来轨道上来并建立起长效保障机制。拔草容易，依据自然条件伺候好庄稼难。相对而言，加强监管应对已经出现的问题也相对容易，而引导金融机构长期、持续服务好实体经济，尤其是就此改善金融服务实体经济的结构失衡，加大对小微经济体的支持力度，并使之得以维系，则任重道远。

本章从金融膨胀入手，分成五部分展开探讨：一是我国金融业膨胀的概况、构成和证据；二是在描述金融自我膨胀理论的基础上，分析我国金融自我膨胀的危害、动力及途径；三是我国大中企业高杠杆的概况、风险及成因；四是金融支持小微经济体的现状、问题和加强金融支持实体经济的政策思路；五是我国治理金融自我膨胀和降低企业杠杆率的已有措施。

一、我国金融膨胀的形势研判

（一）我国金融业增加值相对体量已超美日

在研究一国或一地区金融体量是否合理、是否存在“脱实向虚”时，通常可计算金融业增加值占 GDP 比重和金融业增加值占服务业增加值比重，并通过与成熟市场经济国家的比较来做出基本判断。1979 ~ 2015 年中美日三国相关数据如图 5 – 1 和图 5 – 2 所示。

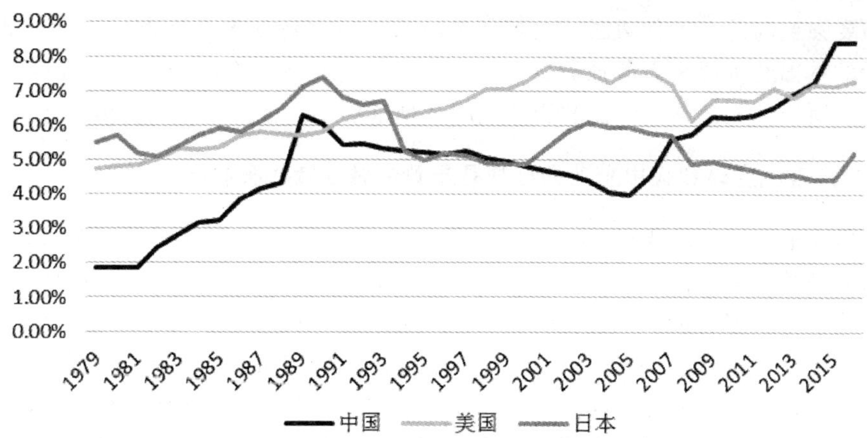

图 5-1　1979~2015 年中美日金融业增加值占 GDP 比重

数据来源：万得（Wind）数据库

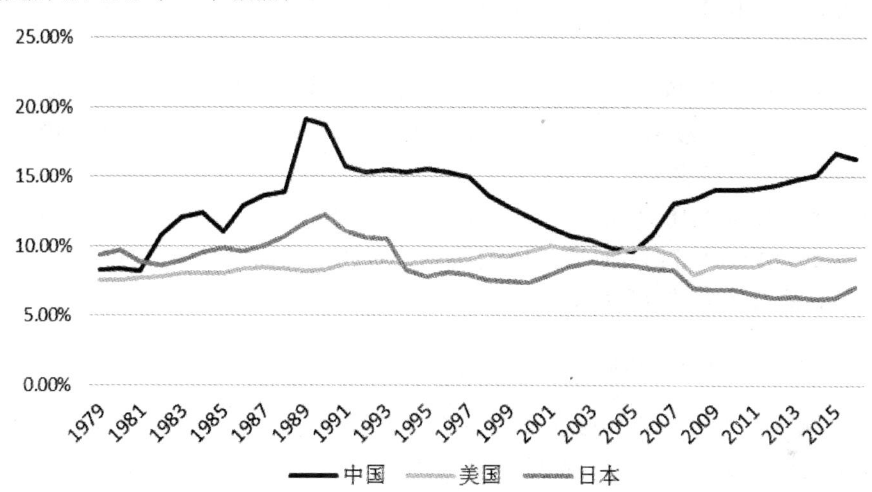

图 5-2　1979~2015 年金融业增加值占服务业增加值比重

数据来源：万得（Wind）数据库

从图 5-1 中可以看出，从 2005 年开始，我国金融业增加值占 GDP 比重持续上升，2008 年超过日本，2013 年超过美国，2015 年更是达到历史性的 8.43%——即使从 20 世纪 40 年代开始回溯，美国和日本的金融业增加值占比也从未达到过这个数值。需要注意的是，日本金融业增加值占比的峰值是 1990 年的 7.4%，90 年代泡沫经济危机后即一路下滑；美国的峰值是次贷危机爆发前夜的 2006 年（7.6%），此后也再未超过。2015 年我国金融业增加值占比已经超过了美日的历史峰值，这着实令人担忧。

从图 5-2 来看，金融业增加值占服务业增加值的比重，2016 年中、美、日分别是 16%、9%、7%，我国金融业增加值在服务业中的比重达到美国的 1.78 倍，日本的 2.29 倍。

需要强调的是，美日两国，尤其是美国的金融业是服务于全球经济的，对于同等数量的本国经济规模，美日的金融业规模理应大大高于我国相对开放程度不高的金融业。所以，我国整个经济和服务业越来越金融化，金融存在过度膨胀。

（二）自我空转和大中企业高杠杆是导致金融过度膨胀的原因

金融业的膨胀，主要可分为两个方面，一是金融自我膨胀，即“脱实向虚”；二是金融虽然服务实体经济，但企业杠杆率过高。由于地方政府通过各种融资平台借款，形成了较多的债务，这在统计上体现为企业部门债务，会导致企业部门债务高估（周小川，2017），因此，企业杠杆率过高，从实质上，还包括一个政府部门债务和企业部门债务划分的问题。但总体而言，政府部门通过融资平台欠下的债务，虽然积聚了大量风险，但其大部分应用于基础设施建设，仍属实体经济范畴。从去杠杆的角度，是可以和企业债务合并讨论的。

从图 5－1、图 5－2 数据可以发现，我国金融业增加值占比的上升分为两个阶段：

第一个阶段是 2005 年到 2009 年，这一轮金融业增加值占比上升有两个因素，其一是实体经济的持续繁荣——表现为杠杆率的不断下降，其二是 2006 年股改带来的历史性的牛市（任泽平，2016）。

第二个阶段从 2010 年迄今，伴随这一阶段金融业增加值占比上升的是金融不断自我膨胀和实体经济部门杠杆率的不断攀升。实体经济部门中，高杠杆率的主要贡献者是地方政府融资平台和国有大中型企业。

（三）我国金融自我膨胀的主要证据

1. 金融资产总量不断膨胀，投资效率不升反降。近年来中国金融市场快速发展。2016 年末，银行、证券、保险业总资产达到 253 万亿元，同比增长 16%，比 2007 年扩大了 4 倍多。截至 2016 年末，P2P 贷款余额达到 8162 亿元，余额宝规模达到 8083 亿元。而投资效率不升反降，2000 年投资额与固定资本形成额之比是 1:0.98，也就是 1 元钱投资可以创造 0.98 元的 GDP。但是到了 2010 年，创造 1 元 GDP，需要 1.53 元投资；到了 2014 年，是 1.82 元的投资，才可以创造 1 元的 GDP。这表明金融市场的发展并没有带动资本形成及资本产出效率的提升。

2. 资产价格过快上涨，而商品价格较低甚至负增长。2015 年末，商品房销售单价比 2006 年上涨 2 倍，2006～2014 年房价年均上涨 8%。而 2015 年 CPI 仅上涨 1.4%，2006～2014 年年均上涨 3%；PPI 下降 5%，2006～2014 年年均仅上涨 2%。

3. 上市企业收入更多依赖于金融投资等非主营业务收入。2008 年以来，全部上市非金融企业的经营活动净收益占利润总额平均值呈现持续下降态势，由 2005 年最高点的 98% 下降至 2015 年的 80.7%，上市公司非金融企业收入更多依赖于金融投资等非主营业务收入。①

二、金融自我膨胀：危害、动力与途径

金融与实体经济是一种共生共融、相互依存、同舟共济的关系。一方面，金融脱离实体经济，就是无源之水、无本之木，实体经济出了问题，金融也很难独立繁荣和发展；另一方面，在金融已成为现代经济的核心和社会资源配置的重要的机制和渠道的条件下，实体经济也依赖于金融更好的服务。如果金融服务更好，功能更加优化，就会对实体经济发展给予更多支持。同样，如果金融出了问题，金融发生了危机，也会对实体经济造成重大冲击（王兆星，2014）。

从上述实践意义上看，金融的自我膨胀，是指金融脱离实体经济，通过自我创新、自我循环实现资产规模增长和经营范围迅速扩大的过程。

（一）金融自我膨胀表现为规模迅速扩张和衍生品层出不穷

一是资产规模和经营范围非合理扩大。金融自我膨胀首先表现为金融业资产规模和经营范围与实体经济发展不相匹配的非合理扩大。这种非合理扩大实现的方式，大多是并购和综合化经营；从宏观数据上看，金融业的 GDP 占比迅速上升；从中观数据上看，金融从业人员的薪酬水平也迅速上升。

二是金融衍生产品层出不穷。金融的自我膨胀，需要将实体经济的资金流向金融部门，使金融部门从资金配置媒介变成资金占用主体，通过影子银行的变相大规模揽储，开展“钱生钱”的游戏。要实现这个目的，需要大量金融工程高层次人才，特别是顶尖大学的物理学和数学博士加入金融工程师的队伍，构造出越来越复杂的金融工具和投资方法，迫使普通投资者更多依赖于金融中介越来越长的“中介”和“代理”服务链条。这主要表现为银行表外衍生品的膨胀和证券市场表外衍生工具特别是债券类衍生工具的大规模出现（左小蕾，2014）。

（二）金融自我膨胀对实体经济有重大负面影响

一是银行功能被扭曲。金融机构本应是资金优化配置的中介机构，但为了实现脱离实体经济基础上的利润最大化，银行一方面通过影子银行业务大量占用本该用于实体经济的资金；另一方面为满足资本金要求和坏账拨备规定，通过上市融资、增发、发债、资产证券化以及优先股等方式再次吸纳资金。这两轮资金占用，使银行偏离了服务实体经济的本质属性，功能被扭曲，严重破坏了市场机制和经济环境。

二是实体经济贷款难问题加剧。实体经济贷款难问题加剧是银行功能被扭曲的必然结果。为了实现利润最大化，银行在大规模变相揽储之后，一定会推动信贷疯

---

① 数据来源：万得（Wind）数据库。部分数据摘自中国银行国际金融研究所、中国经济金融研究课题组《中国经济金融展望报告》，2016 年 9 月 29 日。

狂增长，其结果是实体经济特别是大中型实体企业不断加杠杆，缺乏规范程序的贷款不良率高企，银行进一步为实体经济行业提供信贷支持的意愿会下降，从中长期来看，加剧了实体企业贷款难的问题。

三是影响甚至挟持货币政策。实行稳健的货币政策，保持市场流动性合理充裕，有利于利率下行，从而降低实体经济融资成本。但从近年国内情况来看，企业融资的平均利率特别是小微企业贷款利率依然居高不下。企业贷款难、贷款贵问题没有较大程度改善，说明合理宽松的流动性没有流向实体经济，融资成本一直未达到合理的市场均衡水平，货币政策的目标被部分消解。此外，银行同业业务过度扩张，占用资金不断影响银行间利率，甚至可能通过推高银行间利率挟持货币政策的金融活动。

四是为金融危机的爆发埋下种子。国际金融危机的一个重要教训是，发达经济体的社会资本长期“脱实向虚”“自我循环”，使社会资源在盲目追求高杠杆、高盈利的过程中被泡沫化、被浪费，不仅加剧了金融市场的波动，也打击了投资消费信心，使实体经济和就业受到重创（阎庆民，2012）。根据资本市场直线（CML）理论，金融业必须在给定系统风险下竞争各自的利益最大化，或者给定市场总体利益下各自优化管理实现风险最小化。如果金融机构不计风险地加快并购和综合化经营的速度、不断创新金融衍生品来满足金融业务的扩张，使交易远远超越了风险管理的需求和实体经济的规模，那么伴随着金融机构的高收益而来的必然是越来越高的系统风险，当系统风险积累到不可控制时，金融危机爆发。

（三）人的过度贪婪是推动金融自我膨胀的原动力

在金融行业，资产和交易规模决定了金融机构的营业收入，也决定了金融从业者的薪酬收入和名望声誉。如机构投资者的管理费收入取决于委托资产规模，投资银行的收入取决于承销规模、经纪收入和衍生品等，做市商价差收入取决于市场交易规模，而金融高管的薪酬和声望也取决于他们所掌控的资产规模。因此，为实现自身利益最大化，金融从业者有“铤而走险”的内在“冲动”去推动金融自我膨胀。

过度贪婪是绝大多数人的本性和弱点，过度贪婪驱动人对物质利益过度追求，这是推动金融自我膨胀的原动力。不幸的是，从人性上讲，在相当长的时期内，这种原力无法消除。

（四）拉长的委托代理链条和非实体经济暴利是金融自我膨胀的内外驱动力

一是委托代理链条拉长后，代理人成为金融市场主导者，其有条件利用信息不对称谋取私利并将成本转嫁出去，金融自我膨胀获得了生存的土壤。金融市场是一个信息市场，社会分工和专业化的存在使得信息不对称是金融市场的常态（蔡庆丰、宋友勇，2009），投资者不得不委托专业的中介来帮助进行投资决策，委托代理关系及由其引致的新的信息不对称与现代金融市场相伴而生。从世界范围来看，伴随 20 世纪 70 年代的全球金融自由化浪潮，利率和汇率的波动使得各类市场主体面临比之前更加复杂的市场风险，投资者也就比以往更加依赖中介和代理创新衍生工具以管理金融风险，同时又给中介创造新的风险源头提供了空间。由于金融中介与投资者、客户的利益不一致，其有激励通过金融自我创新加剧信息不对称和刻意拉长委托代理链条，以更加方便牺牲投资者和客户利益，维护自身利益，导致了宏观上服务实体经济不被重视，微观上许多衍生工具超越了普通投资者理解能力的情况。正是由于金融市场主导者的贪婪引发的金融部门非理性自我膨胀所产生的恶果却主要由投资者、客户或政府承担，金融自我膨胀才难以避免。

二是非实体经济暴利是金融自我膨胀的外在驱动力。非实体经济暴利自然会诱使金融资金脱离实体经济。在我国，非实体经济暴利主要表现为房地产市场投机和股市暴涨。近几年受产能过剩、成本上升等因素影响，我国制造业权益资本回报率（ROE）从 2006 年的 6.7% 下降至 2015 年的 5.4%。相比之下，房地产业和金融业的投资回报率较高，吸引了大量社会资金流入，许多非房地产企业纷纷进军房地产。例如，上市房地产企业的 ROE 从 2006 年的 8.2% 上升至 2013 年的 13.6%，尽管近年有所下降，但仍然保持在 10% 以上。金融业的投资回报率同样较高。2015 年，证券公司 ROE 约为 19.6%；1 年期股权类信托理财产品收益率平均为 8.3%。[①]

三是监管放松为金融自我膨胀提供了便利。监管放松分为主动放松和被动放松。主动放松是当一个国家或地区希望通过金融业发展来拉动整体经济增长时，就会总体或阶段性采用相对宽松的金融监管制度，这会加速金融机构并购和综合化的发展速度，客观上助推金融的自我膨胀。被动放松是随着金融市场化和开放程度提高，新兴金融业态快速发展，而金融监管相对滞后，为金融自我膨胀创造了条件：首先，不同业务监管要求不同。2010 年以来，为降低融资平台贷款风险，政府出台了相应的规范政策，但是由于监管规则不一致，部分资金仍以信托和委托贷款、同业业务等形式投向融资平台、房地产、“两高一剩”等行业。其次，跨境资本流动为资金“脱实向虚”提供了资金来源。随着经济全球化的深入发展，我国金融开放和市场化在不断推进，境内外汇率市场、货币市场、资本市场的联动性加大，跨境资金流动的途径和规模增加，成为资金“脱实向虚”重要渠道之一。最后，分业经营边界不断被突破，资金“脱实向虚”的途径越来越多。随着利率市场化进程加快，金融脱媒趋势加剧，各种创新性金融产品和业态在提高金融对实体经济适应性的同时，也成为资金“脱实向虚”的重要工具。近年来 P2P 等互联网金融迅速发展，而我国在监管上仍存在定位不清、法规跟进不及时等问题，互联网金融不断突破政策边界，甚至出现违规经营、庞氏骗局等非法行为，反而加大了虚拟经济与实体经济的背离。

---

① 数据引自中国银行国际金融研究所、中国经济金融研究课题组：《中国经济金融展望报告》，2016 年 9 月 29 日。

（五）“同业+委外”是我国金融自我膨胀的主要途径

1. 同业业务的演进与异化。商业银行同业业务是指以金融同业客户为服务与合作对象，以同业资金融通为核心的各项业务。商业银行同业业务最初主要承担司库职能，是为商业银行之间平衡头寸而进行的短期资金拆借和划拨，主要作为短期流动性管理工具。就我国的实践而言，1984 年 10 月，中国人民银行允许各专业银行互相拆借资金。

随着业务逐步发展，同业交易对手方扩展至证券公司、信托公司、基金、租赁、财务公司等金融机构以及特殊目的实体，业务范围也从传统的同业存放、同业拆借等衍生出同业代付、买入返售等各项创新业务，从原来的仅指商业银行之间所进行的同业业务，扩展为既包括商业银行之间的同业业务，也包括银行与非银行金融机构（及特殊目的实体）之间所进行的业务。

从资产负债表的角度来划分，可将银行同业业务分为三大类：从资产角度，同业资产主要包括“存放同业”“拆出资金”“买入返售金融资产”以及近来兴起的“应收款项投资”等科目；从负债角度看，同业负债主要体现在“同业存放”“拆入资金”“卖出回购金融资产”以及近年扩张迅速的“应付债券”（包括同业存单）科目；从中间业务角度看，包括代客外汇交易、基金和年金等托管、代理清算、代理开票、代开信用证、第三方存管、代理基金买卖、代理保险买卖、代理信托理财买卖、代理债券买卖、代理金融机构发债，等等。

2002 年以前，商业银行的同业业务模式相对单一，主要是资金拆借、回购、同业存放和存放同业等。2002 年之后，债券市场快速发展，部分银行开始把债券结算代理作为同业业务重要发展方向，这一业务为银行作为债券结算委托人开拓了债券交易的空间。此后，同业业务进一步繁荣，信托、保险、证券、基金和财务公司等非银金融机构更深入地参与，为同业业务发展注入了新的活力。此外，随着市场竞争加剧，为客户提供一站式金融服务成为银行提升的重要方向，这又推动了与保险、基金、证券以及信托等非银行机构在交叉销售方面的广泛合作，同业业务的中间业务逐步兴起。

与其他业务相比，同业业务市场化程度较高，且参与者风险管理能力较强，有关部门一直有意识地将其视为中国利率市场化的“试验田”。2005 年，人民银行放开金融机构同业存款利率。2013 年，人民银行又在银行间市场推出同业存单作为同业存款的替代与补充。作为探路先锋，一方面银行同业业务对推动利率市场化起到了重要的作用；但另一方面，在市场化利率与管制利率双轨并行的转型期，同业业务也很容易演变成监管套利的利器。

2010 年之后，随着宏观环境和监管环境的变化，同业业务开始从单纯的流动性管理工具，衍生发展成为利用同业资金或理财资金，以扩大各种表内外同业资产。会计科目不断变化，除了传统的同业存放、同业拆借、同业票据转贴现、债券回购等，又扩展到诸如转贴现、信托受益权、信贷资产转让与回购、同业代付、买断式回购、票据对敲和应收款项投资等，模式创新令人眼花缭乱。

在此过程中，同业业务与实体经济渐行渐远，部分业务开始沦为纯粹的监管套利工具。2010～2012 年之间，随着信贷管理收紧，监管套利的主要目标在于绕开贷款规模管制（合意贷款规模）和存贷比指标。2013 年之后，资金供求失衡状况逐步缓解，《商业银行资本管理办法（试行）》开始正式实施，监管套利的主要目标又变成减少资本占用，主要方式是通过拉长交易链条来转换资产形式（或调整会计科目），以降低资产的风险加权系数，或实现出表，以此来降低资本、拨备计提等要求，或粉饰财务数据，等等。

2. “同业 + 委外”的影子银行路径。2008 年之后，金融创新和金融监管的动态博弈迅速衍生出了越来越复杂的“影子银行”体系，这一体系在 2013 年之前的主流模式是“通道业务”，即商业银行资金通过银行信托合作、银行保险合作、买入返售等通道出表，投向非标资产。在监管的不断挤压之下，2014 年之后转变为以“同业 + 委外”为主流模式，资金的流向也从非标资产更多地转移至债券等标准化产品。

可以看到，近年来在同业存单规模扩大的同时，银行同业专属理财产品的规模也快速激增：2005 年初理财产品资金余额仅为 5600 亿元，2015 年末达到 3 万亿元，2016 年 6 月突破 4 万亿元。银行同业专属理财产品在全部理财产品余额中的占比也由 3.5% 上升到 15%。同业理财是信用创造行为，但在现行金融统计口径中并不被计入 M2。①

“同业存单—同业理财”成为金融自我膨胀的典型环节。但对于商业银行而言，资金由表内转移到了表外，可以用来配置高收益的非标产品，规避了监管，增加了利润。在这种资金在金融体系内空转的背景下，金融支持实体经济的效果自然会受到影响。

三、我国非金融大中型企业高杠杆的主要情况

企业高杠杆主要是国有大中型企业高杠杆，这是金融资源配置失衡的表现。国有大中型企业高杠杆的另一面，是众多小微经济体金融服务不到位，融资难、融资贵。

（一）我国企业高杠杆率概况

杠杆率即一个公司资产负债表上的资本/资产的比率。杠杆率是一个衡量公司负债风险的指标，从侧面反映出公司的还款能力。2009 年以来，中国货币信贷总量整体增长较快，这为应对全球金融危机冲击作出了重要贡献，但是也带来流动性过剩

① 数据来源：万得（Wind）数据库。

隐患，企业杠杆率提高。按照国际清算银行（BIS）第352号工作报告，企业部门杠杆率警戒线为90%。根据社科院的研究，2008年之前，除个别年份外非金融企业杠杆率一直稳定在100%以内。而在2008年后，加杠杆趋势明显，由2008年的98%攀升至2014年的149.1%，其间上升了51.1个百分点。至2015年底，非金融企业部门问题比较突出，债务率高达131%，如果把融资平台债务加进来（这部分与政府债务有所重叠），非金融企业部门债务率高达156%。[①] 问题突出的非金融企业中，国有企业是重头。

信贷资金投放一直存在“重大轻小”的结构性矛盾，主要体现为信贷投放集中于政府项目、国有企业、大型企业和传统行业，而对民营企业、中小企业与新兴行业信贷支持力度偏弱（张茉楠，2013）。2008年全球金融危机后的企业加杠杆，就是国有企业加杠杆（陆岷峰、葛和平，2016）。根据财政部发布的数据，2015年末我国国有企业负债总额为79万亿元，占全国非金融企业总负债比重大约为74.8%，占当年GDP比重为116.7%。至2016年10月末，国有企业总负债上升到86.5万亿元，同比增幅高达10.4%。而安信证券根据民间固定资产投资增速推算表明，2016年非国有企业的负债同比增速约为5%，低于GDP增速，而国企的负债增速可能超过20%，这意味着民企正在去杠杆，而国企在加速加杠杆中。由此可见，我国企业部门的高杠杆率，主要集中于非金融国有企业部门。小微企业、个体工商户、新型农业经营主体和农户，不但不存在高杠杆率问题，还存在严重的金融服务不足问题。所以，2016年12月14日至16日召开的中央经济工作会议明确提出，降低企业杠杆率是重中之重。

（二）非金融企业高杠杆的潜在风险

高杠杆会限制企业进一步的融资能力，引发产业链财务危机，限制经济长远发展。经济快速发展时期，企业通过适度的杠杆债务融资可以提高自身市场价值。但随着杠杆率提高，企业的风险越来越大。在经济快速增长阶段，企业高杠杆的内部危机可以得到部分掩盖，而当整体经济下行压力较大时，产能过剩成为全行业所面临的共同问题，企业在产品销售和资金回流都很困难的情况下，为维持经营只能继续借债，而此时的信用必然已经受到影响，融资能力下降，财务状况恶化，甚至破产。一家企业的破产，会迅速传导到产业链中其他企业，引发整条产业链的财务危机，限制经济长远发展。

高杠杆会提高不良贷款率，带来系统性风险，甚至引发全社会信用危机。企业和其所在产业链发生财务危机会导致银行的信用风险增大，严重时可引发储户挤兑，影响银行系统的稳定，带来系统性风险，银行的系统风险会再次渗透到国民经济各个部门，促使经济不断下行，进而引发全社会信用危机。

---

① 中国社会科学院：《中国国家资产负债表2015》，2015年7月。

（三）我国非金融企业高杠杆率的成因

当前我国非金融企业高杠杆率触发自2008年全球金融危机。为应对金融危机对经济的负面影响，我国政府采取了大规模投资刺激的手段，同时货币政策由适度宽松转为稳健。由于金融服务小微经济体的路径一直不畅，4万亿资金通过我国以债权为主的融资机构，流入国有企业和地方政府融资平台。而此时，国际宏观经济大环境已为金融危机改变，国有大中企业“大进大出”的经济循环难以为继，产能出现结构性过剩。

在这种情况下，部分上市公司、大中企业、国有企业将所获得的廉价资金，投入房地产、土地市场、海外并购及其他非主营投机性业务，甚至利用多余的资金以高利率借给小微经济体、购买高收益产品等赚取额外收益。得益于房地产和土地市场的繁荣，这些国有大中型企业通过投机赚取的利润甚至超过了主营业务，主动加杠杆的激励增加，不但积聚了风险，还加剧了金融资源错配。

截至2015年底，我国非金融企业杠杆率高达156%，高于90%的全球警戒水平，远高于我国居民部门40%和地方政府融资平台57%的水平。

四、加大金融支持小微经济体力度是根本所在

金融自我膨胀、国有非金融大中型企业高杠杆和小微经济体融资难是我国金融领域并存的三个问题。资金在金融体系内部空转膨胀或憋在国有大中型企业手中推高杠杆率的根本原因在于金融服务小微经济体的渠道不通畅，资金未能从经济主干走向毛细血管。

从较长周期来看，以加强监管解决同业问题是扬汤止沸，因为人的欲望之火不灭，金融自我创新不断。以债转股解决国有大中型企业高杠杆问题虽有补救作用，但带有权宜之计性质，未来银行成为大中型实体企业有较大份额的股东之后，需要考虑在合适的时机退出，否则就不得不面对信贷和经营可能的双重风险。

截至2017年10月，全国包括小企业、微企业、个体工商户、自营就业者、农业产业化龙头企业、农民专业合作社、家庭农场、专业大户、普通农户和贫困农户在内的9类小微经济体总数达到2亿多户，为我国创造了一半以上的GDP、税收和绝大多数就业。但这些小微经济体却依然面临着残酷的融资环境，融资难、融资贵问题始终没有得到根本解决。这既有小微经济体实力弱、分布散、用款急、额度小从而为其提供金融服务成本高、风险高的问题，也有以大中企业为主要服务对象的传统金融体系转型滞后的问题。

毫无疑问，小微经济体的金融服务是一片广阔的市场，如果能有效降低服务成本和风险，以适当价格为其提供服务，即使在当前间接融资占比较高的融资结构下，资金也会相对顺畅地流向经济的毛细血管。这样，金融体系内空转的资金在与监管的博弈中就会流向小微经济体，实现“脱虚入实”；而那些本应通过金融机构流向

所有经济体以实现熨平经济波动的引导性资金，才不会仅淤积在国有大中型企业，从而避免出现“一病未愈、又添新疾”的被动局面。但为小微经济体提供好金融服务，却并不容易。

（一）金融支持小微经济体中存在的问题

1. 小微经济体的问题。总体而言，小微经济体规模小、实力弱、用款急、分布散，且缺抵押、缺质押、缺担保、缺报表，金融机构为其服务，很难掌握其有效信息，为其服务成本高、风险高。同时，小微经济体涵盖面上到小企业，下到贫困农户，其自然特征和融资需求特征差别巨大。因此，金融机构如何服务好各类小微经济体，是世界性难题。

2. 传统金融体系的问题。我国当前的金融体系脱胎于计划经济时期，当时主要为国有企业服务，现在虽然已成为重要的市场手段，但依然带有较浓重的历史烙印。以商业银行贷款为例，计划经济时期主要为国有企业提供贷款，现在虽然不再拘泥于国有企业，但依然青睐国有控股企业。小微经济体，几乎不属此列。此外，小微经济体也无法提供传统技术甄别所需的抵押、质押、担保、报表。

此外，商业银行以商业可持续为经营目的，商业可持续要求不断降低单位交易成本。在发放贷款时，有两种途径可降低单位交易成本，一种是将笔均贷款控制在较大额度，一种是深入研究小微经济体自然特征和融资需求特征，不断破解信息不对称难题，以达到有效甄别其还款意愿和还款能力的目的。采用前一种方式，简单且短期内可获得丰厚回报，但长期看空间越来越窄；采用第二种方式，复杂且短期内难以获得丰厚回报，但长期看空间越来越大。从多年实践看，绝大多数金融机构选择了第一种方式，特别是随着这类金融机构纷纷上市，创收约束更加收紧，贷款额度未能降低，金融服务没有走向小微经济体这一广阔市场，反倒是许多对实体经济并无多少益处的非主营业务逐渐大行其道。

（二）总体思路：建立传统与普惠双层金融体系

当前传统金融体系对大中型企业的服务已经达到较高水平，但出于以上所述原因，传统金融体系对小微经济体的服务还远远未能到位。由于小微经济体的融资需求特征与传统金融体系以大中企业为主要服务对象的供给特征多有抵牾，故需建立符合小微经济体融资需求特点的普惠金融体系。

与传统金融体系主要服务于大中企业对应，普惠金融体系主要服务于小微经济体。作为一个体系，一要有专门的机构，这也包含传统金融体系中专事普惠金融业务的独立事业部；二要有专门的技术产品，既为小微经济体量身定做服务，又合理控制风险；三要有专门的对普惠金融机构的监管，作为风险控制的第二道防火墙；四是要有专门的社会公共服务，这主要是考虑普惠金融机构体量小，需要 IT 系统、批发资金、人员培训、产品开发、信用体系建设等公共服务，同时要规范会计、审计、统计等制度；五要有政府财政、税收、货币等政策支持，引导普惠金融机构获得行业平均利润率。

可以说，普惠金融体系是一个集机构、技术产品、监管、社会服务和政府政策五位一体的体系，也是我国金融体系不可或缺的组成部分。建设中国普惠金融体系，是一项负责任的社会系统工程。接下来的各章，将以小微企业、个体工商户和新型农业经营主体、农户等为对象，分类论述普惠金融体系的建设。根据我国当前融资结构特点，这里所述的普惠金融体系，以信贷体系为主，兼顾证券体系和保险体系建设。

五、我国促进金融支持实体经济的已有措施

金融支持实体经济不充分问题的治理路径主要治理金融自我膨胀和降低非金融大中型企业的杠杆率。当前，应对金融支持实体经济的不平衡、不充分问题，我国也取得了一定效果。

（一）治理金融自我膨胀的主要措施

针对我国金融自我膨胀所带来的问题，中央自上而下地主动实施了一系列、一揽子的监管举措，主要集中在金融机构的高管薪酬及业务开展方面，并取得了较好的实际效果。

1. 对国有金融机构高管实行限薪。在我国金融体系中，国有金融机构占主导地位，在银行、证券、保险等行业中中央及地方国有金融机构占据绝对的主导地位。根据中央的统一安排，对中央金融企业及地方金融企业的高级管理人员，包括本金融企业法人的党委成员、高级管理人员等，实行薪酬限制规定，并按照一定的程序给予公示。比如，根据年报，工商银行的董事长在2014年的税前薪酬高于110万元，到2015年降低为不超过55万元。又例如，属于地方国有银行的江苏银行，在2014年的行长税前薪酬近260万元，在2016年降低为不到70万元。在全国，其他的国有大型银行，以及上市和非上市的地方国有银行都经历了类似的过程。对高管人员的薪酬限制，一定程度上缓解了国有金融机构追求资产规模膨胀、金融高度负债的内在冲动，在整体上有利于缓解我国金融自我膨胀。

2. 监管以同业、理财、表外业务为重点。2013年以来，银监会就要求各银行要强化资金流向监控，努力缩短资金链条，确保资金流入实体经济部门。2017年全国金融工作会议进一步要求防范金融风险，对银行同业、理财等业务进一步规范。

（1）同业监管方面。从2009年起，监管部门就开始密集出台规范同业业务的监管政策。从中国人民银行公告〔2013〕第8号到《关于规范金融机构同业业务的通知》，同业业务的监管体系已逐步成型。但由于银行业务扩张冲动较大以及监管执行力度不够，并未取得明显成效。2017年以来，根据中央“抑制资产泡沫”“防

范金融风险”的要求，同业套利业务再次成为金融整治的重点。2017 年 9 月，央行发布的《中国货币政策执行报告》指出，拟于 2018 年一季度评估起，对资产规模 5000 亿元以上的银行发行的一年以内同业存单纳入 MPA 同业负债占比指标进行考核。依据考核指标，银行同业负债占比不超过 25%，可获得满分 25 分；不超过 33%，可获得 10 分至 15 分，否则为 0 分。

（2）理财监管方面。为防止理财资金“脱实向虚”，银监会对理财资金投资非标准化债权资产提出了总量控制、投向管理（投资项目符合国家宏观调控政策及产业政策）和审慎风险兜底（比照自营贷款管理）等一系列监管要求。

银监会要求，法人银行业机构要按照“单独核算、风险隔离、行为规范、归口管理”原则，持续推进理财事业部制改革，切实落实“四个分离”——理财业务与信贷等其他业务相分离，自营业务与代客业务相分离，理财产品与代销的金融产品相分离，理财产品之间相分离。加强理财产品设计研发与销售管理，强化理财产品风险评级和消费者风险承受能力评估，确保将合适的产品卖给合适的消费者，并于 2016 年底前实现销售全程同步录音录像（农村合作金融机构除外）。同时明确，要严控期限错配和杠杆投资，不许开展期限错配、分离定价的资金池业务。引导理财产品更多投向标准化金融产品，严格严控期限错配和杠杆投资，不得开展期限错配、分离定价的资金池业务，严格控制嵌套投资。

3. 金融自我膨胀治理的实际效果。总体上看，2016 年资金“脱实向虚”程度略有缓解，M2 增速与 GDP 增速、CPI 涨幅之差从 2015 年末的 5% 下降至 2016 年末的 2.6%。具体来看，截至 2017 年 8 月末，银行表内同业业务持续收缩，同业资产、同业负债分别较年初减少 3.2 万亿元和 1.4 万亿元，同比增速分别为 -13.8% 和 -1.6%。其中，股份制银行同业资产与年初相比降幅达 45%。表外同业业务（同业理财）累计减少 2.2 万亿元，城商行和农商行的理财余额同比增速较去年同期分别下降了 40 个和 90 个百分点。①

总体来看，同业业务监管逐步形成体系，并即将逐步纳入 MPA 广义信贷监测范围，今后金融机构通过表内外资产腾挪的方式来规避监管的操作将难以藏身。理财业务得到进一步规范。基于当前自我创新层面的金融空转暂时得到初步控制。但只要人的贪婪没有消除，金融自我创新就不会终止，监管与自我创新的博弈将一直持续下去。堵住漏洞和引导规范发展可以在既定时期发挥作用，但要从根本上降低金融空转的强度和概率，还需要更深层次的建设性措施。

（二）我国非金融企业去杠杆的主要金融措施

我国非金融企业去杠杆的主要措施有发展创新金融工具、债转股和提高股权融资比例。

---

① 数据来源：银监会网站，2017 年 9 月 16 日。

1. 发展创新金融工具。2016 年以来，中国人民银行和国家发展和改革委员会等部门多次发文积极鼓励企业直接发债融资。由于当前我国债券市场利率较低，企业可以降低融资成本，改变对银行贷款的依赖，降低利息成本，为去杠杆赢得时间。文件鼓励企业可发行的创新金融工具包括：优先股、永续债、长期收益债、可转换债券、绿色债券、高收益债券和资产证券化等。

2. 债转股。本轮债转股的主要目标是降低国有企业杠杆率，由商业银行自身主导，商业银行或成立全资的资产管理公司，或与企业联合成立基金。农业银行、工商银行、建设银行等都率先成立了全资的资产管理公司，以市场化方式参与债转股。

3. 提高股权融资比例。发展股权融资，提高股权融资比例可以降低企业杠杆率。可选的方式包括吸收风险资本、吸收私募股权基金、主板上市融资、配股或增发、进行重大资产重组、借壳上市、新三板挂牌融资、发行优先股和在区域性股权市场挂牌交易等。

综合来看，发展创新金融工具和提高股权融资比例这两类直接融资的方式发挥作用需要较长时间，政策效果仍需观察，而债转股则相对较快。

根据国家发展改革委和银监会发布的数据，自 2016 年 10 月初国务院出台债转股实施意见以来，截至 12 月 9 日，国有企业债转股先行先试规模大约为 1500 亿元，至 2017 年 2 月上旬中国市场化债转股签约金 4300 多亿元。传统的钢铁行业如中钢集团、武钢集团等央企，山西焦煤集团、山东黄金集团、广州交通投资集团、六枝工矿集团等地方大型国有企业都推进了债转股，分别降低企业杠杆率 10% ~15%，去杠杆效果显著。需要指出的是，这些央企和地方国有企业并未陷入经营困境，其银行债务也非坏账，但都面临前期产能扩张过快导致的短期杠杆率高企，去杠杆压力较大，债转股的目的是去杠杆，而非处置债务违约或不良资产。

第六章

加大金融支持小微企业力度

一、小微企业融资难问题突出

小微企业在发展中遇到的最大瓶颈莫过于融资难。当前，我国金融体制的改革步伐仍与实体经济发展、小微企业的需求存在较大差距，突出表现在金融服务的惠及面与量大面广的小微企业需求不相适应，融资难、融资贵问题仍未得到根本解决。

（一）我国扶持民营经济特别是小微企业发展的金融政策及其效果评价

2013 年国务院办公厅《关于金融支持经济结构调整和转型升级的指导意见》(国办发〔2013〕67 号)、2014 年国务院办公厅《关于多措并举着力缓解企业融资成本高问题的指导意见》(国办发〔2014〕39 号)、2015 年中国银监会《关于银行业进一步做好服务实体经济发展工作的指导意见》(银监发〔2015〕25 号)、2016 年 2 月中国银监会办公厅《关于 2016 年推进普惠金融发展工作的指导意见》(银监办法〔2016〕24 号)、2016 年 7 月《中共中央国务院关于深化投融资体制改革的意见》、2017 年中国人民银行、工业和信息化部、财政部、商务部、国资委、银监会、外汇局联合印发的关于《小微企业应收账款融资专项行动工作方案（2017 ~ 2019 年)》(银发〔2017〕104 号)、2017 年 9 月 1 日全国人大常委会表决通过的《中小企业促进法》修订草案等政策措施，为缓解小微企业融资难、融资贵，加快民营经济调结构、转方式提供了有力的体制条件，实施效果评述如下：

（1）加大银行信贷支持，“三个不低于”目标基本实现。为加大对小微企业的信贷支持，银监会 2015 年提出“三个不低于”目标，在有效提高贷款增量的基础上，努力实现小微企业贷款增速不低于各项贷款平均增速，小微企业贷款户数不低于上年同期户数，小微企业申贷获得率不低于上年同期水平。

在此政策作用下，小微企业金融服务得到加强。银监会数据显示，截至 2017 年 9 月末，全国小微企业贷款余额 29.66 万亿元，比 2012 年末增长 1 倍，占各项贷款之比提高 2.4 个百分点；贷款户数 1462.24 万户，比 2012 年末增加 277.8 万户。

（2）建设专业化服务机制。银行业以“信贷工厂”模式和评分卡精简改造贷款审批流程，以“大数法则”制定风险管理策略，为小微业务条线设置单独绩效考核指标，提高分值权重，在内部管理核算、人力资源配置等方面给予倾斜，完善契合小微企业融资特点的服务机制。

（3）推广技术和产品创新。银行运用大数据技术推广信用贷款，实现全流程在线操作。研发“年审制”贷款和中长期融资产品，缓解续贷难。与电商、物流、支付平台等合作，拓展供应链金融服务。引入知识产权、股权等新型抵质押方式，推行“助保贷”等模式，丰富增信分险手段。

（4）施行细差异化政策。商业银行发行专项金融债，募集资金专门用于小微企业贷款。稳步推进小微企业贷款资产证券化、信贷资产流转和收益权转让业务，盘活信贷资源。对小微企业贷款使用优惠的风险资本权重和监管要求，明确不良容忍度。推广无还本续贷，支持正常经营的小微企业融资周转“无缝衔接”。指导银行指定小微企业授信尽职免责制度。

（5）推进小微企业信用担保体系建设，增强融资担保能力。近年来，财政部门通过对符合条件的担保机构给予业务补助、保费补助、营业税减免，极大地激励了其为小微企业提供低费率担保业务的积极性，小微企业信用担保机构数量、业务规模快速增长，融资担保能力有所提高。中央财政专项资金扶持力度逐年增加，从2006～2012年累计安排担保专项资金59.38亿元，共计扶持3328家/次中小微企业信用担保机构。

（6）拓宽直接融资渠道，小微企业债券融资获得发展。目前，我国已基本建立了多层次资本市场体系架构，主要包括主板、中小板、创业板、新三板和区域性股权市场，以及债券市场、期货市场和私募市场，为小微企业提供多元化、产业化的融资和风险管理服务。一是扩大中小板、产业板包容性和覆盖面。2017年IPO企业中的中小企业有359家，占比约51%。新三板发展壮大，目前挂牌企业约1.2万家，小微企业占六成，发行融资近1000亿元。出台“创新创业公司债券”试点指导意见，支持设置转股条款。推出47个商品期货品种和2个期权品种，扩大“保险+期货”试点，为相关中小微企业提供套期保值、风险管理服务。

（7）加强金融服务配套体系建设，融资环境有所改善。相关部门采取了一系列措施，包括设立征信服务平台，建立中小微企业信用信息数据库，建设中小微企业社会化服务体系，改进行政管理，降低小微企业融资的行政成本和社会成本，建立银、政、企沟通合作平台等，为改善小微企业融资环境发挥了积极作用。

（二）融资难融资贵仍然困扰小微企业，其中融资难更为突出

虽然国家采取了一系列措施予以纾困，小微企业融资困境在一定程度上有所改观，但仍未得到根本解决。由于一些制度性障碍的存在，大多数小微企业仍然无法获得有效的融资支持。主要问题有：

第一，实际统计口径不一致，有可能造成对小微企业融资真实状况的误判。我国小微企业统计口径不一致，银行贷款主要参照2011年公布的《关于印发中小企业

划型标准规定的通知》（工信部联企业〔2011〕300 号）企业划型标准，导致很多明显不是小微企业贷款的千万级贷款纳入统计，不能真实反映小微企业融资状况。

第二，银行贷款管理制度不适应小微企业贷款需求特点，服务主动性差、贷款门槛高、手续烦琐、贷款期间断。大多小微企业缺乏银行认可的房产、土地等抵押品，很难拿到贷款；即使能够获得贷款，也程序繁杂、耗时数月，最终只能拿到最多 1 年期的贷款，贷款到期续借又需“先还后贷”，再经历同样的手续。现行商业银行对小微企业贷款中，面临四个方面困难：一是过于依赖抵押品，而小微企业大多数是没有足够的抵押资产；二是审贷标准偏重财务数据，大多数银行缺乏基于小微企业“软信息”的审贷标准，如三表（水表、电表、报关表）、三品（人品、产品、押品）、经营历史记录、税收、知识产权等；三是审贷流程漫长而低效，不能满足小微企业资金需求“短小频急”的特点；四是绩效考核偏重于不良率和业绩，造成商业银行更愿意发放低风险的大企业长期贷款。

第三，融资成本高，贷款利率上浮、担保费、抵押登记评估费、融资顾问费等，贷款综合成本往往超过 10%。2015 年 9 月，中国中小企业协会受国务院办公厅督查室委托，与中国企业联合会共同开展银行涉企收费情况调研评估。实地调研数据显示，小企业贷款综合成本为 13% ~15%，中企业贷款综合成本为 10% ~12%，大企业贷款基本上执行基本利率，有的还会下浮，产能过剩行业的大型企业被抽贷、压贷现象较为普遍。这几年火爆的 P2P 平台贷款年化利率通常为 20% ~30%，说明了小微企业资金短缺的程度。

第四，直接融资门槛高、周期长，能够上市、发债的小微企业“凤毛麟角”。截至 2016 年 12 月末，各地工商注册的企业 2600 多万户，其中通过证券市场融资的企业总计不到 15000 家（A 股上市公司 3000 家，中小板上市公司 910 家，创业板 603 家；新三板挂牌公司 10000 家，合计 14513 家）。从发债情况看，小微企业仍然受到歧视，能够上市、发债的企业多是优秀的中型企业，小微企业难觅踪影。私募股权投资基金行业年度投资总额约 1600 多亿元，热衷于投资上市前企业，且以一两年的短期投资为主，创业中早期企业很难得到投资支持。

第五，融资体制滞后于企业需求。适合小微企业的市场化融资体系尚未有效建立，为小微企业服务的中小金融机构严重不足。正规渠道供给受限，迫使很多小微企业转而依赖民间借贷，年化利率高达 20% ~30%，小微企业不堪重负。

第六，银行惜贷、压贷、抽贷现象比较严重，受经济增长持续放缓、企业效益全面下滑、亏损面加大的影响，商业银行信贷投放更趋谨慎。不少企业反映，在当前小微企业特别需要贷款支持的时候，部分银行惜贷、压贷、抽贷现象仍一定程度上存在，与企业经营困难有恶性循环双向加强的倾向。

第七，“过桥费”成为小微企业融资的沉重负担和风险环节。在转贷续贷的过程中，往往需要通过民间融资渠道借入短期高息过桥资金还贷，由此而产生的“过桥费”，成为小微企业融资的沉重负担。据中国中小企业协会与中国企业联合会在

2015 年 10 月开展的“银行涉企收费情况第三方评估工作”调查显示，过桥资金、民间应急转贷资金的利率有的高达每天 2.5‰，企业所需转贷过桥资金的时间通常为 20 天，以单笔 100 万元的贷款计算，企业的转贷成本至少在 5 万元左右。调研企业普遍反映，当企业借助过桥资金还清旧贷款却又迟迟无法成功申请到新贷款的情况下，往往因此陷入过桥资金陷阱，绝大多数背负高息过桥资金的小微企业，最终将不堪重负而破产。

第八，担保和联合担保所存在问题较为突出。担保公司收费较高。担保公司通常是按照企业与银行所签贷款合同中约定利率水平的 50% 收取相应担保费。据中国中小企业协会与中国企业联合会在 2015 年 10 月开展的“银行涉企收费情况第三方评估工作”调查显示，湖南某城市商业银行反映，湖南小微企业贷款的担保费率一般在 3.5% 左右，虽然有部分企业通过讨价还价，有可能将担保费率降至 2% 左右，但也有部分经营状况较差、资金需求迫切的小微企业不得不接受高达 5% ~7% 的担保收费率。

部分担保公司操作不规范。一方面，银行向担保公司收取的担保贷款保证金，往往被担保公司转嫁给贷款企业。综合考虑银行利率上浮、担保费和保证金转嫁，小微企业担保贷款的实际融资成本为 11.5% ~12.9%。另一方面，一些地区“互保圈”失信、逃贷、跑路不断发酵，一家企业出问题引发相关企业受牵连的连锁反应。此外，部分民营担保公司违背了国家发展担保公司的初衷，主要业务没有放在为小微企业提供担保服务上。

第九，信用体系不健全，缺乏全国统一的征信体系，使得小微企业的风险评估变得困难。目前我国尚未建立较为完善的包括企业及企业主在内的社会信用体系，特别是针对数量众多的小微企业，缺乏权威的征信系统，导致商业银行在提供小微企业融资服务时，不得不通过自身力量去调查核实大量的小微企业或企业主的信用状况，不仅难度很大、时间很长，而且实际上也很难获得小微企业或企业主真实的信用状况，增加了商业银行小微企业贷款业务的风险，一定程度上也降低了商业银行对小微企业融资的意愿，使得商业银行融资速度变得缓慢。

二、设立政策性银行扶持小微企业发展

2011 年以来，在政府高度关注和重视下，一系列支持小微企业的金融、财税政策得以出台，小微企业的信用分类评级机制正在逐步建立中。商业银行业纷纷建立了专业化的小微企业贷款部门，创新了组织架构、技术手段、管理流程和信贷政策，并且探索和开发适用于小微企业业务的风险计量体系，采取差别化的考核机制，来促进产品与业务创新，改善了小微企业融资服务。

但是，由于小微企业自身存在经营规模小、财务制度不规范、生产成本高、利润薄、技术水平差、抗风险能力弱等问题。目前，大多数有融资需求的小微企业从商业银行贷款依旧比较困难，小微企业的信贷获得率和频次不是很高，信贷条件不

符合的企业居多，难和贵的问题突出，建议设立政策性银行扶持其发展。

（一）借鉴国际先进经验

通过研究全球发达经济体的金融体系，我们发现美国、德国和日本均在解决小企业融资难方面有过积极的探索和成功的经验。例如：美国政府成立的小企业管理局（Small Business Administration，SBA），是专门支持小企业的信贷机构。SBA 主要提供担保和建立信用保障体系，同时每年有 100 万个企业能够从 SBA 得到贷款支持。德国的复兴开发银行（KFW）从 20 世纪 70 年代开始制订了小企业支持计划，利用自身高信用级别的优势从资本市场上筹资向小企业提供较长期限的优惠利率贷款。KFW 的贷款中 96% 为投资贷款，对小企业的融资占到约 39%。日本被称为“中小企业问题的先进国”，一方面通过商工组合中央金库等政府资助成立的为中小企业服务的金融机构提供融资；另一方面成立了 52 个地方信用保证协会，建立担保体制和信用审核机制。

国际上解决中小企业融资困难的经验主要包括：建立信用评级体系，提供政策性担保体制和设立政府支持的专门金融机构。

（二）我国小微企业融资难的特点

国际经验不一定能照搬照抄，通过调研，我国的小微企业融资难的特点如下：

从宏观上看，存在四个方面问题：一是缺乏面向小微企业的银行资源，各类银行将 80% 的金融资源投入大中型企业中；二是担保体系不健全，缺乏政策性担保机构，而且担保机构过分重视抵押品，对小微企业的支持力度非常有限；三是信用体系不健全，缺乏全国统一的征信体系，使得小微企业的风险评估变得困难；四是金融体系不够完善，缺乏股权融资等直接融资渠道，使得小微企业的融资来源单一且困难。

从微观上看，现行商业银行对小微企业贷款中，存在四个方面困难：一是过于依赖抵押品，而小微企业大多数是没有足够的抵押资产；二是审贷标准偏重财务数据，大多数银行缺乏基于小微企业软信息的审贷标准，如三表（水表、电表、报关表）、三品（人品、产品、押品）、经营历史记录、税收、知识产权；三是审贷流程漫长而低效，不能满足小微企业资金需求“短小频急”的特点；四是绩效考核偏重于不良率和业绩，造成商业银行更愿意发放低风险的大企业长期贷款。

上面的问题和困难在短期内难以通过市场调节手段得到解决。无论是我国小微企业低下的财务和信用水平，还是商业银行“业绩导向”的经营目标，以及不完善的社会信用体系等问题，均非一朝一夕可以化解。因此，借鉴国际经验，建立专业、客观、中立的政策性金融机构，能够发挥开拓、扶持、引导和弥补空白的作用。

（三）设立政策性银行的必要性

我国现阶段的金融体系尚不健全和成熟，无法完全满足小微企业所需要的融资服务。设立政府支持的专门金融机构为小微企业提供长期、低息的资金支持已经被证明是世界各国支持小微企业发展的必要手段，以下从三个方面作进一步的说明。

1. 银行的逐利性导致难以支持小微企业贷款。首先，商业银行正面临巨大的信贷风险。当前的经济下行已经对商业银行的盈利和不良资产爆发形成了很大的压力，而其中对小微企业的贷款的不良率又显著高于其他贷款类别。由于商业银行的市场定位和股权结构，必然要求其将盈利性和安全性放在社会效益之前，因此很难再大幅度增加对小微企业的贷款。

其次，高风险高利率的商业原则加重了小微企业负担。小微企业自身的特点造成了其财务信息简陋，管理水平不高，特别是那些高科技和服务型的创新型小微企业，更无法提供足够的抵押物和经营历史来获取商业银行的信任和贷款。如果按商业原则通过高利息水平来覆盖风险，则又进一步加重了小微企业的经营负担和风险。

最后，联保、担保制度运行不畅。前几年比较流行的小微企业联保制度和第三方担保公司提供担保的方式也遇到了越来越大的挑战。譬如：浙江地区的联保制度在钢贸贷款中反而拖垮了一些原本经营正常的企业，而商业性担保公司也仍然偏重抵押物，政策性担保公司的效率又备受诟病，均未能很好地解决小微企业融资难和融资贵的问题。

对于尚在起步阶段，以创新、服务为主要竞争手段的小微企业来说，商业银行的逐利性和社会效益形成了必然的冲突。这也是美国、德国和日本这样发达的市场经济体到今天仍然需要专门的政策性银行来支持小微企业的原因。而我国相对落后的金融体系和经济发展水平则更加迫切需要政府的资源倾斜来支持广大的创新型、服务型小微企业。

2. 现有的开发性、政策性银行没有覆盖广大小微企业群体。我国现有的国家开发银行、农业发展银行和进出口银行等政策性银行在其各自的专门领域都发挥了积极的作用。以下对比和分析了各家政策性银行的定位和职责：

（1）国家开发银行以“增强国力、改善民生”为宗旨，通过开展中长期信贷与投资等金融业务，为国民经济重大中长期发展战略服务；以中长期投融资推动市场建设、支持基础设施、基础产业、支柱产业以及战略性新兴产业等重点领域发展和国家重大项目建设。

（2）农业发展银行以国家信用为基础筹集资金，承担农业政策性金融业务，代理财政支农资金的拨付，为农业和农村经济发展服务。

（3）进出口银行的主要职责是为扩大我国机电产品、成套设备和高新技术产品进出口，能源和矿产品进口，推动有比较优势的企业开展对外承包工程和境外投资，促进对外关系发展和国际经贸合作，提供金融服务。

不难发现上述三家开发性、政策性银行并没有覆盖广大的小微企业，我们进一步研究各家政策性银行的实际业务，虽然国家开发银行曾在推动和尝试小微企业贷款方面做出过巨大的努力，但三家开发性、政策性银行都没有形成常态化和规模性的小微企业融资业务格局。

3. 小微企业急需政策性银行的融资支持。除了以上从资金供给端的短缺能够看到成立政策性银行的必要性外，再从资金的需求端分析，更能发现成立政策性银行来支持小微企业的必要性。

一方面，小微企业的融资需求依旧旺盛。规模以下的小企业90%没有与金融机构发生任何借贷关系。在工商银行2014年的年报中，其509万户的对公企业客户中仅有14万户有融资余额，可见多数小微企业仅仅为其提供存款，而无法获得贷款，其他商业银行的客户情况也大同小异。另一方面，负债的小微企业约80%有民间借贷行为，这几年异常火爆的P2P平台贷款年化利率通常在20%～30%之间，从贷款价格上充分说明了小微企业资金短缺的程度。

综上所述，创造了全国80%的就业、75%的技术创新、60%的国内生产总值和50%的纳税额的小微企业群体，在创造经济财富的同时还创造了就业机会和绽放了创新的活力，是社会发展的稳定器和倍增器。然而它们也恰好处于商业社会食物链的底部，特别需要政策性金融机构的支持。我国的小微企业固然存在财务信息不透明、不准确，信用意识淡薄和管理水平低下等问题，成立一个不以营利为主要目的的政策性银行恰好更能够从提升和培育小微企业的诚信机制，减轻财务负担和缓解资金紧张的角度来帮助、扶持它们。同时，借助于市场化的机制，本着诚信原则为商业银行筛选和输送诚信而合格的小微企业，净化市场环境，发挥引导和填补空白的作用。

三、加大金融支持小微企业发展的其他建议

针对我国小微企业融资难问题，借鉴典型国际经验，我们重点从大力发展中小金融机构、规范整顿融资性担保机构、改进小微企业金融服务监管激励政策、提高考核指标的科学性、完善小微企业金融服务统计口径与信息披露制度、健全中小企业贷款风险补偿机制、持续完善金融基础设施与制度建设、实施差别化信贷政策和构建多层次资本市场等方面提出政策建议。

（一）大力发展中小金融机构

一是继续合理放松金融业的准入管制，大力发展由民间资本发起设立、自担风险的内生型中小金融机构。在民营银行试点和引导民间资本参与农村信用社产权改革的基础上，进一步落实民间资本进入金融业的鼓励政策，引导民间资本投资中小金融机构，实现中小金融机构的数量和规模的有效增长，进一步丰富小微企业金融服务主体，真正增加小微企业金融服务的有效供给。

二是重视发展各具特色的中小金融机构和类金融机构。应充分认识到小贷公司、典当行、融资租赁公司、担保品管理公司以及商业保理公司等提供金融服务的机构由于其业务的不同特点，在服务小微企业方面具有不同的优势，丰富了服务的种类，

是小微金融服务不可或缺的主体。应重视这些各具特色的中小金融机构和类金融机构，鼓励其发挥自己独有的优势，在小微金融服务中发挥更大的作用。值得肯定的是，2015 年 9 月，中国人民银行会同银监会、证监会、保监会和国家统计局联合发布《金融业企业划型标准规定》，首次将小额贷款公司、典当行和融资担保公司纳入金融业企业的范围，长期困扰这些机构的身份以及相关税收待遇等问题有望得到解决。

（二）科学推进小微企业金融服务监管

1. 完善现行监管激励体系。建议银监会和人民银行在小微企业金融服务差异化监管方面进行政策整合，进一步完善并统一监管激励指标，为商业银行提供准确有效的激励导向。具体可以借鉴美国《社区再投资法案》的实施经验，建立独立的小微企业金融服务考核制度，将该考核纳入商业银行监管评级体系和现行金融机构绩效评价体系，同时作为小微企业信贷政策导向效果评估制度的重要组成部分。对于小微企业金融服务表现好的金融机构，在市场准入、再贷款、再贴现、支付结算以及征信管理等方面给予倾斜，引导和鼓励金融机构及其分支机构为机构所在地的小微企业提供金融服务，切实促进各地区小微企业金融服务满足率、覆盖率和服务满意率的提升。建议监管部门公开小微企业金融服务考核指标和考核方法，并且每年公开发布小微企业金融服务结果，以此促进小微企业金融服务良性竞争，同时推动建立小微企业金融服务的社会监督机制。

2. 对中小金融机构实施差异化监管

（1）对于中小银行，在保证有效性的前提下尽可能简化监管，豁免非关键监管报告，降低中小银行的监管成本；继续实施差异化的资本充足率监管政策，适度降低对中小银行的资本充足率要求；继续实施差异化的存款准备金率政策，适度降低对中小银行的存款准备金率要求。

（2）对于小额贷款公司、典当行、融资租赁公司等中小金融机构，综合考虑这些机构资源的有限性，制定适度的监管制度，实施相对灵活、宽松的非审慎监管，既做到规范发展，又不制约其发展活力。

（3）推动包括小贷公司在内的中小金融机构参与市场化评级，将服务客户数量、户均贷款余额、风险管理水平等指标纳入评级体系，更多依靠市场优胜劣汰来推动中小金融机构的良性发展。

（4）确定对中小金融机构适度的监管边界，在遵循法律的基本前提下充分发挥内生型金融机构自我管理的能动性，避免过度监管带来的高成本和对机构发展的压制。比如，对于内生于农村社区的农村资金互助社等小型金融机构，如果业务范围仅在一个村或镇，服务的客户数量有限，利用熟人社会充足的社会资本、互联合约、担保抵押等机制可实现有效风险管理，监管的力度可适当放松。

（三）持续完善小微金融服务的基础设施与制度建设

1. 有序推进征信体系健康发展。在已出台的《征信管理条例》和《征信机构管理办法》基础上，加强征信的法制建设，推动形成规范有序、公平竞争的征信市场。充分认识互联网及大数据对征信行业带来的影响，扩大和规范征信公司的征信数据来源，保证征信信息的正当性、透明性和兼容性，促进网络经济下征信体系的健康发展。尤其要尽快制定《中华人民共和国个人信息保护法》，明确个人信息采集边界，规避个人信息被竞相挖掘和恶意利用，保护数据主体利益和个人隐私，促进信用信息分享。与时俱进地提升征信监管水平，避免因市场价格的过度竞争而危及信息安全标准的执行和造成不必要的数据碎片化、损失效率或危害征信体系的情况发生。

2. 加快完善社会信用体系，全面提升信用融资水平。许多银行分支机构和民营银行在发展信用贷款方面进行了积极探索。这些机构开发的信贷产品突破以往传统的报表思维，或是通过评分制的方式，对企业历史、上下游等进行全方位评估，或与工商、税务等部门开展合作，或是根据企业交易结算及账户活跃程度，甚至借款人个人信用，给予相应信贷额度，均无须抵押和担保，受到众多企业的欢迎。应当鼓励更多的银行开展此类业务，以减少企业对担保、抵押、质押贷款的依赖。

为此，需要加快建立社会信用体系建设。应当按照国务院统一部署，统筹规划，建立企业信用信息共享平台，有效破解银企信息不对称问题。应当整合企业信用信息，并以此为基础建立企业“信用评价分类”体系。同时，大力扶持规范本土社会征信评级机构，发展具有权威性的第三方专业评级机构，引导其创新征信产品，建立企业信用评价体系，提升信用评级服务质量，以利银行对企业信用进行甄别，对信用等级高的企业，可以给予无抵押和担保的信用贷款。

3. 建立全国性电子化的动产融资统一登记平台。随着我国动产融资业务的迅速发展，建立一个全国性、电子化的动产融资统一登记平台越来越迫在眉睫。尽管目前人民银行搭建了一个动产融资统一登记系统，提供包括应收账款质押和转让、融资租赁等近十种登记服务，但融资租赁登记、保证金质押登记、存货与仓单质押登记、信托登记、所有权保留登记及动产留置权登记等登记效力有待法律的认可。目前国内动产登记公示的主要缺陷包括：一是登记机构分散，动产担保登记根据标的物不同分散在十多个部门进行，登记要求各有不同。应收账款、融资租赁及存货质押登记在中国人民银行，存货、设备的抵押登记在工商局，农业机械、渔船、农业车辆在农业部，交通车辆在公安部。二是登记信息难以共享，公示效果差。目前多数登记机关仍未采纳电子化的登记方式，使得登记部门之间以及地区之间信息不能共享，可能造成权利冲突、加大交易风险。如国家工商总局的存货设备抵押登记在县区级工商局办理，纸质档案，或局限于本机构网页，难以做到低成本、快速查询。

因此，建议以《中华人民共和国民法典》编纂为契机，建立现代担保物权制度，改变我国动产担保登记分散带来的融资成本和交易风险偏高问题。建议在人民银行目前登记系统的基础之上，协调整合各部委的动产登记管理职能，发展全国统一的、覆盖所有动产类型的担保物权登记系统，支持应收账款、存货、设备和知识产权等动产融资，改变权利登记分散状态，节省当事人的登记成本，切实推动动产融资的发展及其在中小微企业金融服务中的应用。

4. 加快建设应收账款融资服务平台。在应收账款融资业务中，债务人对应收账款真实性的确认是业务开展的关键。当前应收账款融资业务开展面临的主要困难在于作为债务人的核心企业不愿放弃应收账款的控制权，不愿确认债务。

核心企业作为产品采购方，掌控了债权企业的产品销售，对有关债务的付款方式（汇票或现金）、付款时间（或早或晚）、付款金额（根据债权企业资金紧张程度，要求让利等）都有较强的控制能力，核心企业确认账款无法获得直接经济利益，同时存在一旦参与应收账款融资，原本对应收账款债权人软性的债务约束将转化为对信贷市场的刚性债务约束的顾虑，因此，在应收账款真实性确认方面，核心企业缺少动力，积极性不高。

鉴于应收账款融资在我国的发展潜力及其对小微企业发展的重要意义，建议推动相关法律法规修订，将发展动产融资作为解决小微企业融资的制度性安排纳入其中，鼓励政府采购、国有企事业单位使用应收账款融资服务平台支持中小微企业融资。同时建议相关部门推动核心企业带动供应链加入平台，释放供应链融资的巨大潜力，推动金融机构为这些核心企业的小微供应商提供便捷的融资，这对缓解小微企业融资难能够起到“立竿见影”的效果。

值得肯定的是，2016 年以来，管理层真正开始发力，多部委联合推出政策共同推进应收账款融资的发展。人民银行、发展改革委、工信部、财政部、商务部、银监会、证监会、保监会八部门联合发布《关于金融支持工业稳定增长调结构增效益的意见》，明确提出“推动更多供应链加入应收账款质押融资服务平台，支持商业银行进一步扩大应收账款质押融资规模。建立应收账款交易机制，解决大企业拖欠中小微企业资金问题。推动大企业和政府采购主体积极确认应收账款，帮助中小企业供应商融资”。2017 年，人民银行、工信部、银监会、证监会、保监会五部门联合印发《关于金融支持制造强国建设的指导意见》，提出要大力发展产业链金融产品和服务，并明确依托人民银行建设的应收账款融资服务平台有效满足产业链上下游企业融资需求。人民银行、工信部会同财政部、商务部、国资委、银监会、外汇局七部委联合印发了《小微企业应收账款融资专项行动工作方案（2017 ~ 2019 年）》，总体思路是“充分发挥应收账款融资服务平台等金融基础设施作用，推动供应链核心企业支持小微企业应收账款融资，引导金融机构和其他融资服务机构扩大应收账款融资业务规模，构建供应链上下游企业互信互惠、协同发展生态环境，优化商业信用环境，促进金融与实体经济良性互动发展”。主要任务包括：向小微企业普及应收账款融资知识，向应付账款较多的企业、供应链核心企业、大型零售企业开展宣传培训，加强应收账款融资业务的推广；推动地方政府为中小企业开展政府采购项下融资业务提供便利，支持政府采购供应商依法依规开展融资；动员国有大企业、大型民营企业等供应链核心企业支持小微企业供应商开展在线应收账款融资业务，发挥供应链核心企业引领作用；优化金融机构等资金提供方应收账款融资业务流程，提高企业融资便利度；建立健全应收账款登记公示制度，保障各方权利。期待这些有针对性的政策能够实现预期效果，使广大小微企业真正从中受益。

5. 充分研究和利用金融科技加快金融基础设施建设和金融监管水平提升。互联网、大数据、云计算、人工智能、区块链等技术在金融领域的应用，不仅重塑了传统金融的业务运作模式与流程，也衍生出各种新兴的金融产品与服务，形成供给能力更充沛、效率更高、成本更低、更加便利快捷的金融新生态，同时也对金融基础设施和金融监管提出了挑战。洞察新时期金融发展的新特点和新需求，紧密跟踪金融科技的发展，作出前瞻性的战略部署，发挥金融科技在金融监管中的作用，提高监管水平和效率。具体到小微企业金融服务领域应建立富有弹性、高效支付清算系统，为包括移动支付在内的各种支付形式工具的高效安全运行提供基础性技术保障。

加快移动金融基础设施建设速度，促进金融机构利用移动金融开展小微企业及农村地区的小微金融服务，提高金融普惠服务水平。根据网络银行、直销银行等基于新技术开展金融服务的金融机构的特点，制定包括远程开户在内的金融服务管理办法。提高金融监管水平，既要为金融服务创新提供良好的规制基础，也要利用科技切实守住风险底线，更好地服务量大面广的小微企业客户群和新生代的个人金融消费主体。

6. 扩大中小金融机构资金来源。放松中小金融机构进入金融市场融资的限制，为其提供合理的资本补充渠道和稳定的负债来源。继续优先支持符合条件的中小商业银行发行小微企业贷款专项金融债。按中小商业银行上年年末小微企业贷款余额的一定比例给予其发行金融债的额度，完善发债募集金额投放的监管。《中国银监会关于2015年小微企业金融服务工作的指导意见》（银监发〔2015〕8号）强调，要进一步扩大小微企业专项金融债发行工作，对发债募集资金实施专户管理，确保全部用于发放小微企业贷款。2016年人民银行信贷政策继续支持符合条件的金融机构发行金融债券专项用于小微企业贷款。积极鼓励包括中小银行在内的中小金融机构上市融资，适当放宽限制，重新打开中小金融机构IPO大门，为中小金融机构补充资本金提供稳定的渠道，吸引更多的社会资金投入中小金融机构，有效增加中小微企业融资的供给。

发展中小微企业贷款资产证券化，盘活中小金融机构的存量贷款，节约表内资金用于满足小微企业新的贷款需求。《中国银监会关于2015年小微企业金融服务工作的指导意见》（银监发〔2015〕8号）明确提出：商业银行要优化信贷结构，用好增量，盘活存量。通过信贷资产证券化、信贷资产转让等方式腾挪信贷资源，用于小微企业贷款。但事实上，在迅猛发展的资产证券化热潮中，真正以小微企业贷款资产为基础资产的证券化产品仍寥寥无几，此外，资产证券化的多头监管、风险隔离不足以及投资者单一等问题仍亟待政策方面的突破。

加强中小金融机构和非正式金融组织与大型商业银行等正式金融机构的合作和联系，扩大其融资渠道，维持其可持续发展。放开小额贷款公司的融资杠杆。鼓励大型商业银行或政策性银行通过市场化招标的方式，为运营良好的村镇银行、小额贷款公司、农村资金互助社提供批发贷款。鼓励信托公司发挥信托工具的优势帮助中小金融机构和非正式金融组织通过信托的方式募集资金。

7. 完善中小微企业金融服务统计口径。为贯彻落实《中华人民共和国中小企业促进法》和《国务院关于进一步促进中小企业发展的若干意见》（国发〔2009〕36号），工信部、国家统计局、发展改革委、财政部研究制定了《中小企业划型标准规定》（工信部联企业〔2011〕300号），为统一中小微企业金融服务监测统计口径奠定了基础。但是在商业银行小微企业贷款实践中，大部分银行实行国标与行标并行的做法，国标用于向监管部门报送小微企业贷款数据，而行标则用于银行自身对小微企业客户的细分管理。据《中国中小微企业金融服务发展报告2017》，第四届商业银行小微金融经理人问卷调查结果显示，有超过4成的受访者表示其所在银行以国标和行标两套口径并行。受访者认为所在银行最主要的行标为年营业收入，占比超过7成，另有各超过5成的受访者选择了资产总额、单户贷款余额不超过一定限额、企业人数等指标。对于国标与行标的差异，超过4成的受访者表示两者存在较大的差异，认为行标口径下的小微企业贷款余额通常会低于国标口径。这在一定程度上说明国标与实务划型需求不匹配之处，也意味着以目前的国标为基准的小微企业贷款统计监测数据存在一定程度的失真，可能放大了小微企业贷款数据。如果不进行及时调整，每年统计上来的小微企业融资规模比实际规模会明显虚增，出台的针对小微企业的政策很难真正完全落实。

虽然由于市场定位的不同，各金融机构制定符合本行特点的小微企业贷款统计口径是必要的，但前提是涉及公开披露的数据应该有统一的统计口径。尤其是2014年和2015年对“三农”或小微企业贷款达到一定比例的商业银行推出定向降准的政策；在信贷政策支持再贷款类别下创设支小再贷款，专门用于支持金融机构扩大小微企业信贷投放，小微企业贷款统计口径不统一带来的问题更加凸显。要使结构化的货币政策能够真正起到调节信贷结构促进经济发展的作用，执行统一的统计口径已经无法回避。

建议推行实体与金融两套标准交叉确认小微企业贷款，即在统计金融机构小微企业贷款时，要求必须同时满足两维标准：一是实体维，受贷主体必须是符合《中小企业划型标准规定》（工信部联企业〔2011〕300号）划型的小微企业；二是金融维，笔均贷款额度不能高于500万元。

（四）健全小微企业贷款风险补偿机制

在总结当前各地开展小微企业贷款风险补偿机制建设经验的基础上，建立国家层面的小微企业贷款风险补偿机制，并制定全国统一的管理制度，组建自上而下的管理机构，为小微企业贷款风险补偿机制的建立及运行提供服务和有效监管。对政策性中小企业融资机构、担保机构、基金等进行专门立法，规范其职责、服务对象、支付方式和补贴方式等，使得建立完善小微企业贷款风险补偿机制有法可依，有制度可循。整合地方财政力量，建立由各级财政配套出资的小微企业贷款风险补偿专项资金，并逐年加大财政资金投入，逐步实现风险补偿资金规模与银行发放小微企业贷款存量、增量相匹配。在资金来源和补充方面，应当以“中央财政出资为主，地方财政出资为辅，社会性资金为有益补充”为原则，多渠道筹措资金。

监管部门应当有效履行对融资性担保公司的监管职责，及时查处担保公司转嫁保证金、与银行合谋抬升担保费率等违规经营问题；加强行业基础设施建设，建立统一的行业信息报送和监测系统；对担保公司采取名单制的准入管理，对失信、违法的融资担保机构建立部门动态联合惩戒机制。加快发展以政府出资为主的融资性担保机构；对政府性融资担保机构，要结合当地实际降低或取消盈利要求，着重考核小微企业和“三农”融资担保业务规模、服务情况。加快建立国家融资担保基金、省级再担保机构、辖内融资担保机构的三层组织体系。积极探索适合本地区实际的“政银担”合作机制，加快设立政府性担保基金，完善政府、银行、企业与担保公司的风险分担机制，按照合理标准，对银行业金融机构担保贷款发生的风险进行合理补偿。

为避免个别企业信贷违约问题影响扩大化，适当限制银行以共担风险为借口过度发展联保互保贷款业务，规范银行在联保互保业务发生信贷违约事件时的处理程序与处理行为，禁止银行以信贷保全为借口，干扰提供联保互保承诺的其他企业的正常生产经营行为，避免将“保险索”演变为“连环雷”。互保联保是我国不完善担保体系下的制度创新，为了在控制风险前提下满足小微企业融资需求，短期应建立“有限责任”的互保联保制度，中期应形成风险合理分担的“政府指导型担保体系”，长期应推进金融“去担保化”。

（五）探索金融科技手段

从小微企业和个体工商户生产、经营场景出发，发挥金融科技的包容性作用，降低网点、人工等交易成本，以大数据手段防控风险，推进金融普惠。

（六）大力推动多层次金融市场建设

1. 深化多层次股权交易市场的建设。推进 IPO 常态化，完善优胜劣汰机制，保持资本市场的活力；在加强执法力度的前提下，简化小微企业上市流程，降低上市准入门槛，完善适合具有高成长性的创新型小微企业上市发展的制度安排；优化市场结构，促进各板块差异化竞争，突出板块的服务定位，形成合理的市场分层和优势互补；加快推进股转系统新交易制度的实施，充分利用信息技术对日益增加的挂牌公司实施高效监管，发挥做市商制度的作用，提高市场流动性。

2. 加快发展企业债券市场，切实拓宽企业融资渠道。目前，我国企业主要是依靠银行贷款融资，直接融资的比例很低。企业融资来源排前三位的是银行贷款、民间借贷、小额贷款公司。我国债券市场急需加快发展，从而与股权融资等渠道一起，为企业提供更多直接融资方式选择。

研究发行支持创业创新型小微企业的高风险、高收益债券。积极发展中长期债券，更好满足企业长期资金需求，优化企业负债期限配置。丰富适合中小微企业的债券品种，鼓励和协助符合条件的小微企业在银行间市场发行集合债、集合票据、集合信托和短期融资券，建立小微企业小额、快速、灵活融资机制。探索符合条件的信贷资产证券化、企业资产证券化等途径。

第七章

加大金融支持新型农业经营主体力度

"2020 年全面建成小康社会"目标实现的关键在于当前贫困人口如期脱贫。截至 2015 年底，按照"农民年人均纯收入 2300 元（2010 年不变价）"的贫困线标准，中国仍有 4335 万贫困人口。这其中约有 1500 万 ~ 2000 万人需要通过产业发展来脱贫。

目前，实现适度规模化经营的农业产业化龙头企业、农民专业合作社、家庭农场和专业大户四类新型农业经营主体逐渐发展壮大，已成为我国发展规模经济、建设现代农业的重要力量，总体也具备了带动贫困农户就地脱贫的条件。

一、新型农业经营主体概述

新型农业经营主体是相对于传统农户而言，在坚持以家庭承包经营为基础的农业基本经营制度下，通过土地流转实现适度规模经营和集约经营，在土地使用效率提升的基础上，以提高农业生产效率和增加从业者收入为目标，依据市场需求从事专业化农业生产，保证农产品供给，带动农业结构调整和现代农业发展的经营主体。"新型农业经营主体"一词随着生产条件的不断改进和规模化生产的不断发展，顺应农业现代化发展要求而出现，在党的十八大报告中被首次提及，引起广泛关注。现已成为我国现代农业发展的主力军，呈现出专业化生产、集约化经营与市场化程度高等特点，引领现代农业发展的方向。

2008 年，党的十七届三中全会提出我国有条件的地方可以发展专业大户、家庭农场、农民专业合作社等规模经营主体，鼓励龙头企业与农民建立紧密利益联结机制。2012 年，党的十八大提出构建新型农业经营体系和培育新型农业经营主体，支持多种类型的新型农业服务主体开展代耕代种、联耕联种、土地托管等专业化规模化服务；支持新型农业经营主体和新型农业服务主体成为建设现代农业的骨干力量；充分发挥多种形式适度规模经营在农业机械和科技成果应用、绿色发展、市场开拓等方面的引领功能。2013 ~ 2015 年连续三年中央一号文件指出我国要培育和壮大新型农业经营生产组织，发展多种形式规模经营，扶持发展新型农业经营主体。2017 年党的十九大报告指出，构建现代农业产业体系、生产体系、经营体系，完善农业支持保护制度，发展多种形式适度规模经营，培育新型农业经营主体，健全农业社会化服务体系，实现小农户和现代农业发展有机衔接。

2012 年起“新型农业经营主体”开始出现在官方文件中，已有文件并没有具体定义新型农业经营主体类型，但新型农业经营主体的界定有着相应的标准，现有的农业经营主体并不能全部划归其中。国内学者主要从三个方面对新型农业经营主体进行界定：一是适度规模和专业化生产；二是集约经营；三是市场化程度高。黄祖辉、俞宁（2010）在研究浙江省新型农业经营主体的基础上，把新型农业经营主体分为农业专业大户、农民专业合作社和农业企业三类，认为他们是中国现阶段农业发展的中坚力量。孙中华（2012）和楼栋、孔祥智（2013）认为，在工业化、城镇化加速推进的背景下，必须大力培育专业大户、家庭农场、农民专业合作社、农业产业化龙头企业等新型农业经营主体，夯实建设现代农业的微观基础。张照新、赵海（2013）认为，新型农业经营主体是推动我国向现代农业转型的骨干力量，主要包括专业大户、家庭农场、农民专业合作社、龙头企业与经营性农业服务组织五类。王慧敏（2014）认为按照组织属性，新型农业经营主体分为家庭经营型、合作经营型以及企业经营型三类，并强调三类新型经营主体在农业生产实践中地位均很重要。汪发元（2014）提出新型农业经营主体包括农业开发公司、农民专业合作社和家庭农场。总的来看，国内主流观点比较一致认同将专业大户、家庭农场、农民专业合作社和农业龙头企业视为新型农业经营主体发展类型，但由于不同类型的新型农业经营主体性质不同，在农业现代化建设中的功能和作用也不同，所以如何选择新型农业经营主体类型与发展路径仍然存在不同观点。

在党的十八届三中全会通过的《中共中央关于全面深化改革若干重大问题的决定》中，新型农业经营主体包括：专业大户、家庭农场、农民专业合作社以及农业企业。

（一）新型农业经营主体支撑现代农业经营体系

1. 专业大户。专业大户是指在农业生产经营过程中，在分工的基础上从传统农户中分离出来的具有一定经营规模、围绕某一种农产品从事专业化生产的农户。专业大户和家庭农场性质相似，都由家庭经营演化而来，保持了双层经营、户营为主的特点，但绝大多数都只是单纯地扩大了生产规模，而集约化经营水平并不高，甚至带有粗放式色彩。正因如此，其经营方式和现代农业的标准还有很大背离。

专业大户是新型农业经营体系不可忽视的重要力量，对传统农业转型发展具有加速和催化作用。其主要在某一特定领域实行专业化、商品化生产，积极响应国家土地流转工作实行规模经营，对农村的散户“小农”起到了示范带头作用，地位不可小觑。

2. 家庭农场。家庭农场是指以家庭成员为主要劳动力，从事农业规模化、集约化、商品化生产经营，并以农业收入为家庭主要收入来源的新型农业经营主体。2008 年党的十七届三中全会报告第一次将家庭农场作为农业规模经营主体之一提出。随后，2013年中央一号文件再次提到家庭农场，称鼓励和支持承包土地向专业大户、家庭农场、农民合作社流转。这类主体根基于家庭经营，依靠土地流转工作的推进，发展势头迅猛。家庭农场具有四大特点：一是自主性较高，本质上坚持家庭联产承包责任制，不同于工商资本农场的雇佣行为，具有较高的自主性和灵活性。二是规模经营，即必须达到适当规模才能称之为家庭农场，利用规模经济节约生产成本。三是市场适应性强，与传统"小农"相比，竞争优势明显，能够有效承担并应对来自国内外的市场风险。四是要进行工商注册，家庭农场实质上属于农业企业，和一般的承包大户、专业户等不同，需要进行登记注册加以规范，以便之后的政府管理和政策支持。

家庭农场在保有家庭经营产权激励的基础上，通过扩大生产规模、运用现代化科学技术，实现了农村土地资源的优化配置，提高了劳动生产率和土地利用率，保障了产业链中最基础的资源供应，是现代农业生产的基本主体和骨干力量。

3. 农民专业合作社。农民专业合作社是在农村家庭承包经营基础上，同类农产品的生产经营者或者同类农业生产经营服务的提供者、利用者，是自愿联合、民主管理的互助性经济组织，并为其服务对象提供农业生产资料的购买，农产品的销售、加工、运输、贮藏以及与农业生产经营有关的技术、信息等服务。

农民专业合作社是农民团结致富意识的集中体现，在提供产前、产中以及产后服务中扮演着重要的角色，是农民利益诉求的最终结果，释放了农民主动性与积极性，具体表现为农民依法自愿加入或退出，合作社成员地位平等，决策时按照"一人一票"制，在实现规模经济的前提下，从根本上保障了农民的根本利益。除此之外，合作社还是农民有效对接市场的基本途径，提升了农民的市场谈判能力；将单个农民生产中的"不可能"化为"可能"，化解了小农户与大市场之间的矛盾。

4. 农业龙头企业。在联合国粮农组织的研究报告中，农业企业被认为是农产品价值链的非农联系环节。农业龙头企业通过订单合同、合作等方式与农民建立稳定长效的利益联结机制，实现产供销、贸工农一体化，并融入现代生产要素，形成完整的产业链。其优势主要有两点：一是生产专业化、标准化、现代化，龙头企业凭其现代化的生产技术、相对雄厚的资金实力、先进的管理理念以及规范的企业制度环境，将本土农业与国内外市场需求有效对接；二是其主要负责从事生产加工和销售，承接了整个产业链中最重要的附加值生产部分，实现了向现代农业转型，在承担巨大市场风险的同时也攫取了最大利润。

农业龙头企业是构建新型农业经营体系的重要环节，肩负着推动农民适应市场、提高农业整体效益等领军带头作用。龙头企业聚集了众多现代化生产要素与资源，以产品深加工为目标，以拓宽市场为途径，以品牌号召为依托，大大超越了传统农业生产领域的范畴。更重要的是，其通过构建稳定有效的利益联结机制，推动了农业生产的融合一体化，为农业创造了广阔的利润空间。

（二）新型农业经营主体可有效带动贫困农户脱贫

1. 金融支持贫困农户受制于其个人条件。改革开放以来，随着我国扶贫开发工作的大规模开展，全国扶贫工作都取得了很大进展。尤其是“十二五”期间，许多地区贫困人口大规模减少，贫困发生率大幅度降低。与此同时，扶贫工作也进入了“贫困程度深、致贫原因杂”的攻坚阶段。当前农户致贫的原因主要是患病、上学、缺资金、缺劳力、缺技术等。其中因病、因残、因祸、因灾致贫的农户可通过社会保障在较大程度上予以解决，但缺资金、缺技术、缺土地和自身发展能力不足的贫困农户则需要通过帮助其改善或创造生产经营条件、提高劳动素养并鼓励其依靠自身努力来脱贫。金融作为一种市场手段，直接支持生产条件、劳动技能、知识、文化均较弱的贫困农户，虽然能够缓解其资金短缺的问题，但仅靠其个人、单户的生产方式短期内难以较好地形成稳定的、规模化的脱贫效应，还有可能形成银行的坏账风险，需要更多地考虑间接发挥金融对贫困农户的支持作用。

2. 新型农业经营主体可有效批量带动贫困户脱贫。党的十八大以来，我国现代农业经营体系建设取得较大进展。根据原农业部数据，截至 2015 年底，全国经营面积 50 亩以上的专业大户已超过 318 万户，家庭农场超过 87 万家，依法登记的农民专业合作社 188.8 万家，各级农业产业化龙头企业达到 13 万家，新型农业经营主体逐渐成为推动现代农业发展的主力军。

新型农业经营主体或自农户发展而来，或由农户组成，或与农户长期保持紧密合作关系，具有与贫困农户的天然联系。相比规模小、自给半自给的贫困农户，新型农业经营主体的经营管理水平、劳动生产率、商品化程度、机械化程度均处于更高水平，具备就地吸收贫困农户就业或带动贫困农户开展生产经营活动的能力。金融作为扶贫开发的重要手段之一，可通过大力支持新型农业经营主体批量带动贫困农户脱贫。

（三）新型农业经营主体金融服务概况

1. 新型农业经营主体的金融需求分析。

（1）金融需求更加多元化。我国的新型农业经营主体正处于快速发展阶段，不仅带来土地、生产资料的集约化经营，也对农村金融服务产生了新的需求。一是金融服务需求多元化。与传统农户单一的简单化金融需求不同，新型农业经营主体对金融服务方式的要求更加复杂，其金融服务需求贯穿于生产经营周期的各个领域和各个环节，与之相适应的金融产品也必然多元化。二是贷款额度不断扩大。当新型农业经营主体稍具规模后，便会将服务内容延伸到产业加工、后期营销、更新技术、引进新品种、扩建基地等方面。由于新型农业经营主体追求规模效应的特点以及现代农业技术化、产业化的特点，使得每个环节都需要大量的资金投入，使得资金需求量朝着大额化方向转变。三是融资期限多元化。一方面，相对于传统农户主要以短期融资需求为主，新型农业经营主体对大型农机具购置、厂房建设等中长期贷款的需求迅速增长；另一方面，农业生产经营的时令特征也决定了新型农业经营主体在融资需求方面带有明显的季节性特点。四是产业链金融需求扩大化。随着新型农业经营主体的发展，农业产业化链条不断拉长，相应的金融需求也越来越多地出现在农业产业链的各个环节，同时农业生产资料供应、农产品销售等紧密相连的上下游交易关系也为产业链金融产品创新提供了闭环保障和广阔的运作空间。五是金融需求衍生化。新型农业经营主体经营理念和行为方式逐步向现代市场模式靠拢，其金融需求也不断升级，不局限于传统的存贷业务，还在债券、基金、期货、理财管理、金融租赁、投融资顾问等方面有新的需求，对金融服务的普惠性和便捷性要求较高。

（2）融资成本承受能力较弱，风险转移需求增大。对于正处于新兴发展的新型农业经营主体来说，各方面实力都比较薄弱，虽然生产规模扩大了，但投资期限也延长了，农业生产的弱质性和高风险性依旧存在。所以，新型农业经营主体购买农业保险的需求增大，也愿意利用农产品期货市场进行套期保值。

（3）对基本的金融服务与金融设施需求增大。过去传统农户的金融需求主要为存款、贷款业务，如今新型农业经营主体服务需求类别更加广泛。一方面，支付结算服务需求强烈，如 ATM 机、网上支付、移动支付等。但是由于新型农业经营主体大都处于农村地区，有些还在偏远山区，交通闭塞，信息不畅，金融机构网点很少，ATM 机、POS 机等设备极为有限。另一方面，新型农业经营主体对金融知识宣传服务也有很大需求。我国农民的文化素质普遍不高，掌握的金融知识有限，需要金融从业人员亲自教学，所以金融机构把金融知识宣传活动送到农村显得尤为重要。

2. 新型农业经营主体的金融供给分析。

（1）银行是主要的金融供给主体。为新型农业经营主体融资提供支持的主要是银行类金融机构，银行类金融机构包括政策性银行、商业性银行、合作性银行和新型农村金融机构。政策性银行指的是中国农业发展银行，贯彻落实国家粮、棉、油购销政策，支持农村基础设施建设。商业性银行指农行、邮储行与其他商业银行，邮储是农村覆盖面最大的商业银行，有近 60% 的储蓄网点。合作性银行指农信社、农村合作银行和农村商业银行，其中农信社是为我国农村和农业经济提供金融服务的主力军，其分支机构分布所有乡镇，为农民提供的信贷额最大。据央行数据，截至 2017 年第三季度末，全部金融机构本外币农村贷款余额 21.6 万亿元，除了贷款金额增大外，还专门设立了许多专门针对农村的金融产品。例如，海南省为有效缓解农民专业合作社融资难问题，设立了“惠农贷”担保基金项目。

（2）其他金融机构。一是保险机构。农业保险是分散农业风险最主要的风险管理办法，可以稳定农业发展并保护农民利益，为农户和农企分担并弥补了一定的风险损失。随着 2012 年《农业保险条例》的颁布，农业保险在法律基础上实现了跨越式发展。首先，农业保险虽然以中央财政补贴的农险品种为主，但正在逐步覆盖农房、农机具、设施农业和制种保险等；其次，农业保险的风险保障能力和风险覆盖面都有所提高。二是农产品期货市场。作为一种重要的避险工具，为新型农业经营主体提供套期保值和价格发现功能。农户和农企一般通过“农户 + 企业”或“农户 + 合作经济组织 + 企业”模式进行间接参与，但总体来说我国农民参与农产品期货市场交易很少。三是融资性担保机构。在我国，农村担保类金融机构有三种，分为政策性担保机构、商业性担保机构和互助性担保机构。三类机构各有优势，服务对象上虽有所不同，但可以在业务上相互弥补，已成为中小企业和农户的重要融资平台。

（3）融资创新品种。新型农业经营主体的融资渠道以银行为主，其中又以农村信用社、农村合作银行和农村商业银行为主要力量。各新型农业经营主体还专门设立了许多专门针对农村的金融产品。例如，海南省为有效缓解农民专业合作社融资难问题，设立了“惠农贷”担保基金项目，云南省龙陵县推出的“四权”抵押融资模式等。创新推出的融资贷款产品为融资主体提供了很多方便，有针对性地解决了部分农户和农企融资难的问题。但总体来看，由于现阶段客观上受制于农村较为落后的金融环境，新型农业经营主体对银行贷款等间接融资手段的依赖性依然较大，股票、债券等直接融资方式非常少。

3. 新型农业经营主体金融服务特点。党的十八大报告明确，要发展多种形式规模经营，构建集约化、专业化、组织化、社会化相结合的新型农业经营体系。十八届三中全会也提出，要坚持家庭经营在农业中的基础性地位，推进家庭经营、集体经营、合作经营、企业经营等共同发展的农业经营方式创新。除家庭经营外，其他三类都是由四类新型农业经营主体来完成的。2017 年 5 月，中办、国办印发《关于加快构建政策体系培育新型农业经营主体的意见》提出，“在坚持家庭承包经营基础上，培育从事农业生产和服务的新型农业经营主体是关系我国农业现代化的重大战略”，并第一次明确了支持新型农业经营主体发展的政策框架。我国现代农业经营体系建设取得较快进展。

一是初步形成了双层金融机构体系。我国部分地区农村基本形成了双层金融结构：农发行、农行、邮储行等机构主要服务大中型农业产业化龙头企业，农商行（农信社、农合行）和村镇行主要服务一般规模农业产业化龙头企业、农民专业合作社、家庭农场和专业大户。

二是金融产品有所创新。在抵质押物权创新方面，广东省、四川省宜宾市和云南省沧源县等地金融机构推出了成熟的“林权”抵押融资产品；浙江省衢州市衢江区农信联社积极探索推出钢架大棚质押和涉农财政补助期权质押贷款产品。海南省和四川省农信社依托“农业产业化龙头企业 + 农民专业合作社 + 农户”模式，开发了由农民专业合作社、农业产业化龙头企业等产业链成员出资成立担保基金的担保贷款产品。无抵押无担保小额信用贷款方面，四川南充美兴小贷公司依托现场调查技术发放专业大户贷款；浙江衢江农信联社、广西田东农商行依托农村信用体系建设推出家庭农场、农民专业合作社贷款；浙江网商银行向农村淘宝合伙人、农户提供互联网小额信用贷款。

三是部分地区对公共服务体系进行了有益探索。为促进无抵押、无担保信用贷款服务新型农业经营主体，浙江省、广西田东县政府积极贯彻国务院印发的《社会信用体系建设规划（2014～2020年）》，在原有农户信用体系的基础上，将新型农业经营主体纳入征信范围。为促进农村产权抵押贷款落地实施，广州、杭州、成都、南昌、昆明和田东等地都建立了农村产权交易中心或农村综合产权交易所，为农村产权以合理价格及时变现提供了平台，为金融机构发放产权抵押贷款解除了后顾之忧。

四是财政支持力度持续加大。为进一步激发金融机构支持新型农业经营主体的积极性，浙江、广东和云南等地方财政通过建立风险补偿基金与金融机构共担风险，提高金融机构的风险承受能力。降低金融机构服务新型农业经营主体的坏账损失，针对农业保险的赔付率较高、农民保费负担过重的问题，广西壮族自治区政府、河北省政府先后在2013年、2014年制定了农业保险保费补贴方案。一方面给予农民一定比例的保费补贴，提高农户参保积极性，缓解农业保险的供需矛盾；另一方面，建立针对保险公司理赔的政府分担机制，促进保险公司农业保险业务的商业可持续发展。

二、金融支持新型农业经营主体的机构体系和技术产品创新

（一）支持新型农业经营主体的金融机构体系

1. 开发性、政策性金融机构。国家开发银行借鉴国外经验，于2005年创造了“批发银行＋零售机构”模式，引入不需抵押担保的现场调查方法，以地方中小商业银行为依托，按照商业可持续原则，采用可大规模复制推广的“批发银行＋零售机构”的组织模式，开展基于个人信用的微小贷款，最先在包头、台州和九江开展了制度型微贷试点，坚持市场化定价，为农业企业和农户等提供高效、可推广的批量贷款模式。国家开发银行、农业发展银行均已设立扶贫金融事业部，在办理特色产业扶贫贷款，支持贫困地区特色种养业、传统手工业、休闲农业、农村电商等特色产业发展和特色农业基地、现代农业示范区、农业产业园区建设等方面发挥优势，通过支持新型农业经营主体带动脱贫攻坚。

2. 商业性金融机构。

（1）中国农业银行。2007年的金融工作会议确定农行要“面向三农”，在此基础上，农行重新开始了面向“三农”的金融服务试点工作。到2008年8月，金融服务试点已经扩大到半数以上的县支行，农行总行设立了“三农”金融事业部，“三农”金融事业部制改革全面展开。2009年，银监会下发《中国农业银行“三农”金融事业部制改革与监管指引》，其设计的“三农”金融部是以县域为维度设

立的事业部，即县域内的全部金融业务均是“三农”事业部的经营管理范围。2010年，农行提出要把县域市场转化为新的利润增长点，开发了小水电贷款、建筑业贷款、旅游开发建设贷款、林权和农地经营权抵押贷款和中小企业特色农产品抵押贷款等一系列新产品。

（2）邮政储蓄银行。2006年，邮储银行与德国技术合作公司、法兰克福财经管理大学联合开发小额贷款业务。在农村主要有农户和商户两种产品，农户小额贷款又分为农户联保小额贷款和农户保证小额贷款：联保贷款需3～5户农户组成联保小组，贷款额度1000～50000元；保证贷款需要有固定职业或稳定收入的担保人担保。商户小额贷款也分为商户联保贷款和商户保证贷款两类。联保贷款需3位个体工商户、小企业组成联保小组，贷款额度为1000～100000元，保证贷款类同农户保证贷款额度相同，为1000～10000元。所有贷款期限为1～12个月，贷款利率在15%左右。邮储规定小额贷款逾期率不超过3%，而实际仅有1%左右。2007年6月22日，在河南省新乡市长垣县试点开办小额信贷业务。

（3）农信社（农商行、农合行）。农信社（农商行、农合行）是农村金融主力军，服务区域主要集中在农村，其资金来源主要是农村各类经济主体和农户。中国人民银行于2001年下发了《农村信用合作社农户小额信用贷款管理指导意见》，农户小额信贷在全国农村信用社系统迅速推广，取得了良好效果。2007年，贷款的覆盖面达到8000万户，占到2.4亿农户的33%，占当时有贷款需求农户的1/3，在一定程度上缓解了广大农民的贷款难问题。近年来，为适应新型农业经营主体的出现，以及农业产业化、产业集群化和农村城镇化对金融多元需求的趋势，各地农信社逐步放宽小额贷款额度，扩展放宽范围，调整还款期限，提升风险管控模式。

3. 农村小微金融机构。

（1）村镇银行。2007年1月，银监会印发《村镇银行管理暂行规定》，3月1日，我国第一家村镇银行——四川仪陇惠民村镇银行正式成立。《村镇银行管理暂行规定》指出，村镇银行对同一借款人的贷款余额不得超过资本净额的5%，对单一集团企业客户的授信余额不得超过资本净额的10%，从单笔贷款的规模上限定了贷款范围，初衷是鼓励和督促村镇银行多给农户发放小额贷款。一些村镇银行注册资本金仅为几百万元，基本排除了农村小微企业信贷需求，服务对象由以农户为主到农户与农村小企业兼顾。2010年4月20日，银监会发出《关于加快发展新型农村金融机构有关事宜的通知》（银监发〔2010〕27号），将村镇银行对同一借款人的贷款余额由不得超过资本净额的5%调整为10%，对单一集团企业客户的授信余额由不得超过资本净额的10%调整为15%。不同村镇银行设定的贷款最高限额不同，很多村镇银行的注册资本可达到1亿～2亿元，能为部分中型企业提供贷款。村镇银行的服务对象以农村小微企业为主，兼顾中型企业和农户。我国政策性银行、国有商业银行、股份制商业银行、城市商业银行、农信社和外资银行均发起成立了村镇银行。2011年7月25日，银监会下发《中国银监会关于调整村镇银行组建核准有关事项的通知》（银监发〔2011〕81 号）规定，村镇银行组建的核准，由银监会确定主发起行及设立数量和地点，由地方银监局具体监管准入方式。

（2）小额贷款公司。2004 年中央一号文件指出，要鼓励兴办直接为“三农”服务的多种所有制的金融组织。2005 年中央一号文件继续明确，“可以探索建立更加贴近农民和农村需要、由自然人或企业发起的小额信贷组织”。同年 10 月，央行在山西平遥县、内蒙古鄂尔多斯东胜区、陕西户县、四川广安市中区和贵州江口县 5 个试点县区，按照“投资者自愿、地方政府自愿”的原则成立了 7 家小额贷款公司，开展“只贷不存”的商业化小额贷款公司试点，由央行再贷款承担风险处置责任。每个试点县区均成立由地方政府牵头的“试点协调小组”，具体协调指导小额贷款组织试点工作。这 7 家小额贷款公司实行市场化经营和商业可持续发展。最早的山西晋源泰小额贷款公司和日升隆小额贷款公司于 2005 年 12 月 27 日正式开业。

2006 年中央一号文件再次明确强调，要“大力培育由自然人、企业法人和社团法人发起的小额信贷组织”。2007 年中央一号文件明确要求，“大力发展农村小额贷款”。2008 年人民银行和银监会联合下发了《中国人民银行关于小额贷款公司试点的指导意见》（银监发〔2008〕23 号）。意见明确：第一，小额贷款公司“只贷不存”；第二，小额信贷利率放开，但不能超过法定利率的 4 倍；第三，小额贷款业务主要服务“三农”，“三农”贷款比例不得低于 70%，单户融资最多不超过 10 万元，5 万元以下农户贷款比例不得低于 75%；第四，原则上不能跨区域开展业务；第五，试点成立方式为工商登记注册、央行审批。目前，除江苏省外，当前多数省份的多数小额贷款公司没有执行“‘三农’贷款比例不低于 70%、单户金额最多不超 10 万、5 万以下农户贷款比例不低于 75%”的指导意见，尽管如此，商业性小额信贷公司有效增加了农村资金供给，一定程度上改善了新型农业经营组织的融资状况。

（3）农村资金互助社。农村资金互助社是经银监机构批准，由乡（镇）、行政村农民和农村小企业自愿入股组成的，为社员提供存款、贷款、结算等业务的社区互助性银行业金融机构。互助社被明确列入银监系统的监管范围，由于监管力量严重不足、监管要求高，为安全计，只能严格控制互助社的数量，银监部门只批准成立了 50 家互助社，但到 2011 年底，全国自发成立的农村资金互助社组织有上万家。

4. 民间金融。早期民间金融的形式有合会、民间借贷、私人钱庄和民间集资等，后两项因存在巨大风险和恶意欺诈被界定为非法，民间金融的多种形式也反映出农村正规金融的匮乏。根据国家统计局农调队数据，2000～2003 年，农民每人每年从银行和信用社借入资金 65 元，而通过民间借贷则借入 190 元，比例仅稍高于 1:4。另据原农业部农村固定观察点 2 万多户农户资料分析，在农户年末借款总额中，来自银行等正规金融部门的贷款，1986 年为 47.76%，2000 年仅为 15.52%。从近期来看，《中国农村金融发展报告 2014》数据显示，2013 年农村有借贷需求的家庭比例为 19.6%，高于城市 17.2% 的比例，但农村家庭正规信贷的可得性却仅为 27.6%，远低于 40.5% 的全国平均水平。2013 年农村民间借贷参与率高达 43.8%。

从民间借贷来源看，大量的民间资金来自于亲属，仅有0.7%的农村家庭会去民间金融组织借款。

（二）服务新型农业经营主体的金融技术和产品创新

1. 以林权为主的“四权”抵押贷款。根据国务院于2015年8月印发的《关于开展农村承包土地的经营权和农民住房财产权抵押贷款试点的指导意见》，农村可抵押的财产权包括农村承包土地的经营权、农民住房财产权、林地承包经营权、集体收益分配权四种。除大型农业产业化经营组织外，其他新型农业经营主体总体上还处于成长阶段，普遍存在因生产经营规模小、固定资产少引致的抵押物缺乏问题。“四权”抵押贷款是解决抵押物缺乏的重要手段之一，其中林权抵押贷款最早实践，当前发展最成熟。2011年以来，云南省龙陵县为满足农业产业化经营组织、专业大户等新型农业经营主体在贷款中遇到的抵押不足问题，创新推出了“林权服务中心+农信社/建行+林企+林农”的林权抵押融资模式。该模式下林权服务中心负责办理林木权属的登记和办理林木林地流转手续，农信社和建行根据林权服务中心提供的权属登记证明给林企提供林权抵押贷款，林企拿到贷款后带动林农扩大种植规模。截至2015年底，全县共办理林权流转835笔、流转面积2181万平方米、流转金额3168万元；办理林权抵押贷款5508.6万元、80笔，笔均69万元，抵押面积1253万平方米；新建立石斛、核桃、油茶等林业合作经济社77个，涉及社员和林业经营面积分别为10031户和91071亩，其中带动全县贫困山区从事石斛枫斗加工约4万人，农户人均可支配收入同比增长15%。

2. 农业设施抵押贷款。为解决专业大户、家庭农场缺乏抵质押物无法顺利获得贷款的问题，一些地区积极针对专业大户和家庭农场的农业设施探索推出了大棚钢架和大型农机具等农业设施抵押贷款产品。衢州市衢江区农信联社与区农业局对接，大胆探索了农业设施和农机具抵押贷款，2012年6月推出了大棚抵押贷款。该贷款由区农业局对农业经营主体的大型农机具及钢架、温室大棚等有形资产进行价格评估，信用社根据价格评估证书，办理贷款手续。截至2016年10月末，衢江联社已累计发放钢架大棚抵押贷款92笔，贷款总额7100万元，贷款余额3200万元，在贷户数为51户，不良率为0。新型农业经营主体的蓬勃发展，惠及贫困农户322户，带动了贫困农户增收381万元。

3. 财政补助期权质押贷款。为进一步推动涉农财政扶持项目的有效实施，解决财政扶持项目实施主体前期资金投入短缺问题，调动项目实施主体的积极性，促进区域内现代农业稳定健康发展。浙江省衢州市农信系统提供了涉农财政补助期权质押贷款。2015年10月，浙江衢江农信联社联合区财政局、农业局推出全省首创涉农财政补助期权质押贷款。已取得财政和涉农主管部门立项扶持备案、拟由政府财政项目资金补助的辖内新型农业经营主体，可凭借区财政、涉农主管部门联合下发的项目建设计划文件，向农信社申请办理额度在项目扶持资金以内的优惠利率贷款，用于财政扶持的农业项目建设，简称“财期贷”。截至 2016 年 10 月末，衢江农信联社向辖区内新型农业经营主体累计发放贷款金额 5180 万元，覆盖 20 户；贷款余额 3080 万元，覆盖 15 户，户均 205 万元；不良率为 0；惠及农户 121 户，其中贫困农户占比 30%，带动农户增收 182 万元，户均 1.5 万元。

4. 财政担保增信。以政府安排的专项资金为新型农业经营主体贷款提供担保，通过政府部门与金融机构通力合作，帮助新型农业经营主体获得用于生产经营的信贷资金。海南省财政厅、农业厅、农信社三方在 2015 年共同设立了海南省农民专业合作社“惠农贷”担保基金项目。“惠农贷”担保基金由省级担保基金、基金成员（即借款人）缴纳的保证金和风险准备金组成。截至 2015 年 10 月，该项目已累计向全省农民专业合作社法人发放担保贷款 1.31 亿元、284 笔，笔均 46.1 万元；向全省农民专业合作社社员发放担保贷款 4.46 亿元、5599 笔，笔均 8 万元；60 家农民专业合作社通过评审成为“惠农贷”首批目标服务客户。

5. 建设新型农业经营主体信用体系。农村信用体系建设是改善农村金融环境，促进农村无抵押、无担保信贷资金投入，推动农村经济健康发展的重要基石。2011 年以来，广西壮族自治区田东县充分利用其建立农村金融综合体系的优势，在完成普通农户评级之后，将全县 182 家农民专业合作社纳入信用评价体系中，包括 AA 级合作社 5 家、A 级 11 家、B 级 166 家。对其中的 64 家“信用农民专业合作社”银行机构，将授信 30 万～100 万元的信用额度。田东农商行和北部湾村镇银行以此信用体系为基础，设计出贷款期限为 3～5 年的信贷产品，以更好地与农业生产周期相匹配。截至 2016 年 9 月末，64 家信用农民专业合作社累计获得银行信用贷款 6215 万元，户均 97 万元。田东农商行已累计向获得授信的 8 户农民专业合作社发放贷款 3085 万元，户均 386 万元。全县农民专业合作社的蓬勃发展带动农户 3.8 万户，入社农户年人均增收比非社员高出 600 元以上。

6. 探索农业产业链金融。

（1）上下游产业链贷款。新型农业经营主体可以通过产业链、价值链将农户组织起来，由金融机构为产业化龙头企业、合作社等提供资金支持，带动产业链上的农户发展生产，降低金融机构放贷成本，防控金融风险。一些地方探索形成了“龙头企业 + 农户”“龙头企业 + 基地 + 农户”“合作社 + 农户”等上下游产业链贷款，帮助农户解决由于一家一户借贷成本高、风险大形成的融资难问题，形成利益共同体。

（2）“电子商务 + 供应链金融”。利用电商平台的大数据资源，基于金融机构对生产经营主体生产经营流程的可预见性，为供应链上下游生产经营主体提供订单质押、应收账款质押、货权质押等贷款产品，满足生产经营主体从原材料采购到农产品销售的端对端的贸易、资金及物流各个环节的金融需求。2016 年 5 月，蚂蚁金服携手国内领先的生鲜电商易果生鲜，由蚂蚁金服主导的网商银行为其所合作的农产品零售企业上下游的养殖大户、农民专业合作社等新型农业经营主体提供订单、应收账款质押贷款产品，新型农业经营主体运用该笔贷款在阿里巴巴旗下的农村淘宝农资平台上购买农产品零售企业所指定的原料、饲料、化肥、农机具等用于生产经营，农产品销售收入首先用于还款，剩余部分返还种植大户和农民专业合作社。覆盖了农产品产、供、销整个生产经营过程中的各个环节，形成了完整的农产品供应链金融体系，通过支持农村特色农产品产业发展带动贫困农户，实现了产业扶贫的目标。

7. 创新农业保险产品。地方特色优势农产品保险品种不断涌现。2016 年共备案地方特色优势农产品保险 821 个。农产品价格保险试点范围扩大，2016 年，试点品种已包括生猪、蔬菜、粮食作物、特色农产品等四大类 50 余个品牌，对农产品保险由分担自然风险转向市场风险。一些保险企业开始探索价格保险的升级版——收入保险，如中华财队在新疆建设兵团试点棉花收入保险，以棉花的减产和价格波动作为保险责任，2016 年为 50 余户棉农的 1500 亩棉花提供风险保障 315 万元。

8. 发展涉农直接融资。

（1）股票市场。目前，国外农林牧渔企业市盈率约为 7 倍，而我国农业企业市盈率长期高于 20 倍（顾雨佳，2014）。大型农业产业化经营组织通过市场实现直接融资前景良好。据央行发布的《中国农村金融服务报告 2016》，2015 年、2016 年，共有仙坛股份、众兴菌业、雪榕生物、宏辉果蔬等 4 家农业企业实现 IPO，融资 16.35 亿元；有金字火腿、新五丰等 33 家农业企业完成再融资，融资 331.38 亿元。到 2016 年 12 月 31 日，新三板挂牌的涉农企业累计 386 家。

（2）区域性股权交易中心。区域股权交易中心是为区域内经营状况良好的中小型企业提供资金合理流动、资源优化配置的市场化平台，是区域资本市场建设的创新之举。借助于区域性产权交易中心，可为具有一定规模的农业产业化经营组织开辟新的融资渠道。河北省阜平县与石家庄股权交易所进行战略合作，引导农业产业化经营组织到区域股权交易市场进行直接融资。企业在石家庄股权交易所挂牌上市，可以得到河北省和所在市各 30 万元的奖励，企业扣除中介机构辅导和石交所挂牌所需费用后还有剩余。2016 年 6 月，石家庄股权交易所和省建行合作推出了无抵押、无担保的专项信用贷款产品“上市贷”，在石家庄股权交易所挂牌的农业企业最高可获得 300 万元的信用贷款。截至 2016 年 11 月，阜平县已有春利农牧业开发有限公司、亿林枣业股份有限公司、阜彩蔬菜种植股份有限公司 3 家农业产业化经营组织在石家庄股权交易所挂牌上市，3 家企业上市后获得农行、农信社等金融机构提供的担保贷款分别为 1800 万元、500 万元、400 万元。

（3）期货市场。我国已上市农产品期货品种 21 个，涵盖粮、棉、油、糖、林木、禽蛋等主要大宗农产品，在谷物、油脂油料等领域形成了较为完整的品种序列，还将推进豆粕、白糖期权、棉纱期货的上市准备工作。期货经营机构为涉农企业提供了合作套保、仓单质押、仓单回购等专业化服务，通过场外期权、基差贸易等经营模式创新，为涉农企业提供个性化的风险管理服务。

（4）债券市场。2016年，涉农企业发行债券48只，融资344.1亿元，发行涉农资产支持证券2只，融资7亿元。截至2016年末，累计有396家从事农林牧渔、农产品加工的农业企业发行1101只、10929亿元债务融资工具。

三、存在的主要问题

（一）金融机构逐利性强、服务浅

1. 不同地区农商行、农信社和农合行服务情况差别巨大。农商行、农信社和农合行长期与农民保持了紧密联系，目前其基层网点已遍布乡镇，成为服务新型农业经营主体的主要金融机构。但在运营过程中，为快速降低单位交易成本、实现更高利润，大部分农商行、农信社和农合行选择了提高笔均贷款额度和资金调出县域等方式获取利润，本地吸存资金未能有效服务新型农业经营主体。少部分农商行、农信社和农合行则选择了深耕农村市场，通过建立农村信用体系、将国际先进小微贷技术本土化和创新金融产品等方式，逐步降低单位交易成本，较好支持了新型农业经营主体发展。

2. 现有农村资金互助组织综合实力弱。资金互助是中国农村古已有之的金融行为，是未来合作金融探索发展的重点领域。但当前的资金互助组织主要是在农户与农户之间，特别是在贫困农户之间建立的。同时，资金互助组织在资金来源、内部治理和机制设计等方面都存在较大缺陷，难以将新型农业经营主体作为主要服务对象。

3. 村镇银行和小贷公司“使命漂移”。国家给村镇银行和小贷公司的发展定位都是以服务农村为主，现在百姓的总体评价是“村镇银行不村镇”，“小贷公司不小额”。村镇银行当前整体资产质量不佳，对绝大多数难以提供抵押担保的新型农业经营主体放贷谨慎。未获得金融机构身份、登记为工商企业的小贷公司在前几年经济高速增长时，大多热衷于从事类银行业务赚取快钱，经济进入新常态后资产质量急剧下降，约半数经营状况堪忧，除江苏等严格坚持“小贷为农”的个别省份外，总体上难以服务新型农业经营主体，“使命漂移”问题严重。

4. 农行、邮储行服务意愿、能力有限。农行和邮储行是服务新型农业经营主体的重要金融机构。虽然农行县级支行已划归“三农金融事业部”管理，但绝大多数县支行人员有限、乡镇网点很少、逐利性强，吸储意愿强、放贷意愿弱。邮储行虽然在基层约有4万个网点，但一半左右没有放贷能力，人员专业水平总体不高。特别是审贷权限上收到二级分行后，两行基层人员服务新型农业经营主体的积极性、时效性均难以提高。

5. 国开行、农发行扶贫事业部业务有较大开发潜力。国开行、农发行均于2016年成立了扶贫事业部，两行资金实力雄厚，贷款金额大、期限长、利率低。新型农业经营主体总体规模小、资金少、用款急、周期短，除极少数大型农业产业化龙头企业外，很少直接成为国开行和农发行的服务对象，而主要以接受农商行、农信社、农合行和村镇银行等农村金融机构服务为主。国开行、农发行向以上农村金融机构提供成规模的批发供资服务，进而间接服务新型农业经营主体业务有较大开发潜力。

（二）金融技术创新速度慢、范围小

1. 抵质押技术创新速度慢、范围小。一是农村土地承包经营权和农民住房财产权抵押贷款受试点范围、相关权证颁发和农村产权交易中心建设滞后的影响，进展缓慢。二是质押技术普及率低。新型农业经营主体的暖棚钢材、大型农机、应收账款、知识产权和仓单等本应均可质押，但多数金融机构因评估、监督和风控能力有限，无心承接此类业务。

2. “无押、无保、无表”信贷技术推广范围有限。四类新型农业经营主体中的种植大户、家庭农场和绝大多数农民专业合作社，总体上处于幼稚成长期，虽然数量增长快，但规模小、资产少，且缺抵押、缺担保、无财表，贷款需求上额度小、用款急，融资需求以笔均数十万元的信用贷款为多，只有个别省份金融机构探索了信用贷款技术，受益面很窄。

（三）信用体系和担保体系不健全

1. 信用体系建设覆盖面窄、效用发挥受限。一是新型农业经营主体信用体系覆盖面较低。新型农业经营主体的金融服务仍处于探索阶段，针对它们的信用评级工作相对不足。少部分地区对新型农业经营主体进行了信用评级。二是信用信息独占性强、兼容性低。由于各金融机构之间的信息和数据相互屏蔽，既不公开也不流动，大量有价值的信息无法共享，导致信息资源浪费严重。部分省区现行的信用体系建设主要由农信系统或邮储行承担，独占性强、共享性差。同时，其他金融机构对信用评级的认同性低，导致信用体系兼容性不足。高独占性和低兼容性导致信用体系效力发挥不够。

2. 政策性担保体系缺失。规模较大的新型农业经营主体，都与县农业、财政等部门保持了紧密联系，并在县农商行（农信社、农合行）、农行县支行或邮储行县支行开立了资金账户。尽管它们难以提供抵押和担保，但其资产和经营状况透明度高，适合政策性融资担保机构发挥作用。但目前以财政出资为主、以新型农业经营主体为主要服务对象的政策性融资担保机构和再担保机构不足，已经建立政策性担保机构的地区大多也没有明确专项资金支持新型农业经营主体。国家农业信贷担保联盟有限责任公司于2016年5月份成立，其市县分支机构的服务效果仍待观察。

（四）政府政策的科学性、精准性和差异性不足

1. 县域金融机构增值税简征政策引导性不足。《财政部、国家税务总局关于进一步明确全面推开营改增试点金融业有关政策的通知》（财税〔2016〕46号）对县

域金融机构“提供金融服务收入可适用简易计税方法按照3%的征收率计算缴纳增值”的规定，未能明确引导这些金融机构服务向贫困农户、普通农户、新型农业经营主体和农村小微企业下沉。

2. 坏账损失分担机制缺乏科学性。受地方财力限制，很多县级政府未建立新型农业经营主体贷款坏账分担机制，难以有效激发金融机构的积极性。即使在初步形成分担机制的地区，也面临着坏账分担未体现金融支持不同种类新型农业经营主体的成本和风险差异、未考虑新型农业经营主体的贫困农户带动情况或未能调动银行收贷积极性等问题。

3. 贴息政策应用多、不精准。很多地方财政部门都出台了贫困农户和普通农户贷款贴息政策，并将此政策应用于新型农业经营主体贷款，扰乱了市场机制，越发不利于金融扶贫长效机制形成。从操作上看，新型农业经营主体的贷款贴息大多未与其带动或吸纳的贫困农户情况挂钩，对扶贫脱贫的贡献不大。

四、建立新型农业经营主体金融支持体系的建议

（一）建立多层次农村金融机构体系

1. 约束与鼓励并重，引导农商行（农信社、农合行）服务覆盖新型农业经营主体。在明确农商行（农信社、农合行）为发展农村普惠金融体系、支持现代农业第一主力的基础上，严控存贷比，要求其在贫困农户、普通农户和新型农业经营主体有效融资需求得到满足之前，吸存资金不得调出本县。同时，要根据农信社自身意愿和经营状况决定其是否转为农商行，停止部门利益驱使的要求农信社在规定时间必须转为农商行的做法，防止农信系统脱离扶贫、支农主责。

此外，积极推广贵州省、浙江省衢州市和广西壮族自治区田东县等地农信系统创新抵质押技术和发展农村信用体系降低成本风险的典型经验，引导全国农信系统健康、快速打开四类新型农业经营主体信贷服务的“蓝海”市场。

2. 加快探索基于农民专业合作社联合社的农村资金互助合作升级版。建立农民专业合作社联合社，实现生产、供销和信用合作三位一体，是新时期农民专业合作社参与全产业链经营和自我提供社会化服务的重要探索。在信用合作中，农合联可将农信机构纳为会员，允许有条件的成员合作社组建农民资金互助会，并与农信机构建立战略合作关系，农民资金互助会及农合联负责业务决策、账目管理，农信机构提供开户结算、资金托管等服务。同时，农信机构建立农合联成员合作社信用体系，为农合联成员合作社提供授信服务。

3. 学习江苏经验，推动村镇银行和小贷公司回归农村。2007年，江苏省就明确规定，小贷组织贷款支持“三农”的比例不得低于80%。经过10年实践，已基本探索出了一条政府组织引导、民资踊跃参与、市场接纳认可的政策可持续和商业可持续相统一的小额信贷“江苏模式”，实现了“引导工业资金支农、引导城市资金

下乡、引导企业家履行社会责任”的效果。支农是小贷公司设立的初衷，也是村镇银行设立的初心。这就需要以“江苏模式”为榜样，明确改革到位截止日期，有计划、有步骤地强化已有村镇银行和小贷公司支农责任，并做到新设的两类机构支农责任一步到位。

4. 鼓励大型金融机构发挥特长支持新型农业经营主体。作为有多年辅导小型商业银行发放无押、无保小额信用贷款经验的开发性金融机构，国开行可继续为农商行（农信社、农合行）、村镇银行和小贷公司在信贷技术引进与改造、信贷产品开发、风险控制、人员培训、IT系统建设和批发供应资金等领域提供服务。农发行、农行和邮储行也可向农商行（农信社、农合行）、村镇银行和小贷公司提供批发供资服务，同时鼓励农发行为省级以上农业产业化龙头企业提供金融支持，鼓励农行、邮储行适当下放审贷权限，为上规模的种植大户、家庭农场和农民专业合作社提供金融支持。

5. 发展互联网金融为新型农业经营主体服务。互联网金融可依托四类新型农业经营主体的线上交易数据，利用大数据和云计算技术实现部分风险控制，利用大数据技术对新型农业经营主体进行信用评级，实现线上发放快速、小额信用贷款，并考虑同时与较为成熟的线下渠道相结合，实现线上、线下相结合的互联网金融服务新型农业经营主体模式。

（二）丰富多样化金融技术产品体系

1. 加快推进农权抵押贷款。一是在林地资源丰富的云南等省区，鼓励金融机构利用“林权”抵押试点优势，创新推广适合新型农业经营主体的林权抵押贷款产品。二是在农村产权交易中心发展较为成熟的农村承包土地经营权和农民住房财产权抵押试点地区，鼓励各类金融机构对新型农业经营主体开展产权抵押贷款。

2. 推广农业设施抵押和财政补助期权质押经验。为缓解新型农业经营主体传统抵质押物不足和不符合金融机构要求的情况，可在充分论证、实践的基础上，推广已有的农业设施抵押和财政补助期权质押贷款经验。

3. 为小弱新型农业经营主体提供免押、免保、免表的个人信用贷款。对无法提供符合金融机构要求的抵质押、担保物和完善的财务报表信息的新型农业经营主体，可在建立农村信用体系的基础上，为专业大户户主、家庭农场主和农民专业合作社负责人提供个人信用贷款。

4. 继续探索互联网金融线上、线下结合的放贷技术。互联网金融线上、线下相结合模式，是将线下信贷员天然的熟人圈信息优势与互联网大数据线上风控模型相结合，实现无押、无保纯信用贷款的发放。这一技术在服务新型农业经营主体方面有较大市场空间，值得继续探索、发展。

（三）建设农村信用和政策性担保体系

农村信用体系和担保体系，是在抵质押相对短缺情况下新型农业经营主体融资的两大公共服务支撑。其中，担保体系主要服务于那些规模较大、管理较规范的新型农业经营主体，农村信用体系重点服务于那些无抵押、无担保、无财务报表的小规模新型农业经营主体。

1. 分类分层建立奖惩挂钩、更新全面的农村信用体系。

一是在对新型农业经营主体分类、分层基础上，建设差异化信用体系。四类新型农业经营主体可以分为三类：专业大户和家庭农场属于农户类；农民专业合作社属于人合组织；农业产业化龙头企业属于中小企业。建议加快建立由地方政府负责、金融办牵头、人民银行指导、各部门参与配合的新型农业经营主体信用体系，建设联合工作机制，着力建设分类、分层的信用体系：首先是参照浙江江山和广西田东等地对普通农户评级的成熟经验，重点抓紧落实专业大户和家庭农场信用评级工作；其次对农民专业合作社，可同时采集合作社的资产情况、经营状况、征信记录及其法人代表的资产情况和个人征信记录评定；最后是对农业产业化龙头企业，可主要采集其法人代表个人资产情况、征信记录评定。

二是贷款要素与信用等级联动挂钩，激励守信行为。建立新型农业经营主体贷款额度、利率和期限与信用等级相挂钩的机制，信用等级越高，贷款额度越高、利率越低、期限越长。对有失信行为的主体，根据失信程度高低采取警示、降级、吊销、停止发放贷款、列入“信用黑名单”、撤销“信用户”等惩罚措施，若其在一定期限内主动实施整改、纠正失信行为，可恢复其信用。以联动挂钩机制，激励新型农业经营主体加强内部管理、完善财务制度、强化守信意识。

三是强化新型农业经营主体信用信息更新机制。整合现有的人行征信和工商信息两大平台数据，建立政府主导、征信统一的金融网络资讯信息服务平台，实现信息的部门间互通共享。可建立“金融机构更新信贷信息、农村产权部门更新农户资产信息、乡镇和村协助金融服务中心更新农户基本信息和社会管理信息、税务部门更新税收信息”的“四位一体”的信用信息更新长效机制，扩大新型农业经营主体信用信息的采集类别，以利交叉查验。

2. 推动建立新型农业经营主体融资性担保服务体系。由缺担保导致的新型农业经营主体融资难是个急需破解的关键问题。在商业性融资担保普遍不景气的情况下，可推动建立政策性兴农助农融资性担保公司体系，并规定为新型农业经营主体安排专项融资担保额度。

一是建立县级政策性农业担保机构和省级农业再担保机构。县级政策性农业担保机构主要为规模较大、信用较好、信息较全的新型农业经营主体提供服务。在省级层面，可通过与县农业担保机构双向参股的方式建立农业再担保机构，为县农业担保机构提供服务。同时，允许金融机构等战略合作者适当参股，但要求非财政资金占农业信贷担保结构资本股份不得超过20%。暂不具备条件的县也要依托市担保机构开展农业信贷业务，力争在3~5年内建立健全县级农业担保网络。

二是根据信用级次掌握担保条件的松紧。融资性担保公司在优先做好风控的基础上，在信用体系评级较完善的地区，可灵活运用信用评级结果，对信用等级高的小规模新型农业经营主体予以担保支持。

（四）完善梯次性财税政策体系

在金融机构已享受的财税优惠政策中，税收减免和风险分担能有效降低其成本和风险，且不影响市场在资源配置中的决定性作用。相比之下，贴息和支农业务增长奖励等奖补政策因对金融机构发展阶段及其业务增长特点的把握粗放、精准度不足，是一种已为世界业内公认的会扰乱市场价格机制的临时性短期政策。此外，当前优惠政策多以金融机构的“涉农”业务为主，难以引导其精准扶持农户（特别是贫困农户）和新型农业经营主体。

因此，在总体支持力度只增不减的前提下，财税政策应以税收减免和风险分担为主，逐步减少奖励、补贴和贴息等难以科学操作，难以形成长效机制的政策。同时，进一步将政策优惠范围明确在农户（特别是贫困农户）和新型农业经营主体金融业务上，不宜继续采用“涉农”“三农”“农村”等宽泛概念。

1. 以简易征收增值税引导县域金融机构服务下沉。《财政部、国家税务总局关于进一步明确全面推开营改增试点金融业有关政策的通知》（财税〔2016〕46 号）中规定，“农村信用社、村镇银行、农村资金互助社、由银行业机构全资发起设立的贷款公司、法人机构在县（县级市、区、旗）及县以下地区的农村合作银行和农村商业银行提供金融服务收入，可以选择适用简易计税方法按照 3% 的征收率计算缴纳增值税”，建议将政策优惠对象限定为“农户、新型农业经营主体贷款和农村小微企业贷款平均余额占全部贷款平均余额的比例高于 70%（含 70%）”的上述金融机构，达不到以上要求的金融机构则适用 6% 的金融业增值税税率。小贷公司参照执行。

2. 建立完善风险补偿机制。由县财政出资建立风险补偿基金，对为新型农业经营主体提供相关金融服务的信贷机构、担保公司、保险公司，给予风险分担补偿，以激励金融机构主动防范金融风险。

3. 实行分层梯次贴息机制。逐步减少财政资金用于新型农业经营主体贷款的贴息额度。依据带动贫困农户脱贫相对数量的不同，采取差异化的分级贴息机制。根据建档立卡贫困人口占农业产业化龙头企业员工数量的比例、建档立卡贫困农户占农民专业合作社社员总数的比例，以及家庭农场、专业大户流转建档立卡贫困农户耕地占流转耕地总面积的比例，梯次确定贴息比例。

4. 增加奖补对象，收缩奖补范围。

一是建议将《普惠金融发展专项资金管理办法》第二章第八条“县域金融机构当年涉农贷款平均余额同比增长超过 13% 的部分，财政部门可按照不超过 2% 的比例给予奖励”中的政策扩展到小贷公司，“涉农贷款”收缩为“农户、新型农业经营主体和农村小微企业贷款”。

二是建议将《普惠金融发展专项资金管理办法》第三章第十二条关于“财政部门可按照不超过其当年贷款平均余额的2%给予补贴”的范围，从新型农村金融机构扩展到农商行（农信社、农合行）和小贷公司；将第（三）点条件“当年涉农贷款和小微企业贷款平均余额占全部贷款平均余额的比例高于70%（含70%）”中的“涉农贷款”更改为“农户、新型农业经营主体贷款和小微企业贷款”；第（二）点条件“年均存贷比高于50%（含50%）”要求的适用对象从村镇银行扩展为农商行、农信社和农合行。

第八章

加大金融对农户的支持力度

农户是我国农业生产的基本单位和重要主体，实现农户经济跨越式发展对我国加快农业现代化建设、深化农业供给侧结构性改革等具有重要的推动作用。但是，当前金融满足率低阻碍了农户的进一步发展壮大。因此，加大金融对农户的支持力度是当前工作的首要任务。本章从农户的发展状况、农户金融供给状况以及金融服务农户发展中存在的问题等方面进行深度剖析，提出了金融服务农户的目标和理念，为解决农户金融需求与金融机构供给不匹配问题提供了方向，建议针对普通农户和贫困农户，建立准公共性农村普惠金融体系。

一、农户经济发展概况

（一）农户经济是实体经济的重要组成部分

1. 农户总体发展情况。农户是中国农村最基本的生产单位，是传统农耕文明的重要载体。以家庭经营为特点的农户生产在我国历史上长盛不衰，未来长时间存在有其合理性。农户生产为中国传统文化的孕育发展提供了深厚土壤，承载着中华民族的乡土情结，凝聚着独特的文化基因和民族特色。在现实经济中，农户生产还具有重要的社会保障功能，发挥着“稳定器”的独特作用。根据农业部统计，截至2016年底，全国共有生产性农户2.6亿户左右，按我国农村家庭平均每户3人计算，涉及农业人口7.8亿人。党的十九大报告指出，建设现代农业，要发展多种形式适度规模经营，培育新型农业经营主体，实现小农户和现代农业发展有机衔接。而农户既是专业大户和家庭农场等新型农业经营主体的培育源泉，也是农民专业合作社中承担生产职能的社员，还是与农业产业化龙头企业结成“公司+农户”“公司+基地+农户”产业链条的重要主体。因此，农户在我国经济社会发展中占据重要地位。

但是，随着工业化和城镇化发展，农户经济面临着土地经营规模小、劳动生产率低、务农收益少等诸多问题，而这些问题的解决直接或间接需要金融支持。同时，农户金融支持度低，会影响农村经济的发展。一是农户资金不足，无法扩大乃至维持生产，制约了专业大户和家庭农场等新型农业经营主体的培育，不利于农户与专业合作社、农业产业化龙头企业的配合，总体上对现代农业经营体系的建立形成掣肘；二是会助长民间高利贷行为，这不仅会加重农户负担，还可能引致非法集资事件，严重时会冲击作为社会稳定器的农村社会，降低农村社会弹性。因此，为如期完成扶贫攻坚任务，加快发展现代农业，维护农村社会稳定，急需加大对农户的金融支持力度。

2. 贫困农户发展情况。让贫困人口和贫困地区同全国一道进入全面小康社会是我们党的庄严承诺，决胜全面建成小康社会，必须尽快补上贫困短板。根据国务院扶贫办数据，党的十八大以来，我国脱贫攻坚战取得决定性进展，6000多万贫困人口稳定脱贫，贫困发生率从10.2%下降到4%以下。随着脱贫攻坚不断推进，深度贫困问题越发凸显，需要深层次剖析贫困原因，对症下药，打赢这场硬仗。

贫困地区主要集中在极端干旱区、山地丘陵区和大石山区，生态环境脆弱、灾害频发、生产条件恶劣，脱贫成本高、难度大。贫困户分布呈“大分散、小集中”状，不仅在深山、边远地区、地方病多发和少数民族聚居区，而且在非贫困甚至富裕地区也大量存在。贫困人口多为综合困难致贫，贫困结构复杂，致贫原因多样，呈现出从绝对贫困到相对贫困、单维贫困到多维贫困的新特点。对不同类型的贫困户应采取不同的扶贫措施：对基本无劳动能力的低保户和五保户应通过低保兜底的方法给予保障；对有一定劳动能力但发展资源有限的贫困农户，应采取低保加开发式扶贫的方式脱贫；对有一定劳动能力和发展资源的贫困农户，应采取开发式扶贫方式。

金融扶贫是开发式扶贫的重要方式，是以市场机制为基础，对有劳动能力、有致富愿望、有融资需求的贫困农户进行金融支持。金融扶贫通过对贫困农户和扶贫项目广泛、大量的资金支持，可激发贫困农户的内生发展动力，将输血式扶贫转变为造血式扶贫，实现稳定脱贫和可持续发展。因此，加大金融对贫困农户的支持力度，是实现全面小康、振兴实体经济的关键。

（二）农户的融资需求分析

改革开放四十年来，农户的经济状况出现了较为明显的分化，从普遍贫困分化为专富农户、普通农户和贫困农户，三个层次的农户在金融需求上存在明显差异，需提供差异化的金融服务。从金融需求角度看，农户融资具有以下特点：一是单笔业务额度小、笔数多、地点分散，成本高；二是信息不对称，审核难度大；三是缺少抵质押物、第三方担保和信用记录；四是农业生产对资金的需求时间急、期限短、频次高。同时，农户所具有的这些特征是由农户个体规模小、数量多、分布散、基础弱且业务灵活等自然属性决定的，长时间内难以改变。而我国现有金融机构是以服务大中型企业和城市居民为目标，以正规财务报表和充分抵押物为基础运作的。金融机构服务的对象，依托的技术手段，提供的产品等与农户的融资需求均不匹配。因此，虽然农户需求影响面广、影响力大，但存在很大的缺口。《中国农村金融发展报告2014》数据显示，2013年农村有借贷需求的家庭比例为19.6%，高于城市17.2%的比例，但农村家庭信贷的可得性却仅为27.6%，远低于40.5%的全国平均水平。据《中国农村金融发展报告2015》，农业部农村经济研究中心2015年进行的抽样调查显示，农户资金需求不断加大：2010年，9.3%（245户）的样本户出现过资金短缺，平均缺口2.65万元；2015年，有6.11%（161户）样本户出现资金缺口，平均资金缺口为5.05万元。

二、农户金融供给状况

（一）服务农户的主要金融机构概况

我国服务于农户的主要金融机构有：国开行、农发行等开发性和政策性金融，农行和邮储银行等大型商业金融，农商行（农信社、农合行）、村镇银行、小贷公司等小微商业金融，村级资金互助社等合作性金融，民间金融和保险机构等。它们根据自身特点，直接或间接、批量、稳定地对应服务于一定层次和类型的农户，初步形成了服务农户的农村金融体系。

1. 开发性和政策性金融机构服务农户情况。国开行、农发行等开发性和政策性金融机构并不是直接服务农户，而是通过支持农村基础设施建设、扶贫搬迁、大学生助学贷款以及与其他金融机构合作等方式提供间接服务。支持农村路、寨、水、房等基础设施建设，可以显著改善农户的生产生活条件；对整村易地搬迁和农户建房进行融资支持，可以彻底改善生态环境恶劣地区贫困农户的生产和生活条件；对贫困家庭子女接受高等教育给予贷款支持，助其完成学业，学成毕业后就业可反哺家庭实现脱贫，有效阻断贫困的代际传递。

国开行发挥开发性金融优势和作用，大力支持脱贫攻坚，帮助千万贫困农户改善了生活状况，走上了脱贫致富的道路。截至2017年8月底，国开行已累计发放精准扶贫贷款4776亿元，资金覆盖824个贫困县，有效缓解了贫困地区资金瓶颈制约：向全国23个省份承诺农村基础设施建设贷款2662亿元，发放848亿元，惠及490个贫困县的35621个建档立卡贫困村，解决了2134万人的安全饮水和19137个建档立卡贫困村的环境整治问题；累计发放助学贷款1108亿元，覆盖了26个省（市、区）、2094个县、2711所高校，使898万经济困难家庭学生圆梦大学，其中支持建档立卡贫困学生超过100万人；与村级互助资金协会合作，发放单笔额度不超过3万元的小额扶贫信用贷款10亿元，支持3.4万建档立卡贫困人口发展特色产业。

农发行着力发挥政策性银行的战略支撑和“补短板”重要作用，持续加大对农村公路建设、农田水利建设、农村人居环境建设等领域的支持力度，农业农村基础设施贷款余额从2012年末的8775亿元增长至2017年9月末的20315亿元，增长1.3倍，年均增幅近20%。截至2017年9月末，农发行累计发放农村交通贷款3536

亿元，支持新建农村道路2.2万千米，改扩建农村道路1.6万千米；累计发放水利建设贷款4463亿元，增加或改善灌溉面积6000万亩，增加蓄水390亿立方米，修缮疏浚河道沟渠3.2万千米，解决了约4000万农民的饮水问题；累计发放人居环境改善贷款1500亿元，新建农民集中住房区6900个，改造农村危房面积8500万平方米，新建或改扩建供排水设施7.5万个、污水处理厂312座、农村输变电线路11万千米。

2. 大型商业银行服务农户情况。中国农业银行从2008年起启动“三农金融事业部”改革，现已扩大至农行的全部县域运行。农业银行围绕精准扶贫和农村产权改革等重点领域，不断探索有效担保方式和服务模式，取得了显著成效。截至2017年3月末，农业银行建档立卡贫困户贷款余额181亿元，支持贫困户38万户；在全国176个县累计发放农村土地经营权抵押贷款28.8亿元，贷款余额12.8亿元，支持土地承包农户1.2万户；在68个县累计发放农民住房财产权抵押贷款18.6亿元，贷款余额7.2亿元，支持农户1.1万余户。

2016年9月，邮储银行成立了三农金融事业部，并在内蒙古、吉林、安徽、河南、广东等5家分行开展改革试点。邮储银行构建了包括近4万个实体网点、15万个助农取款点、10多万台自助设备在内的实体网络，覆盖了中国近99%的县域农村地区，是目前我国网点数量最多、下沉最深、离农户最近的服务网。截至2016年末，邮储银行涉农贷款余额9174亿元，较2015年末增长22.7%，在全行贷款余额中占比达30.5%。

3. 农村中小金融机构服务农户情况。农商行（农信社、农合行）是我国服务农户金融的主力军，《中国农村金融发展报告2015》的大样本调查显示，在获得银行贷款的农户中，85%的农户是从农商行系统获得的贷款。截至2016年末，全国各级农商行（农信社、农合行）农户贷款余额为9197亿元，占农商行（农信社、农合行）全部贷款余额的34.94%。

村镇银行拥有独立法人地位，具备管理半径小、决策路径短、服务效率高等特点，能够有效满足农户多样化、个性化的金融服务需求。自2007年试点设立以来，村镇银行呈现快速发展的态势。截至2016年末，全国已组建村镇银行1519家，覆盖全国31个省份的1213个县市，县市覆盖率达到67%。

农村资金互助社是由乡（镇）、行政村农民和农村小微企业、经济能人等主体自愿入股组成，为社员提供存款、贷款、结算等服务的社区互助性银行业金融机构。截至2016年末，银监会已批准设立农村资金互助社48家。互助社被明确列入银监系统的监管范围，由于监管力量严重不足、监管要求高，为安全计，只能严格控制互助社的数量，虽然银监部门只批准成立了48家互助社，但全国自发成立的农村资金互助社组织有上万家。

4. 小额贷款公司服务农户情况。小额贷款公司是由自然人、企业法人和其他社会组织投资设立、不吸收公众存款、经营小额贷款业务的有限责任公司或股份有限公司。小贷公司坚持“小额、分散”的原则面向小微企业、个体工商户、新型农业经营主体、普通农户和贫困农户发放小额贷款。与银行相比，小额贷款公司业务操作更为便捷、迅速；与民间借贷相比，小额贷款公司更加规范，可以有效支持当地经济健康发展。截至 2016 年末，全国共有小额贷款公司 8673 家，贷款余额 9273 亿元，

5. 保险公司服务农户情况。保险公司为提供多样化的农业保险服务，在保障农户生产风险、降低脱贫农户返贫风险、提供贷款增信等方面具有十分重要的作用。目前我国农业保险发展势头良好，原保监会披露的数据显示，2011 年到 2016 年，我国农业保险业务年均增速达 21.2%，累计为 10.4 亿户次农户提供风险保障 6.5 万亿元，向 1.2 亿户次农户支付赔款 914 亿元。截至 2016 年末，我国参加农业保险的农户已从 2007 年的 4981 万户次，增长到 2 亿户次，增长了 3 倍；承保的农作物从 2.3 亿亩增加到 17 亿亩，覆盖了所有的省份；承保农作物有 190 多种，玉米、水稻、小麦三大口粮作物承保的覆盖率超过 70%；保费收入从 52 亿元增长到 2016 年的 417 亿元。2016 年，农业保险向 4576 万户次的受灾农户赔款 348 亿元，同比增长了 33.9%，特别是在南方特大洪涝灾害中，农业保险支付赔款达 70 亿元。

（二）符合农户融资特点的金融技术及产品创新概况

传统银行放贷采用押房、押地和第三方担保的保证技术，大多数农户因无法满足这些条件而被拒。因此，金融服务农户必须提供符合其融资特点的金融产品。信息不对称是农户金融需求没有得到有效满足的主要原因。部分金融机构通过创新抵质押方式，引进小组联保、现场调查等草根金融技术，运用大数据互联网平台，解决了“无抵押、无担保、无财表”农户的贷款难题。

1. 创新了抵质押方式。一是推出了“两权”抵押贷款产品。传统放贷技术主要是抵押贷款技术，且金融机构能够接受的抵质押品大多仅限于传统的土地和房产。2016 年中央 1 号文件提出，在风险可控前提下，可稳妥有序推进农村土地承包经营权和农民住房财产权抵押贷款试点。这一决定为我国进一步明确保障抵押贷款业务的开展提供了政策支持。“两权”抵押贷款产品，将农户拥有的资源转化为资本，有效解决了农户传统抵押物不足的问题。二是进行了质押技术创新。主要包括暖棚钢材、大型农机具等农业设施，仓单以及易于变现的原材料、成品或半成品等。

2. 引进小组联保和现场调查微贷技术。小组联保贷款技术是以基于地缘、人缘、血缘形成的人际圈子内部的熟人面子为信用核心，将一定数量、有共性的个体组成小组，在无须提供财产抵押的前提下，以小组名义借款，通过小组成员间的相互监督制约，形成连带担保责任和生产互助，实现各自还款。小组联保小额信用贷款技术起源于孟加拉乡村银行，在全球农村贫困地区广泛应用，其核心要素有两方面：一是成员选择，主要是在同一村落或同一生产链、商圈、熟人圈内，具备较大共性的草根经济个体；二是互保互助机制，主要利用熟人圈的平辈压力和互助情怀，

从互保、相约到互助三个层面，促进小组成员间的相互激励、帮助和监督制约，达到发展生产和约束信用的目的。

现场调查个人信用贷款技术是小额信贷机构根据信贷员对客户面对面现场调查所提供的信用状况、现金流状况，对无能力提供财务报表、抵质押物或第三方担保的草根经济体提供笔均数千元到万元的个人信用贷款所采用的调查、评估、放贷技术。现场调查免抵押、免担保、免财表个人信用微贷技术的核心要素有三：一是信贷员现场调查，了解、掌握借款人信息，如借款人个人信用状况、家庭或作坊的生产水平、现金流量等；二是信贷员自编客户财务报表并对其进行个人信用和现金流分析评估；三是依据业绩状况对信贷员实行及时、有效的激励机制。

3. 运用大数据互联网金融技术。基于大数据的互联网金融技术是借助互联网技术、移动通信技术实现资金融通、支付和信息中介等业务的新型融资技术。互联网金融的出现颠覆了传统银行的服务模式，它没有营业网点，没有信贷业务员，所有业务都在网上进行，依靠大数据、云计算，对贷款者进行风险评估，全程由电子计算机决定贷款者的额度，在线审核快速，一般几分钟内即刻到账。互联网金融技术为金融扶贫提供了新方法，不仅提高了放款效率，还降低了贷款成本。

（三）农村信用体系开始逐步建立

部分地区的农商行系统和邮储行，依托网点优势，在当地金融办和人民银行等相关机构的支持下，开始涉足农村信用体系建设。一是探索信用户、信用村、信用乡的评定方法。信用户通过生产经营状况和社会道德品行两方面对农户信用水平进行综合评定；信用村在信用户的基础上结合乡村整体发展状况和精神面貌进行评定；信用乡在信用村的基础上进行综合考察评定。二是将信用户、信用村、信用乡三级信用评价体系与农户贷款的授信额度和贷款利率挂钩，实行上下浮动、动态调整的挂钩机制。三是通过对守信农户进行正向激励，对失信农户进行严厉惩罚，创造良好的农村信用环境。农村信用体系建设较好的地区，农户的金融可得性有了很大提高。

（四）国家渐次出台了许多惠农政策

1. 以奖补、贴息为主的财政政策。为提高金融机构服务农户的积极性，党中央通过财政补贴、财政贴息等手段鼓励金融机构开展涉农尤其是针对贫困农户的相关业务，具体如下：

在财政奖励方面，规定财政部门对县域金融机构当年涉农贷款平均余额同比增长超过13%的部分可按照不超过2%的比例给予奖励（财金〔2016〕85号）。目前实施该政策的地区已达25个省份，政策覆盖面广。

在财政补贴方面，规定财政部门可对满足一定条件的新型农村金融机构给予不超过其当年贷款余额的2%的补贴（财金〔2016〕85号）。

2. 以增值税和所得税为主的税收优惠政策。税收优惠政策主要以减免“涉农业务”部分金融机构（组织）的增值税和所得税为主，具体如下：

（1）增值税优惠政策。

给予服务于农村地区的农信社、村镇银行、农村资金互助社和银行业机构发起的小贷公司等机构以3%的简易计征的征收率缴纳增值税（财税〔2016〕46号）。

自2017年1月1日至2019年12月31日，对经省级金融管理部门（金融办、局等）批准成立的小额贷款公司取得的农户小额贷款［单笔且该农户贷款余额总额在10万元（含本数）以下的贷款］利息收入，免征增值税（财税〔2017〕48号）。

自2017年12月1日至2019年12月31日，对金融机构向农户发放的小额贷款［单户授信小于100万元（含本数）的农户贷款］取得的利息收入，免征增值税（财税〔2017〕77号）。

（2）所得税优惠政策。

自2017年1月1日至2019年12月31日，对金融机构农户小额贷款［单笔且该农户贷款余额总额在10万元（含本数）以下的贷款］的利息收入，在计算应纳税所得额时，按90%计入收入总额（财税〔2017〕44号）。

自2017年1月1日至2019年12月31日，对保险公司为种植业、养殖业提供保险业务取得的保费收入，在计算应纳税所得额时，按90%计入收入总额（财税〔2017〕44号）。

自2017年1月1日至2019年12月31日，对经省级金融管理部门（金融办、局等）批准成立的小额贷款公司取得的农户小额贷款［单笔且该农户贷款余额总额在10万元（含本数）以下的贷款］利息收入，在计算应纳税所得额时，按90%计入收入总额（财税〔2017〕48号）。

自2014年1月1日至2018年12月31日，对金融企业涉农贷款计提的贷款损失专项准备金，准予在计算应纳税所得额时扣除（财税〔2015〕3号）。

自2017年1月1日至2019年12月31日，对经省级金融管理部门（金融办、局等）批准成立的小额贷款公司按年末贷款余额的1%计提的贷款损失准备金准予在企业所得税税前扣除（财税〔2017〕48号）。

税收减免政策的实施减轻了开展农户贷款业务金融机构的税赋负担，在一定程度上保证了服务于普通农户和贫困农户的金融机构可持续发展。

3. 主要的货币优惠政策。一是定向降准政策。为引导优化信贷结构，促进金融机构将信贷资金更多地投向农村地区贷款困难的群体，近年来，人民银行多次实施“定向降准”政策，引导金融机构增加有效信贷投入。为进一步支持金融机构发展普惠金融业务，2017年9月30日，人民银行发布了《中国人民银行决定对普惠金融实施定向降准政策》的通知，指出人民银行决定从2018年起对农户生产经营、建档立卡贫困人口、助学等贷款增量或余额占全部贷款增量或余额达到一定比例的商业银行实施定向降准政策。凡前一年上述贷款余额或增量占比达到1.5%的商业银行，存款准备金率可在人民银行公布的基准档基础上下调0.5个百分点；前一年上述贷款余额或增量占比达到10%的商业银行，存款准备金率可按累进原则在第一档基础上再下调1个百分点（银发〔2017〕222号）。二是扶贫再贷款政策。2016年3月，人民银行联合银监会、证监会、保监会等7部门联合印发了《关于金融助推脱贫攻坚的实施意见》，意见指出人民银行决定设立扶贫再贷款，利率在正常支农再贷款利率基础上下调1个百分点，引导地方法人金融机构切实降低贫困地区涉农贷款利率水平。

（五）针对部分机构出台了相关的准入限制政策

1. 对村镇银行的准入限制。一是村镇银行采取发起方式设立，应有1家（含1家）境内银行业金融机构作为发起人。单一境内银行业金融机构持股比例不得低于15%，单一自然人持股比例、单一其他非银行企业法人及其关联方合计持股比例不得超过10%。任何单位或个人持有股份总额5%以上的，应当事先经监管机构批准（银监发〔2006〕90号、银监发〔2012〕27号）。二是村镇银行由银监会确定主发起行及设立数量和地点，由银监局具体实施准入的方式（银监发〔2011〕81号）。

2. 对小额贷款公司的准入限制。一是小额贷款公司主要资金来源为股东缴纳的资本金、捐赠资金，以及来自不超过两个银行业金融机构的融入资金（银监发〔2008〕23号）。二是小额贷款公司从银行业金融机构获得融入资金的余额，不得超过资本净额的50%（银监发〔2008〕23号）。

三、金融支持农户和贫困农户发展中存在的具体问题

为加大金融对农户的支持力度，国家积极出台了多项财税、货币优惠政策引导金融机构下沉服务，部分金融机构推出了针对农户的“无抵押、无担保”信用贷款，部分地区农村信用体系初步建立。但是总体来看，金融机构涉农涉贫程度仍较浅，支农力度不够；小额信贷技术及产品推广范围小，受益农户数量有限；农村信用体系有待全面建立和高效管理；支农政策分散低效，差异性不足，引导力有待加强。

（一）涉农金融机构数量少、能力弱

1. 缺乏专门支持农户发展的国有大型金融机构。目前，全国尚没有专门为农户特别是贫困农户服务的国有大型金融机构。中行、工行、建行虽在县域设有服务网点，但网点数很少且几乎都在县城，农户业务占比很小，扶贫参与度极低。

涉农业务较多的农行、邮储行，业务主要集中在农村大中型基础设施建设领域和骨干企业上，且农行因上市受资本逐利性约束，很难以农户特别是贫困农户为主要服务对象；邮储行农村地区网点虽多，但近半数网点没有放贷能力，有放贷能力的网点，总体上业务涉贫程度也很浅。

2. 中小型金融机构数量少、能力弱，支持农户意愿低。农信社乡镇网点多，是服务普通农户和贫困农户的主力军，但不少地区农信社金融扶贫业务开展情况很大程度上取决于理事长个人意志，业务连续性弱。很多农信社、农合行改制为农商行后，逐利倾向增强，加剧了县域资金外流和脱农倾向。

村镇银行受主发起行和一县一行的设立限制，数量少、规模小、涉贫浅。

村民资金互助组织资金的主要来源是财政资金和社会入股，因这两方面的投入能力均有限，致使资金总量小，服务农户少、单笔额度低。同时，互助组织内部治理结构、风险控制水平欠佳，持续发展动力不足。

小额贷款公司资金来源受单一股东持股比例和两个银行业金融机构外源融资比例（1:0.5）的限制，大多无力也无心服务农户。惠及17省区、数十万贫困农户的中和农信项目管理有限公司，在各地分散申报建立机构，举步维艰，仍无法建立扶贫小贷公司总部跨省经营。

（二）金融产品和技术创新速度慢、运用范围小

1. 免抵押免担保信用贷款技术实际覆盖农户范围小。以农村信用体系建设为基础的无抵押、无担保小额信用贷款和基于“农业企业＋农民专业合作社＋贫困农户”的产业链金融，是充分利用局部知识，以低成本、低风险方式推进为农户金融服务的两条有效路径。但是，在针对农户的小额贷款中，仅有农村信用体系建设较好省区或市县的农商行较多采用免抵押、免担保的信用放贷技术，实际覆盖农户范围非常有限。

2. 抵质押贷款创新产品应用范围小，推进速度慢。农村承包土地经营权和农民住房财产权抵押贷款目前还处于试点阶段，受到多方面制约。一是要成为试点，需突破《中华人民共和国物权法》第一百八十四条、《中华人民共和国担保法》第三十七条等相关法律条款，应由国务院按程序提请全国人大常委会授权，允许试点地区在试点期间暂停执行相关法律条款。如果某县尚未获得试点就贸然抢跑，金融机构会因担心权益无法保障而止步不前。二是农村产权抵押贷款的实施，需以地、房、林的确权、颁证、抵押品认证登记等一系列基础性工作为前提条件，缺一不可。三是需建立成熟的农村产权交易中心，保证坏账发生时银行持有的各种使用权可及时以合理的市场价格变现，以最终消除金融机构的后顾之忧。这些前置条件均限制了农村产权抵押贷款的发展。此外，仓单、农机具、应收账款等质押贷款应用较少。由于农村地区经济发展不平衡，农户信用状况和财产规模差异较大，质押品受自然风险、市场价格波动等客观因素影响较大，加之政策配套措施滞后，使其应用范围受到限制。

3. 互联网金融无法为信息不畅通的农户提供金融服务。农村地理、经济和人群的特征导致了农村金融在征信管理、风险控制、业务流程等方面和城市相比存在着许多不足。例如，农村人口很少有征信记录导致无法甄别其信用风险；农村人口居

住分散，传统金融机构设立固定分支机构方式，也很难渗透到县域以下的市场；部分农户受自身文化的限制和风俗的影响，不习惯甚至不会使用互联网技术，传统的借贷行为一时难以改变等。以上这些因素导致互联网金融无法为信息受阻的农户提供金融服务。

4. 贷款期限与需求周期不匹配。贫困地区基础设施建设、生态扶贫搬迁、特色主导产业发展和贫困户小额信贷所需贷款周期均较长，而金融机构中除国开行、农发行和农行等提供的贷款期限较长外，其他金融机构较少提供中长期贷款，贷款期限与生产周期错位的情况较多。

5. 政策性农业保险覆盖面窄，商业性农业保险推广面小。现纳入中央财政保费补贴的政策性农业保险品种仅 15 个 ，贫困地区财力弱，未能跟进。政策性农业保险覆盖面窄，金融机构“慎贷”心理严重，影响了对贫困农户的放贷。商业性农业保险作为订单农业中的重要一环，在稳固个体农户和农业龙头企业契约关系方面具有关键作用。但目前这种“两单模式”（龙头企业按订单给农户预付收购款，保险公司承保订单价，龙头企业的远期价格下跌损失由保险公司赔付。龙头企业还可用保单融资）在全国的普及率仍然较低。

（三）农村金融制度性基础设施发展滞后

1. 现有统计指标体系不能完整、准确反映金融支农情况。现行金融统计标准中，金融机构主要采用“涉农贷款”“农业贷款”等指标，比较宏观、粗放，未能细化到三类七层小微经济体和相应的金融业务类别上，不能准确反映金融机构对贫困农户、普通农户、农村基础设施和扶贫搬迁的金融支持情况，更没有对贫困户中一般贫困户和低保贫困户的金融服务情况进行划分。

2. 农村信用体系建设薄弱，信息管理效率较低。农村信用体系建设仅在部分地区开展且数据信息更新缓慢，总体来看仍然滞后于农户融资需求。一是政府部门的数据系统与金融机构的信息系统尚未实现数据实时共享，因此信息使用效率低下；二是现行的信用体系建设主要由农商行（农信社）、邮储行承担，独占性强，共享性低，效力不够。

（四）现行监管体制削弱了金融机构服务农户的积极性

1. 在中央“一行三会”大一统、集中式的金融监管体制下，以及相关部门和人员熟悉城市和大中企业传统金融，不熟悉农村经济环境和农户融资特点的情况下，专司金融监管的部门必然坚持风险控制优先原则，对地方金融和经济发展考虑不够。因管理链条过长，基层人手不足，现行监管当局重风控、轻发展，对发展方面的考核少，引导政策粗放，对地方授权不足，金融坏账终身责任追究制下信贷员宁可不贷也不敢错贷，制约了金融支持农户发展。

2. 因中央监管部门及人员对农村经济、金融环境不熟悉，常采用城乡、大小、贫富“一刀切”的监管标准和方法，严重削弱了金融机构参与扶贫的积极性。中央虽已明确加强地方金融监管、组建地方金融管理部门，但因受机构和人员编制的严格控制，实际推进缓慢。

（五）金融支农政策规范性、梯度性不够，引导力不强

1. 金融监管政策偏紧，未能构建起服务农户的宽松金融环境。金融机构在贫困地区县域内的吸存意愿和能力强、放贷意愿和能力相对弱，贷存比（30%～60%）较低，对服务农户的主要农村金融机构，尚没有规范的、明确的吸存资金必须用于本地比例的硬性要求，成为县域资金外流严重、农户借贷资金供给不足的重要原因；对贫困农户贷款业务的监管，未能充分考虑其风险大、成本高的特点，需适度提高贷款不良率的容忍度；对较大比例业务面向农户及贫困农户的优秀小贷公司，没有实行有利于其更好发挥支农作用的、差异化的外源融资比例规定；关于村镇银行各种股东持股比例的规定，明确要求最大股东是银行业金融机构。这种硬性要求不仅限制了个体股东、非银行业金融机构股东、非金融机构企业法人持股比例，同时将民间资本排挤在支农金融领域之外。

2. 财税政策粗放。财税支持政策的目标，是要激发各类金融机构服务农户的内生动力，使农户能获得更多金融服务。制度设计上，应不断缩小金融机构服务农户和服务其他经济主体之间的利润差，考虑到经营风险，金融机构服务农户甚至应获得比服务其他经济主体更高的利润。但是当前财税政策遵循“凡县域涉农皆同等优惠”的原则，缺乏梯次性，引导力不足。一是农户贷款风险分担政策，缺乏梯次性。未考虑不同层次农户及不同层次贫困农户的风险差异，有的地方政府对贷款风险几乎“全兜”，金融机构几乎不承担坏账风险，风控机制极度弱化。二是贴息政策广泛应用，贫困农户全额贴息贷款的本质是否定资金的时间价值而免费获得资金使用权，不利于贫困农户脱贫后市场观念的建立。

3. 金融政策不规范。一是央行扶贫再贷款额度未根据金融机构服务农户的深度进行精准分配，导致资金运用效率低。二是很多深度服务农户的微型金融机构或组织不能享受扶贫再贷款的政策优惠，降低了政策效力。三是一些地区对农户贷款利率实行限制政策，影响市场价格信号配置资源的基础作用。

4. 涉农、扶贫资金名目多、目标散，有的梯次错位，弱化了金融资金的引导作用。扶贫开发涉及的行业、部门较多，中央和地方配套用于农村扶贫、水利、农业、道路、危房改造等资金的门类较多，且有明确的用途、管理部门和审计要求，目标分散，缺乏整合，未能显见财政资金对金融资金“四两拨千斤”的效用。

四、金融服务农户的目标和基本理念

作为现代经济的重要组成部分，金融在服务农户工作中具有全方位、多层次的重要功能。在宏观层面上，国家经济的整体发展是改变农村地区面貌和减少贫困人

口的根基，金融作为宏观经济的核心部门，起到了举足轻重的作用。在中观层面上，金融通过对基础设施和产业发展提供资金支持，为农户发展创造了良性、可持续的条件和环境。在微观层面上，金融将服务对象直接对准普通农户和贫困农户，通过精准服务的方式，实现了农户的自我发展。

（一）金融服务农户的双目标

1. 助推贫困农户脱贫目标的实现。充分发挥金融在扶贫工作中的“造血”功能，改善基础设施和公用设施条件，加快特色农业产业发展，为农户提供普遍的金融服务，带动和促进贫困农户脱贫。力争到2020年实现现行贫困线标准下农户的如期脱贫；到2025年实现世界银行2015年10月新贫困标准线（人均支出每天1.9美元）下农户的主体脱贫。

2. 建立多层次、多类型的农村金融制度体系。农村经济发展是一项长期的战略性任务，因此，在助推农户脱贫目标实现的同时，要高度重视并扎实推动农村金融根本制度的建设，形成健康、稳定、可持续的金融支持农户发展的长效机制。具体来看，到2020年初步建立机构、技术、监管、服务和政策“五位一体”的中国特色多层次、多类型农村金融制度体系。到2025年全面建成完善的中国农村金融制度体系，从根本上消除制约农户发展的融资障碍。

（二）金融服务农户的基本理念

1. 金融服务农户在专业领域上要分类型。国有开发性、政策性金融机构应侧重对基础设施建设、扶贫搬迁和贫困家庭助学给予资金支持，多种所有制形式的小微型金融机构应给予普通农户，特别是贫困农户生产借贷资金融通。贫困家庭助学贷款在贫困农户脱贫过程中具有重要作用，从国家大力发展职业教育的方针和适应很多农村贫困地区学生早就业的需要出发，可将助学贷款发放范围进一步扩大到中等职业教育。同时，全国可先行把农村贫困地区的义务教育扩展到学前教育，使农村义务教育总年数延长到11～12年，更好实现农村贫困地区学生义务教育与助学贷款的无缝对接。

2. 金融服务农户要以实体经济的分层为基础。农户主要包括家庭农场、专业大户、普通农户和贫困农户，金融服务尤其要加大对贫困农户的支持力度。在此基础上，将贫困农户建档立卡系统和全国低保信息系统相结合，进一步将贫困农户更加精准地细分为一般贫困户和低保贫困户。而低保贫困户可再分为非足额低保贫困户和足额低保贫困户，对他们还应区分有、无劳动力等不同情况。金融服务农户的核心要义是通过资金支持，实现人力、土地、资金、技术等生产要素的有效整合，从而为有劳动能力、有生产愿望、有融资需求的农户提供或改善劳动生产条件，激发农户的内生发展动力，实现农户的长期可持续发展。

3. 金融服务农户要明确市场与政府的职能划分。以农户为主体，坚持政府引导、市场运作、社保兜底、政策支持的核心理念。在充分发挥市场配置资源的决定作用和政府推动、政策引导支持的作用的原则下，金融服务农户应区分不同层次、不同类型的服务对象和领域，具体进行市场作用与政府作用的合理搭配，以求二者组合效应的最大化。对完全没有劳动能力的贫困户，应充分发挥政府和社保的“兜底”职能；对有一定劳动能力的贫困户，应以政府为主、市场为辅，并根据贫困户劳动能力的大小，决定政府和市场发挥作用的比重；对有完全劳动能力的农户，应充分发挥市场的主导功能，政府则起辅助作用。与此同时，政府应当充分借助市场化手段，通过公益性基础设施企业、政府融资平台、政府担保机构等渠道，打通金融机构、金融资源与农户的对接障碍，使政府在支持农户发展中的职能最大化。

4. 金融服务农户应重视政府间职责的划分和部门间的分工、协调合作。明确各级政府在金融机构准入、税收、金融等政策法规方面的决定权，以及贷款风险分担、担保基金、贷款贴息、各类补助等方面的支出责任。同时，金融服务农户应在政府的引导下，加强政府各部门之间、政府部门与金融机构之间的横向协作，理清体制、机制方面的障碍，特别要加强扶贫和农业部门的合作，在产业发展设计中发挥好农业部门的专业作用，提升金融服务农户的效率。

5. 实行差异化、梯次性的支持政策。金融支农政策的可行性和有效性直接关系到农村经济的发展。金融服务农户应当针对不同的专业领域、区域范围和农户类型，给予差异化的政策支持，同时注重政策的事后评估，实现领域精准、对象精准和政策精准的有效结合，避免政策务虚与资源错配，全面提升支农工作的经济效率和行政效率。此外，还要特别注意金融服务农户的政策、方法和措施的有效性，充分考虑金融支农政策和方法在实践过程中的覆盖面、持续时间和稳定性等因素，只有经实践证明是成熟、有效的政策和方法才能大范围推广。

五、建设农村普惠金融体系

目前，在金融支农中，政府往往通过担保、兜底等方式降低银行进入的风险，但这并不是一套常规、可持续的机制。获得金融服务是公民的基本权益之一。正如联合国前秘书长安南强调，“微型金融不是慈善，它是把每一个人都应该获得的同等的权利和服务延伸到低收入家庭的一种方式”。因为农户较为贫弱、农业风险较大等原因，农户金融具有准公共服务的属性。

准公共金融服务性质上区别于逐利的商业银行和带财政色彩的政策性金融，通过前端减免税、后端风险分担等政策，体现政府责任，通过放开价格，以服务为目的，保障农村贫弱者的最低生产权益。资金主要用于提升农户生产能力，激发农户发展生产的内生动力。成熟、大型金融机构的经营模式难以适应中低收入农户小、频、急等融资需求，建议将金融支持普通农户作为扶贫、扶弱的手段，在原有市场化金融的基础上，停止对可能扭曲市场的贴息政策和金融机构一般性业务增长进行补贴和奖励的措施，归并相关涉农金融政策，建立面向农户的微利包容、财务可持续的准公共农村普惠金融体系。

（一）建立多层次、多类型的农村普惠金融机构体系

1. 建立国家级农业农民专业银行。将农行的“三农”事业部及所辖县级机构从农行分离出来，建立政策性的中国农民银行，专门为农户提供金融服务。

2. 发挥国开行、农发行等开发性政策性金融机构的批发供资作用。国开行、农发行要承担起向农村小微型准公共金融机构批发供资的任务，同时为其提供技术开发、产品设计和人员培训等服务，帮助开展农户业务较多的农村基层金融机构降低资金成本，增强发展能力，以便其更好地服务农户和贫困农户。按照党中央国务院的要求，国开行和农发行均已建立了扶贫金融事业部，“一行三会”应加强指导、监督和支持，促进事业部充分发挥扶弱济贫的作用。

3. 坚持国有大型商业银行的骨干引领作用。农行、邮储行等大型商业银行应重点支持农村地区基础设施建设、异地搬迁、新农村建设和新型城镇化发展，同时承担起为开展农户业务的农商行（农信社、农合行）、村镇银行、小贷公司、农村资金互助社等基层金融机构提供批发供应低息资金的任务。目前，四大行已经根据国务院部署成立了普惠金融事业部，进行财务分账核算，国家应在债信和增值税减免方面给予支持。

中行、工行、建行等大型商业银行还应恢复或增设服务功能齐全的县域分支机构，引导股份制商业银行和城市商业银行向县域延伸机构。积极利用网上银行、电话银行、手机银行等现代金融服务方式，在县域内为农户提供金融服务。

4. 强化农商行（农信社、农合行）等对农户的放贷主力责任。农商行（农信社、农合行）是我国农村金融的主力军，应继续扎根农村，提高其服务农户的深度和广度。一是明确农商行（农信社、农合行）是农户放贷主力机构的责任。通过行业监管政策和财税、金融政策，要求和引导农商行以普通农户和较高比重的贫困农户为主要服务对象；二是倡导国开行、农发行、农行等大型金融机构增加农村基础设施建设资金的比重，引导农商行降低基础设施建设资金的比重，转而提高对贫困农户和普通农户的比重；三是严格限制农商行（农信社、农合行）存款流出所在县域。

5. 建立新型乡村农民银行和乡村农民小贷公司。鉴于现实中大量存在着“村镇银行不村镇”“小贷公司不小额”“农商银行疏农民”的现象，建议探索发展“扎根农村、面向农户、辅助贫困、不离县城”的新型乡村金融机构。

一是建立乡村农民银行。乡村农民银行定位在乡镇（含）以下、以村为主、以贫困农户为主要服务对象（户均贷款 0.1 万～5 万元，最高不超过 10 万元），吸存放贷范围限制在本县域内，在人民银行和银监会的指导、监督下，由地方政府（地方金融监管局等）负责监管。将现有的以农户为主要服务对象的优秀村镇银行、优秀农商行（农信社、农合行）和优秀村级资金互助组织转为乡村农民银

行，享受国家专项财税、货币优惠政策，微利运行。随着2020年扶贫攻坚任务的完成，乡村农民银行在巩固扶贫攻坚成果的同时，应将服务重点转向中下层农户，继续完成扶助普通农户培育专业大户、家庭农场和助力农民专业合作社做大做强的历史使命，以此实现基层金融机构与底层农业经营主体相生相伴、互助共赢、携手共进的大格局。

二是建设乡村农民小贷公司。将现有向普通农户、贫困农户提供金融服务的较为优秀的小贷公司、融资租赁公司等小微型金融机构，转型为以服务普通农户和贫困农户为主的乡村农民小贷公司，给予税收及外源融资等特惠政策，优秀者可向吸存的乡村农民银行发展。

三是组建全国性的金融控股公司。特别优秀的相关发起机构（如中和农信项目管理有限公司）可组建省域或全国性的金融控股公司。

6. 发展县域农村合作金融。总结成熟经验，积极推广“农村产业发展互助社”，完善“贫困村资金互助社”运作机制，发展内生于农村生产、生活的合作性金融机构，形成和完善基于农村熟人社会的互助性、低成本、风险自担的合作金融体系。引导农民专业合作社在生产合作的基础上规范有序开展信用合作。这些组织都要坚持封闭运行、不对外吸储、放贷、不支付固定回报三原则。

7. 发展县域农业保险和融资担保公司。在各县设立不以营利为目的的政策性农业保险公司，发挥公益性作用，主要为农户提供服务，为其获得贷款增信。同时，在省级设立再保险公司分担风险，注册资金由财政全额出资或吸收部分金融资本。积极总结“两单模式”经验，在完善的基础上加以推广，加强银保合作。完善省、市、县融资担保公司，提高担保能力。

（二）建设多样、适用的农村普惠金融技术产品体系

1. 普遍为农户提供免抵押、免担保的信用贷款。总结推广各地农户小额信用贷款成功经验，鼓励金融机构充分利用乡村熟人社会信息真实充分的特点，以小组联保、现场调查等技术为手段，为农户提供免抵押、免担保、免财表的“三免”信用贷款服务。以银行卡为载体，实现小额贷款“一次授信、随用随贷、周转使用”的功能，使更多农户享受到小额信用贷款的便利。

一是对首次申请贷款的农户可采用小组联保技术。通过3～5户熟人联保，相互监督和相互增信，以此提高农户的生产经营积极性和诚信意识。小组联保以“熟人信用”为基础，可以有效提高贷款农户的信贷质量，同时还降低了金融机构的贷款成本和贷款风险。

二是对拥有一定生产基础、技术技能和资金流的生产性农户可采用现场调查技术。通过考察农户的生产状态、内容、规模、技能、质量和进销额等生产经营状况，判断其信用等级、现金流和还款能力，为农户编制出符合其自身特点的财务报表，最终在无抵押、无担保、无财表的情况下为农户提供贷款服务，解决长期以来低收

入者和弱小生产经营群体因无抵押品、无担保人、无财表而无法在传统银行获得贷款的难题。

2. 积极推动抵质押创新贷款技术在全国的广泛应用。一是加快推进农村产权制度建设，发展“四权”抵押贷款。加快推进农村林地经营权、农村土地承包经营权、集体建设用地使用权、农民住房财产权等权属的确权颁证工作，在切实保障农户财产权益的同时，加快建立省、市、县层次分明、功能完善的农村产权价值评估与流转交易市场体系，克服农村产权和农业资产流动性不足的问题，发挥“四权”抵押、担保和集合征信等作用。试行“四权”抵押贷款业务，探索开展土地信托业务。加快农村产权改革工作进度，尽快修订《担保法》等法律法规中“耕地、宅基地、自留地、自留山等集体所有的土地使用权不得抵押”的相关规定。二是积极开展大型农机具抵押贷款、仓单质押贷款、订单农业与供应链融资等业务。

3. 通过线下线上相结合的方式为农户提供金融服务。因为农村客户群体居住分散，物理距离较远，因此贷前的数据采集非常重要，没有原始数据的积累，大数据、云计算、区块链等互联网技术将难以发挥应有的作用。原始且有质量的贷前数据非常有价值，但是贷中和贷后的风控管理也很重要，关系到贷款的回收和机构的持续运营。因此，通过线下线上相结合的方式为农户提供金融服务，不仅可以使沉睡的农户数据得到有效利用，还可以借助互联网金融优势，降低风控成本，增加客户黏性，提高放贷效率。

4. 积极开发符合农业生产特点的金融技术产品。引导金融机构根据农户的生产特点与融资特点，合理确定农业类贷款的单笔额度还款期限和还款方式（如分次等额法与一次总还法），积极开展大型农机具抵押贷款、仓单质押贷款、订单农业与供应链融资等业务。

（三）配套建设农村普惠金融基础设施和社会化服务体系

1. 完善农户金融统计制度。将现有涉农贷款统计体系中的“三农贷款”指标进一步细化，在涉农贷款中细分出农户、农民专业合作社、农业企业、农村基础设施、扶贫搬迁和助学等六类，将农户贷款细分为建档立卡贫困农户、普通农户、专业大户和家庭农场贷款四类，将贫困农户贷款细分为有劳动能力的低保贫困户、无劳动能力的低保贫困户和一般贫困户三类，以便全面反映金融对农户的整体支持情况。建立农村金融专项考评机制，并将考评结果与监管和优惠政策挂钩，实行精准奖惩。

2. 大力加强农村信用体系建设。建立健全适合农户特点的信用信息征集和信用评级体系，整合各部门信用信息资源，形成统一的信息共享平台。大力推进信用户、信用村、信用乡镇、信用县建设，并对其实行利率优惠、贷款优先、额度优厚的梯次优惠办法。具体建议如下：

一是由市县政府与人民银行联合支持组建农村信用信息共享平台。农村信用体系是金融可持续服务农户特别是贫困农户的制度性基础设施。只在单个金融机构内自建自用，效果有限，如果为所有金融机构共享，将发挥更大效用。建议采用县（或市）政府主导、人民银行指导、优选一家有实践有能力的金融机构运作的方式建设。前期系统开发、数据采集和录入、评级、授信等领域发生的费用，采用财政补贴方式分担。系统向本地参与扶贫、支农的各类金融机构（组织）开放，按"谁使用、谁付费"原则，收取一定费用，用于信用体系的运营维护、信用更新和技术升级。

二是建立推广以农户为主的三级信用指标体系。农户是农村信用体系的最大受益对象，农户信用是农村信用体系建设的根基；村组信用则体现了农村熟人社会的群体关联，要发挥其成员间互帮、互促，共荣、共辱的内在关系，共同提升村组信用；乡镇信用是村组信用的发展，是扩大了的熟人圈效应，是县域和基层社会信用文化的结点。因此，应充分利用农村社会熟人圈文化特点，开展以农户为主的信用知识教育，普及守信有益的观念，整村整乡地推进建立"户、村（组）、乡（镇）"三级信用指标体系建设。

三是建立农户贷款金额利率与三级信用等级挂钩机制。建立严格的农户授信金额、贷款利率与三级信用等级挂钩浮动机制，单个信用户根据信用等级的不同获得相应差异化的授信金额、贷款利率，而处于信用村（信用组）、信用乡的信用户，根据村（组）、乡（镇）信用等级的高低，又可获得授信额度更高、利率更低的差异化信贷服务。同时，农户和村组信用级别及其对应的授信金额、用款利率随实际借贷状况随时调整：农户违约则信用级别降低、授信额度降低、村组利率升高；反之亦反。以此培养农户信用意识，创造良好的农村信用环境。此外，在村组信用的基础上发展乡镇信用，可根据地区差异增加信用等级和细分信贷优惠政策。

（四）健全农村普惠金融监管体系

1. 完善中央与地方统分结合的双层金融监管体系。农村金融主体活动场所在县域，属于基层金融、草根金融，应区别于对大中金融的监管模式，应在中央政府的指导下，以地方政府为主承担监督和管理职能，支持地方金融办加挂地方金融监督管理局牌子。

2. 平衡好创新、发展与风险、监管的关系。牢固树立监管是为了更好发展的理念，处理好监管与发展的关系，根据农村金融实际合理调整监管方式。建立符合农户金融业务特点的差别化考核评价体系，具体考核金融机构的普通农户、贫困农户、基础设施、扶贫搬迁和助学等贷款，以及其他金融业务的运行情况。根据贷款、保险的实际特点，改进考核方式和方法，适当提高风险容忍度。适当合理放松对非系统性风险的监管，如改单向坏账追究责任制为综合评估制，对责任人采用优劣、双向、分时段综合评估和奖惩的方法。

（五）构建梯次、规范、协调的农村普惠金融政策支持体系

1. 合理分权，放宽县域金融机构准入。一是强化存贷比指标管理的奖惩措施，收缩存贷比不足30%、有明显抽血作用金融机构的存款网点和吸存能力，扩大存贷比高的金融机构的网点建设和吸存能力。为减少农商行（农信社、农合行）、邮储行和各商业银行等农村吸存金融机构将存款用于买债、炒股、大项目等非本地、非农项目获益而造成存款流失，应通过法制化方式严格限制贫困地区金融机构存款运用于本地的比例。如存款的70%以上必须用于本县，90%以上必须用于本市，100%用于本省。二是建立符合农户金融需求特点的差异化监管政策。考虑农户金融业务风险高、成本高的特点，适当提高农户金融贷款业务的不良贷款容忍度，建立符合贫困农户金融业务特点的考核评价机制。三是对非吸储小贷公司可以扩大资本和外源融资比例，由现在1:0.5酌情阶梯式调整到1:1～1:5。四是对不同性质的金融机构设置不同的准入门槛。譬如，允许非银行资本平等入股村镇银行，开展相关农户业务，但在降低市场准入门槛的同时，必须对于投资人的资质进行严格审查。通过审查资金来源和投资人信誉，杜绝动机不纯投资人进入农村金融领域，为以后监管打下基础。

2. 对服务农户的县域金融机构实行梯次、规范的税收优惠政策。坚持财税支持政策总量上只增不减与结构上有增有减相结合的原则，建议：一是对农户10万元以下小额贷款利息收入实行增值税、所得税双免政策。二是实行梯次性的风险分担政策，对10万元以下农户小额贷款产生的坏账核销按政府和银行5:5分担的原则由政府给予补助；对5万元以下农户小额贷款产生的坏账核销按政府和银行7:3分担原则由政府给予补助；遇到自然灾害等情况，则酌情扩大政府分担比例。

3. 停止粗放型财政政策。停止各级政府对农户特别是贫困农户贷款坏账的财政全兜底政策，由财政与金融机构设定合理分担比例。停止各级政府对农户特别是贫困农户贷款的财政全贴息政策，改由财政承担合理比例。

4. 实施梯次性、规范化的金融政策。根据金融机构服务农户的深度与广度，实行差异化的存款准备金率和扶贫再贷款利率，保证资金的使用效率。对服务农户的金融产品价格实行市场化定价原则，按照最高人民法院发布的年息24%以下保护借贷人、年息36%以上保护用款人的原则实施。确需对贫困户给予特定阶段性价格照顾的，由政府采用适当方式给予金融机构相应补偿。

5. 增强各项支持政策间的协调性和整体效应。按照“统筹规划、条线管理、集中使用、形成合力”的原则，整合扶贫、水利、农业、道路、危旧房改造等涉农资金，集中发挥财政资金对金融资金和社会资金的引导和撬动作用。金融内部准入、货币、监管政策间的协调由国务院金融稳定发展委员会牵头；金融政策与财政政策、税收政策间的协调由财政部、人民银行、发改委牵头建立农村普惠金融政策优化协调小组来实施。

6. 创人才培养模式，普及金融知识。通过选派农村地区经济管理部门的管理人员到专业金融院校集中培训、到金融机构挂职工作等多种方式，提高管理人员的金融素养。加强现代金融知识的宣传与普及，推进“金融知识送下乡”等项目，对农村地区的各级干部和农户进行金融知识培训，努力在农村地区形成重视金融、学习金融、运用金融、发展金融的氛围，营造良好的金融生态环境。

第九章

支持实体经济发展的财税政策

“十三五”时期是我国经济结构实现升级换代，跨越中等收入陷阱，全面建成小康社会并进入更高经济发展阶段的关键时期。升级换代是我们努力追求的发展目标，中等收入陷阱则是需要谨慎避免的风险，完成这两项任务，都要求“十三五”时期的实体经济发展水平整体上有一个质的提升，在保持合理经济增速的情况下，提高经济增长的质量。

振兴实体经济是供给侧结构性改革的主要任务。近两三年来，金融业占 GDP 的比例快速提高，但制造业比重却在快速下滑，这种变化是不正常的。我国从低收入国家变成中等收入国家，成为世界第二大经济体，靠的是实体经济，今后要跨入高收入国家也只能和必须依靠实体经济。而振兴实体经济要处理好四个方面的关系：一是质和量的关系。在实体经济面临产能过剩和优质供给不足的条件下，振兴实体经济一方面要去产能，另一方面要全面提高产品质量。二是新和老的关系。实施创新驱动发展战略，既要推动战略性新兴产业的蓬勃发展，也要注意用新技术、新业态全面改造提升传统产业。既要支持“双创”，支持新产业、新企业的成长，也要支持老产业、老企业。三是内和外的关系。振兴实体经济必须坚持扩大开放，继续依靠两种市场、两种资源，现在制造业外资“进”在减少，“走”在增多，对此必须高度重视。四是大和小的关系。振兴实体经济要优化产业组织，既要提高大企业素质，也要高度重视中小微企业发展在市场准入、要素配置等方面提供条件，支持它们参与市场公平竞争。

一、财税支持实体经济发展的本质分析

（一）政府与市场之间的关系

财政税收政策是国家经济政策重要的组成部分，财税政策支持实体经济的发展，实质上是财税政策支持实体经济企业的发展，涉及政府和企业的关系，也即政府和市场的关系。让企业这一微观经济主体能够在市场中充分发展，恰恰是政府职能转变的方向。所以，中央指出，必须积极稳妥从广度和深度上推进市场化改革，大幅度减少政府对资源的直接配置，推动资源配置依据市场规则、市场价格、市场竞争

实现效益最大化和效率最优化。政府的职责和作用主要是保持宏观经济稳定，加强和优化公共服务，保障公平竞争，加强市场监管，维护市场秩序，推动可持续发展，促进共同富裕，弥补市场失灵。可见，改革开放以来，我国的改革在体制层面经历了从有计划的商品经济到社会主义市场经济体制的转变，而在管理和运行层面，则经历了从政府和企业关系的调整到政府和市场关系的调整。这种调整围绕的核心就是政府职能的转变。

财税政策是政府作用于市场的重要的宏观调控手段。对于转型中国家，政府通过财税政策调控经济发展尤其重要。面对振兴实体经济的要务，不仅涉及政府与市场的权力与边界之争，更重要的是如何将二者功效结合起来。回顾第二次世界大战后世界经济发展历程，宣扬自由市场经济的国家恰恰采用的是重商主义的国家干预，这已成为基本共识。之所以存在发达国家采用的是政府不干预的认识，主要是因为在发达国家除政府之外，多种力量和手段参与经济运行和管理，政府就显得弱化了。这些共同的管理力量包括法律、规则、中介组织、行业协会、舆论监督、企业自律以及消费者的“用脚投票”等。这些因素与政府和市场一起良好地联结，共同发挥作用。

（二）宏观与微观之间的关系

财政税收政策是政府通过财政收支总量和结构的变化调控宏观经济，使经济目标得以实现的经济政策。或者说，财政税收政策是透过政府课税及支出的行为，以影响社会的有效需求，促进就业水平的提高并避免通货膨胀或者通货紧缩，并实现其余国家职能而达成经济发展与稳定的政策。财政税收政策是以宏观经济目标为指导，而立足于微观经济主体的政策措施和手段。

这一过程与财政部门为国家履行宏观经济管理者职能相关。筹集运用资金的分配活动，为解决社会总供给与总需求的平衡，保证国民经济持续、健康、快速发展等宏观经济问题，处理国家履行政治职能、社会管理职能、经济建设与宏观调控职能资金所需要的分配关系。

虽然宏观经济学的研究成果天然地具有政策应用的特性和需求，但现实的经济并非如新古典假设得那样，放任市场通常也难以实现社会资源的最优配置。相反，需要实施恰当的宏观经济政策以缓解宏观经济的波动。

目前关于财政政策冲击能否有效地促进宏观经济稳定的争论主要集中在两个方面：一是扩张性财政政策能否有效拉动民间消费与投资进而增加总需求；二是财政政策能否依据宏观经济形势做出适时转变（郭庆旺等，2004）。贾俊雪等（2010）发现政府生产性支出对产出和消费则具有相对较大的影响。赵志耘等（2005）考察了我国的财政赤字是否存在排挤效应将财政收支引入居民消费函数，认为政府支出的增加对居民消费和民间投资并没有抵消作用。林跃勤（2009）除了发挥财政政策在稳定经济增长速度的作用外还要注意避免矫枉过正，更要注重发挥积极财政在推进结构调整和增长模式转换的长期指向功能上。也有一些学者关注财政政策冲击与实际经济变量之间的长期关系，考察财政政策稳定经济的成效（董秀良等，2005；李晓芳等，2005）。

我国的财政支出情况，整体趋势是随着物价的变化，整体额度不断增加。(1) 年度变化。财政支出波动幅度非常大，自 1991 年起，财政支出的波动幅度仅次于投资，并且整体与投资的波动趋势一致。1984 ~ 1989 年，财政支出的波动较大，1986 年上升接近 3 个百点，1989 年下降超过 3 个百分点。(2) 季度变化。波动的标准差非常高，达到 1.9 个百分点。1995 年第一季度波动 3.7%，1997 年第三季度到 1998 年第一季度大幅度减少；2002 年第一季度到 2003 年第二季度大幅度增加；2006 年第二季度到 2007 年第一季度大幅减少；2009 年第一季度和 2011 年第二季度及 2012 年第一季度和第四季度、2013 年四个季度等都出现了急剧波动。财政政策本身目标原本设定为平滑经济波动，但我国的宏观经济中，有可能没有实现逆周期调节，反而可能加剧了宏观经济的波动。从相关性分析看，财政支出与产出波动呈现负相关关系，但系数较低。

故而在供给侧改革阶段，财政税收政策聚焦实体经济很有可能会引起宏观经济的波动，如何将这种震动降低到最小，保持经济稳中有进地持续增长成为新命题。实际上是以财税政策为纽带，连接起了宏观经济和微观经济两方面：将政策在微观层面推开落实，才能实现宏观的振兴实业目标。

（三）政策与产业之间的关系

国家产业政策是政府为了实现一定的经济和社会目标而对产业的形成和发展进行干预的各种政策的总和。干预包括规划、引导、促进、调整、保护、扶持、限制等方面的含义。产业政策的功能主要是弥补市场缺陷，有效配置资源；保护幼小民族产业的成长；熨平经济震荡；发挥后发优势，增强适应能力。产业政策包括产业组织政策、产业结构政策、产业技术政策和产业布局政策，以及其他对产业发展有重大影响的政策和法规。产业政策是国家加强和改善宏观调控、抑制固定资产投资过快增长、制止部分行业盲目扩张、有效调整和优化产业结构，提升产业素质，保持国民经济持续、快速、健康发展的重要手段。振兴实体经济并不是一味地将实体经济的总量提升、比重提高，而是要归入供给侧改革的产业结构调整的总体框架之下。

产业规划的思路有以下三个方面。(1) 加快传统产业的改造提升。传统产业是我国工业经济的发展基础和重要支柱力量。要全面组织钢铁、石化、建材、汽车、船舶、医药、纺织、有色金属、装备制造、电子信息、轻工食品等产业转型升级规划的实施，重点抓好信息技术对装备制造、电力、石化、冶金、建材、纺织、印染等七大重点行业的改造提升。建立健全落后产能退出机制，加快淘汰电力、钢铁、水泥、有色、造纸、皮革、印染等行业的落后产能，推动新一轮热电联产改造。

(2) 加快培育战略性新兴产业。培育战略性新兴产业，是抢抓下一轮全球经济发展机遇、打造经济新增长点的重大举措，也是推进工业经济转型升级的重要内容。抓紧制定生物产业、物联网产业、3G产业、电动汽车等战略性新兴产业推广应用及产业发展规划，进一步明确新兴产业培育的目标定位、总体布局、发展导向以及相应的配套措施。(3) 重视发展生产性服务业。组织编制工业和信息化领域生产性服务业发展规划，大力发展科技服务、现代物流、国际贸易、创意设计和售后服务等生产性服务业，落实各项促进生产性服务业发展的政策措施，重点探索产业集群、百强企业分离发展生产性服务业，抓好生产性服务业集聚区建设，逐步实现从单个企业分离到整个产业分离，从分离后为母体服务到为整个产业和社会服务两大转变。鼓励工业企业将生产辅助、售后、生活等服务内容外包，推动制造业向研发设计和营销服务两端延伸、向价值链高端提升，提高传统特色产业竞争力和产品附加值，推动生产性服务业发展。

以钢铁煤炭产业为例。回暖行情下，部分企业将已停工、拟淘汰的生产线恢复生产，对去产能任务形成了新的压力：2016年3月份我国日均粗钢产量达到228万吨，4月份更是达到231.4万吨，一举打破了2014年6月份230万吨的历史记录。为了实现“用五年时间再压减粗钢产量1亿至1.5亿吨，三到五年时间煤炭再退出产能5亿吨左右”的目标，国务院先后出台关于钢铁、煤炭化解过剩产能实现脱困发展的意见，有关部委已出台7个文件，涉及财税支持、金融支持、职工安置等方面。截至2016年5月中旬，全国已有至少16个省份公布去产能时间表。故财政税收政策支持实体经济的发展，是站在产业和产业结构的层面来实施的。

二、影响实体经济发展的财税原因分析

(一) 实体经济发展的现状及问题分析

改革开放以来，我国抓住全球第三次产业大转移的重大机遇，充分发挥我国劳动力资源丰富和劳动成本比较优势，实现了经济持续高速增长，成功将我国发展成为全球制造业基地。但是，与历次产业转移相类似，经过30多年的持续快速发展，我国实体经济正面临内需基础弱化、外需力度下降、生产成本上涨、税负偏重、投资收益率降低等问题，特别是美国金融危机之后，这一系列问题更为突出。在实体经济增速下降的同时，2006年以后我国金融业和房地产业快速扩张，特别是房价持续上涨引致房地产泡沫化，并正在从多方面挤压、侵蚀实体经济发展。

1. 实体经济生产成本不断上涨。在国内消费和出口对实体经济拉动作用下降的同时，我国实体经济还面临着生产成本不断上涨构成的重大挑战，具体表现为劳动成本持续上涨、融资成本偏高、税费成本较高等三个方面。

(1) 劳动力成本不断上涨。工资上涨幅度超过行业增加值上涨幅度，意味着行业劳动成本上升。2003年以来，随着经济持续快速增长，我国城镇就业人员工资也

保持了较高增速（见表9－1），2003～2012年GDP年均名义增速为16.07%（见表9－2），城镇就业人员平均工资年均增速为14.37%，工资上涨幅度略低于GDP名义增速，即总体看我国经济劳动成本相对下降。但分时期、分行业看，2003～2007年经济高速增长时期，各行业从业人员工资上涨幅度远低于行业增加值名义增速，其中制造业工资涨幅只有13.66%，比同期工业增加值名义增速（19.09%）低5.43个百分点，这一时期是制造业劳动成本相对下降阶段。2007年以后，随着劳动力供求从劳动力供给过剩向供求总量平衡、结构性供给不足的转变，部分行业工资上涨幅度超过增加值涨幅，其中2008～2013年，作为实体经济主体的制造业工资上涨14.52%，比工业增加值涨幅（12.55%）高近2个百分点，这一时期制造业劳动成本持续上涨。同期作为虚拟经济主体的金融业和房地产业工资涨幅分别为15.32%和12.38%，仍低于其行业增加值涨幅（分别为18.41%和16.28%）。

表9－1　我国主要行业城镇就业人员平均工资增速　单位：%

行业	2003～2012年	2003～2007年	2008～2012年
总计	14.37	15.34	13.60
农业	14.17	12.04	15.90
采掘业	17.22	19.92	15.10
制造业	14.14	13.66	14.52
建筑业	13.88	13.02	14.57
交通运输、仓储和邮政	14.53	15.36	13.86
批发零售	17.45	17.93	17.07
住宿餐饮	12.09	11.08	12.90
金融业	17.65	20.64	15.32
房地产	11.84	11.16	12.38

数据来源：根据国家统计局数据计算得到。

表9－2　我国主要行业增加值名义增速　单位：%

产业	2003～2012年	2003～2007年	2008～2012年
GDP	16.07	18.28	14.34
第一产业	13.04	13.28	12.84
第二产业	15.88	19.15	13.32
工业	15.42	19.09	12.55
建筑业	18.87	19.54	18.33
第三产业	17.10	18.75	15.81
交通运输、仓储与邮政	13.46	16.55	11.05
批发零售	17.25	16.67	17.71
金融业	21.47	25.40	18.41
房地产	18.92	22.30	16.28

数据来源：根据国家统计局数据计算得到。

（2）融资成本偏高。金融机构贷款利率是反映企业融资成本的重要指标。与全球主要国家相比，我国金融机构贷款利率并不高，但金融机构贷款利率并没有真实反映我国企业实际融资成本，从大量中小型企业赖以融资的民间借贷利率看，我国企业的实际贷款利率要远高于发达国家和新兴市场国家利率水平，企业融资成本偏高。我国金融服务体系不健全，大型金融机构贷款利率并不能反映我国企业的实际融资成本，民间借贷利率能够更为真实地体现我国资金供求状况与企业融资成本。受金融服务体系不健全制约，能够按正常贷款利率获得金融机构贷款的主要是大中型企业，大量中小型企业难以获得金融机构贷款，只能通过民间借贷等机构获取资金。从民间借贷利率看，2014 年 1 月以来温州民间借贷综合利率基本在 15% 以上，平均综合利率为 18.38%（见图 9－1）；2015 年 1 月至 2016 年 12 月，广州 1 年期小额贷款平均利率为 15.46%，最低点也在 12% 以上（见图 9－2）。温州和广州两地的民间借贷利率表明，我国大量中小企业的贷款融资成本在 20% 左右，远高于韩国、泰国、俄罗斯、南非、印度、越南、印度尼西亚等新兴国家的利率水平，我国企业存在融资成本偏高的问题。

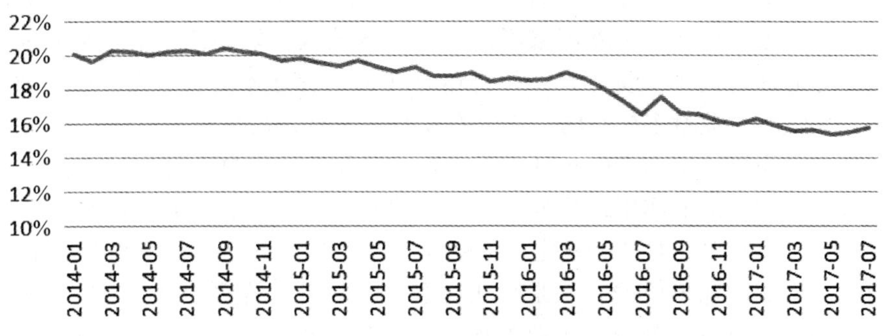

图 9－1　温州民间借贷综合利率

数据来源：万得资讯我国宏观数据库

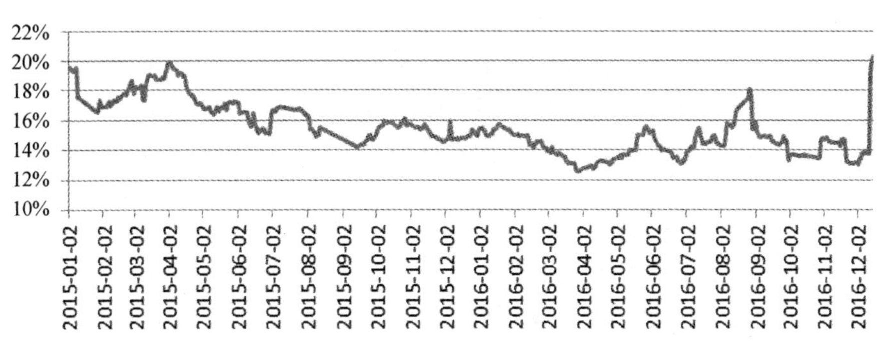

图 9－2　广州 1 年期小额贷款平均利率

数据来源：万得资讯我国宏观数据库

（3）实体经济税费负担重，制度性交易成本高。将我国企业的宏观税负（税收收入占 GDP 的比重）同新兴与发展中经济体和以间接税为主的发达经济体相比较，可以发现，仅就税收负担而言，我国 14.6% 的税负在国际上并不算高，甚至低于以间接税为主的发达经济体 16.2% 的税负（见表 9－3）。然而，我国企业在政府收费等方面的财务负担是明显偏重的。用企业缴纳的各种政府性收费占 GDP 的比重来衡量发现，2010～2014 年，我国企业宏观费负的平均比重高达 8.9%，而新兴与发展中经济体为 0.6%，发达经济体仅为 0.1%。因此，要提高我国实体经济的国际竞争力，需要在减税降费方面加大力度。

表 9－3　企业各类税负的国际比较（2010～2014 年平均值）①　　单位：%

项目	新兴与发展中经济体	发达经济体	中国
企业税收负担	14.6	16.2	14.6
涉企收费（专项收入、基金）负担	0.6	0.1	8.9
企业社保负担	1.1	5.7	3.0

（4）制度性交易成本依然偏高。①行政审批的时间成本、机会成本和搜索成本等仍然较高。近些年来，虽然国家不断推动简政放权，取消或下放行政审批事项、优化程序等方面均做了大量工作，但仍然存在审批程序不合理、时间长、材料多、收费多、手续多、盖章多等问题。②中介收费不规范，甚至较为混乱。一是审批前置、年检、上岗资格培训等中介服务收费较高且乱。一些中介服务只是走过场、收收费，没有起到相应的作用，甚至还存在由于中介机构数量较少，导致评审时间较长等问题。二是检验、检测、检定、检疫等种类繁多，重复送检、收费现象普遍存在，且存在较多的隐形收费。三是行业协会收费较乱。许多企业反映，不同地区、不同层次的同性质协会都邀请企业参加，缴纳会费和活动经费，增加了企业负担。四是一些垄断行业强制收费现象依然存在，提高了企业运行成本。③政策不透明及信息不对称导致的成本。企业应该享受的税收优惠、财政奖补及融资等政策由于信息不畅、信息不对称等因素，实际无法享受。比如，企业对人才公寓、职业教育培训补贴等相关政策知晓度低。④政府市场管理“缺位”带来的成本。典型的是企业法律诉讼及维权成本高昂。涉企诉讼案件普遍审理周期长、执行难度大，企业在提起诉讼后需垫付大量的诉讼费、保全费、执行费、鉴定费等司法费用，同时承担着高额的律师费成本，还不一定能够带来合意的效果，一些合约纠纷虽然胜诉，但执行起来非常困难。

2. 实体经济利润率偏低。1998 年以来，在消费需求结构升级和出口产品结构升级拉动下，我国经济进入重化工业快速发展的新阶段，经济增速不断提高，工业企业效益逐步好转。2007 年以后，受国内外市场需求增速下降、生产成本提高等因素

---

① 吴珊、李青：“当前我国企业宏观税负水平与结构研究——企业宏观税负的国际比较及政策启示”，《经济理论与实践》，2017 年第 1 期。

制约，我国工业企业利润率趋于下降，沪深上市公司的实体经济企业平均净利润率也趋于下降。规模以上工业企业主营业务利润率是衡量工业企业盈利能力的重要指标。从图 9－3 可以看出，2010 年以来，规模以上工业企业主营业务利润率逐年下降，从 2010 年的 7.6% 跌至 2015 年的 5.76%，2016 年略有回升。进一步来看，规模以上工业企业中私营企业的主营业务利润率降幅较缓，且高于国有企业主营业务利润率。

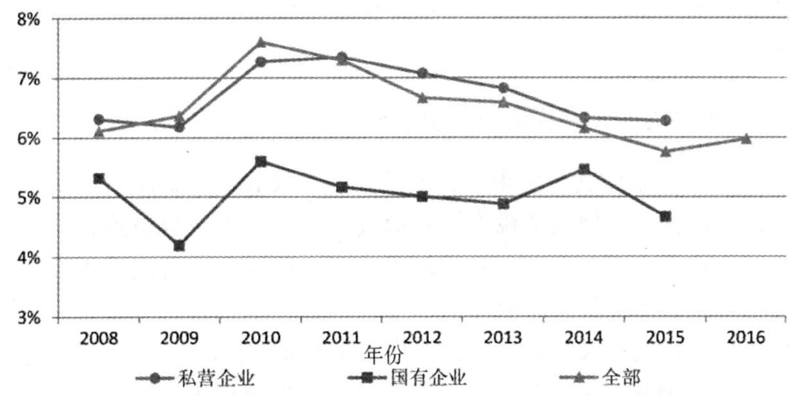

图 9－3　2008～2016 年规模以上工业企业主营业务利润率

数据来源：万得数据库

3. 实体经济供给结构失衡。长期以来，传统的经济增长模式使得实体经济积累了大量的结构性矛盾，出现了低端和无效供给过剩、高端和有效供给不足的结构性失衡。具体到制造业来看，产品供给结构短期内无法适应国内消费需求结构转型升级的需要，导致内需和外需增长不平衡；高品质、个性化、高复杂性、高附加值的产品的供给能力不足，我国制造质量水平亟待提升；产业组织不合理，存在大量的“僵尸企业”，优质企业数量不足；钢铁、石化、建材等行业的低水平和产能过剩问题突出并长期存在，传统制造业中的关键装备、核心零部件和基础软件严重依赖进口和外资企业，新兴技术和产业领域全球竞争的制高点掌控不足；服务业管制和准入门槛仍较多，制约了资金的进入。

4. 资本撤离实体经济，实体经济面临产业空心化风险。目前，实体经济发展的恶劣环境，使得实体企业纷纷脱离实体经济领域，社会资本逐渐向虚拟经济流动。其一，实体经济要素向虚拟经济大量流动。实体经济和虚拟经济之间存在巨大的回报差异，虚拟经济短期投机可以赚取更多的收益，而实体经济需要长期生产才能赚取相同的收益。实体经济和虚拟经济之间的巨大反差，使得人才和资本等要素不断从实体经济向虚拟经济涌入。生产要素向虚拟经济的涌入，可能导致实体企业普遍缺乏资金，不能进行有效的生产经营和发展创新，同时，实体企业积累不断溢出，使得民间贷款和虚拟经济不断发展。其二，实体企业融资游离实体经济。实体企业从实业平台获得的融资不进入实体经济领域，而是进入虚拟经济领域。很多专注实业的企业纷纷做投机，出现企业利润增长依靠虚拟经济带动的现象。实体企业的主要业务收入变成房地产和其他副业，这些投资比原主业获得更多的收益。其三，大量民间资本进行短期炒作。实体经济和虚拟经济之间存在巨大的利润差，使得民间资本由实业投资向虚拟投资转变。实体经济中的“热钱”属于异常资金，例如，社会闲散资金成为“热钱”，对某种产品进行炒作，以此获得短期的高额利润。这些投机现象，表面上是资本追逐利润，但在一定程度上反映了我国实体经济的发展动力不足。社会资本从实体经济溢出，不断涌向虚拟经济，使得我国经济面临“空心化”的风险。

（二）产业发展与税制结构之间的关系分析

1. 税制结构对产业结构的影响。税制结构通过设置合适的税目、确立合理并且可以计量的计税依据，采用调节税率、增加或减少税收支出等措施，使得不同的产品、企业和个人承担不同的税负，从而使不同经济行为的收益或成本发生变化，最终影响产业结构的转型升级。税收影响产业结构的作用机制可分为两个路径：从供给的角度作用于产业结构和从需求的角度作用于产业结构。

（1）税制结构对供给的作用机制分析。从供给的角度来看，企业生产受生产要素的供给影响，进而影响投资和生产成本，最终作用于企业的收益率，导致产业之间资源配置的非均衡性。

①税收影响资本供给。税收对资本供给的影响主要体现在两个方面：一方面，因为投资所需的资金主要来自于储蓄，因此政府可以通过不同税种的设置改变消费与储蓄的相对价格，从而影响消费与投资的结构，进而为资本供给奠定基础。另一方面，税收还具有收入分配功能，税收可以影响居民收入水平，改变边际消费倾向和边际储蓄倾向，从而改变消费和投资比例，最终影响产业结构。除此之外，制定较为有利的税收政策，则会吸引更多的外商来本国投资；通过设置低税率，加大进项税抵扣，可以鼓励资本投入，加大供给，带动产业结构调整。

②税收影响劳动力供给。税收主要对劳动力的数量和质量两方面产生影响：一是税收可以通过对不同行业的劳动力选择征税或免税或选择差别税率，对劳动力供给产生收入效应和替代效应。前者指征税后，工人手中的一部分收入上交给政府，留在自己手中的钱就变少了，为降低这一现象带来的不利影响，工人会延长自己的劳动时间，以期望达到原有收入水平；替代效应指由于征税可以改变工作和休闲的相对价格，工作的相对价格变高，人们就会选择休闲或转到其他行业，造成劳动力的流动。二是通过对企业在职培训或教育事业给予一定的税收优惠，如职工教育经费的税前扣除等，改变劳动力的素质，提高劳动力质量。

③税收影响技术供给。税收通过各种税收优惠政策能够直接有效地影响技术供给。如通过对高新技术企业实行优惠税率、对研发支出给予加计扣除等可以降低企业成本，促进科技研发，带动高新技术产业的发展。另外，对于即将淘汰的技术，

可以取消对它们的税收优惠政策，发挥税收的“加法”作用，促进产业结构的优化升级。

（2）税制结构对需求的作用机制分析。

①税收影响消费需求。这一作用机制主要体现在两个方面：一是通过相关税种的设置，不同的起征点、税率等改变人们的税后可支配收入，从而影响相关产业的产业结构。如开征个人所得税可以减少人们手中的收入，提高免征额可以减少政府从人民手中拿走资金，人们有更多的钱用于消费，从而影响产业结构；二是不同商品缴纳税种不同，适用的税率也各不相同，因此缴纳税款后各种商品的价格就会发生变化，或者提高或者降低，消费者对不同商品有着不同的偏好和需求弹性，出于效用最大化的目的，购买者会根据产品价格的变化重新选择对何种商品进行消费，进而影响产业结构。

②税收影响投资需求。无论是个人投资者还是企业投资者，投资者的目的均是获得更高的收益率，如果投资收益率达到投资者所必需的回报率，人们就会选择进行投资，反之，就不会进行投资。对不同项目实施不同的税收政策后，税后利润就会发生变化，如加速折旧、投资减免等优惠政策可以减轻项目的税负，增加利润，影响投资需求的结构，使投资从低收益项目流向高收益项目，间接影响产业投资的生产能力，最终改变产业结构。

③税收影响进出口需求。为了吸收外国资本进入本国市场，给国内产业结构转型升级提供更多的资金支持，政府会出台相应的税收优惠政策。利用税收政策可以合理有效地引导外资投向，并且外资进入国内市场还会带来相应的技术和设备，帮助改造不利于经济健康发展的产业，推动高新技术企业和环保企业的大力发展，促使产业结构按照预定的目标发展。有针对性地提高进口商品的关税税率，进口商品的价格提高可以有效地保护国内同类型产业的发展；通过对不同产业的产品及其中间投入品设置不同的关税，使其承担不同的税负，用以限制高污染、高耗能等产业的发展。通过征收出口税，用于抑制国内稀缺产品的出口，以保护国内资源和环境。通过对不同的出口产品实施差异性的退税政策，进而对产业结构进行调控，促进国内产业结构的转型升级。通常会对本国高技术、高附加值的产品制定较高的出口退税税率，用以提升本国产品的国际竞争力，而对于技术含量较低的产品制定较低的出口退税税率，对于利用稀缺资源制造的产品则可能实施不退税政策。

2. 税制结构对经济增长的影响。

（1）税制结构影响交易费用。各种经济增长理论普遍认为，要实现经济的增长，需要提高生产要素的产出效率，而引起生产要素产出效率提高的关键因素在于技术进步、劳动分工及社会的专业化。那么如何实现分工，促进技术进步就成为研究的重点。当生产费用加交易费用小于等于消费者自己制造该产品的成本时，分工才能实现；反之，如果生产费用加交易费用大于消费者自己制造该产品的成本，分工无法实现。税收本质上是交易费用的一种，所以税制结构无疑会影响交易费用，而分工能否实现受交易费用影响，所以税制结构会影响劳动分工及社会专业化程度，按前面所述的逻辑，继而影响生产要素的产出效率，最终影响经济增长。

交易费用分为两种：内生交易费用和外生交易费用。其中，内生交易费用包含了道德风险、逆向选择等，是指在事前难以准确预测的潜在损失可能性，需用概率或期望值来度量，实质上内生交易费用是资源配置偏离帕累托最优的结果：而外生交易费用指在决策前可预测到的，在交易过程中直接或间接发生的实体费用，作为一种客观存在，不会使得均衡结果发生偏离。

税收收入本身是一种外生交易费用，因为其事先已规定好、可准确预测，但是税收制度又会带来一种内生交易费用——制度运行费用。因此，税制结构不同，本身会产生不同的外生交易费用，又会带来不同的内生交易费用，总的交易费用就会不同，交易费用的差异会对社会劳动分工程度产生影响，从而影响经济增长。

（2）税制结构影响市场价格体系。随着经济的发展，市场经济体制不断成熟，价格也基本市场化，税收变化是引起价格变化的重要因素之一，商品价格对于税收变化非常敏感。税制结构的任何变动，都会由其对价格体系的影响传递到整个的经济系统。税收可从两个方面对价格产生影响：一方面，税收收入总额的增减会影响价格的总水平，但是，价格总水平受到商品价值、供给、需求等各种因素的影响，比较复杂，税收仅为一个影响因素，故税收收入总额对于价格总水平的影响有限；而另一方面，税制结构变动会对商品的价格结构产生影响，且税制结构对价格体系结构的这一影响效应较为明显。通过这两方面对价格的影响，税收可以影响企业和个人的决策，最终影响经济增长。

具体而言，不同税类对市场价格体系影响不同：

流转税类中，不同税种对于价格的不同影响主要通过价内税和价外税来体现。价内税的税金属于商品价值或价格的组成部分，在商品价格中包含的应缴纳的流转税税金都是价内税；相应的，价外税的税金不属于商品价值或价格的组成部分。在实行价内税时，商品价格中包括了流转税额，税收收入显然会对商品价格产生影响；在实行价外税时，商品价格中虽然不含流转税额，但还是由消费者以货币支付该税款，实质上也是对商品价格产生影响。总之，在不同的程度上，所有的流转税类都会影响商品价格，影响市场价格体系结构。

所得税类主要通过影响企业和个人的税收负担影响价格。企业所得税的征收使得企业原有利润减少，如果生产成本相同，企业所得税增加导致的税收负担会提高企业总的生产成本。为了使利润水平保持不变，在税负水平上升时，企业就有动机提高商品价格，反之，为增加销量及利润，企业在税负水平下降时，可能会调低商品价格。通过这种传导机制，企业所得税会对市场价格体系产生影响，从而影响企业决策，最后影响经济发展。个人所得税的征收会影响个人可支配收入，整个社会中人均可支配收入的变动会影响消费需求，从而影响商品价格，最终影响经济增长。

在我国进行市场化改革前期，税收扩大使得财政收入增多，保证了政府公共支出力度，带动了经济发展。但是现在，我国进入改革深化阶段，为使市场发挥基础性作用，政府进行结构性减税，尽量减少税收对市场的扭曲作用。根据税收理论，直接税具有自动稳定器功能，能够缩小贫富差距，增加社会福利减少经济效率损失；而间接税因为具有转嫁性，一方面会扭曲市场在经济发展中的作用，导致资源分配效率下降，另一方面会导致政府收入增多，加大对市场干预。因此，我国的税制结构优化应该以经济结构调整和转变政府职能为主线，平衡直接税与间接税的比重。

3. 产业发展对税制结构的影响。经济发展水平与税收各要素都有直接或间接的联系，税制演变受到经济发展水平的影响。

1949～1982 年，我国经济发展水平较低，再加上受收入绝对平均化观念的影响，民众的个人收入普遍不高，所以只有主要以企业生产、批发、零售这些环节的流转额、海关收入以及农业产出作税基，才能保证国家财政有充足的税收收入。这导致流转税成为这一时期我国的主体税种，其次是农业税和牧业税，再次才是所得税，且其税基是工商企业的所得，而像个人所得税这样的税种并没有设置。类似个税的税种如薪给报酬所得税在 1950 年设置之后在很短的时间内就被停征了，之后又被撤销。有数据显示，1957 年，全国工商税收收入中流转税收入和所得税收入所占的比重分别为 74.4% 和 13.6%；1959 年，全国的工商统一税和关税收入占税收总额的 74.6%，而工商所得税收入仅占 2.2%，农业税和牧业税收入占 16.1%；1974 年，全国的工商税和关税收入占税收总额的 79.8%，而工商所得税收入仅占 8.6%，农业税和牧业税收入占 8.4%；1982 年全国的工商税、增值税和关税收入占全国税收总额的 85.6%，工商所得税收入仅占 6.9%。

1983～1991 年，随着我国经济发展水平不断提高，企业收入和个人收入均有了迅速的增长，加上外资的引入和所有制的改革，出现了收入相对较高的群体。与此相适应，所得税体系开始扩充，不仅企业所得税在税收总额中的比重迅速上升，个人所得税也从无到有并且其收入比重不断提高。1991 年，全国所得税收入占税收总额的比重上升为 23%，而流转税收入比重则下降为 62.8%。

1992～2009 年，我国经济发展水平继续不断提高，流转税的比重进一步下降，所得税比重进一步升高。到 2009 年，增值税、消费税、营业税、关税这四个典型的流转税收入之和占税收总额的比重为 58.77%，企业所得税和个人所得税收入之和占税收总额的比重为 26.02%，而 2013 年时前者的比重又降为 51.48%，后者则升至 26.20%。这也反映了研究税制的文献中所经常提到的一个规律：随着经济发展水平的提高，间接税比重下降，直接税比重上升。

（三）我国财税制度现状及其对实体经济的影响

1. 我国当前的税制结构及特征。税制结构通过确立主体税种，对国家的税收收入和税收负担有着直接的影响，政府的税收政策导向也可以通过税制结构反映出来。税制结构的选择有一定的规律，具体而言，经济发达国家一般以所得税为主体，经济落后国家一般以流转税为主体，而中等收入国家一般实行双主体的税制。新中国成立以来，随着政治经济形势的不断变化，我国对税制进行了多次重大改革，但是流转税在税制结构中一直处于主要地位。总体来看，我国当前的税制结构有以下特征：

（1）仍以流转税为主体，但所得税占税收总额的比重逐渐上升。我国目前实行双主体模式，流转税与所得税并重，但其长期处于不平衡状态，存在比较严重的“跛脚”现象，流转税类在税收总额中的比重明显高于所得税类的比重。不过这种现象正逐步得到改善，所得税所占比重近年来逐渐上升，而流转税所占比重也明显呈下降趋势。如图 9－4 所示，2006 年以来，流转税占税收总额的比重始终高于 45%，而所得税所占比重始终低于 30%，流转税所占比重明显高于所得税。但是可以看出，从 2009 年开始，流转税总额开始逐年下降，在 2012 年首次低于 50%，2015 年所占比重为 48.80%；而所得税所占比从 2010 年开始逐渐上升，从 2010 年的 24.15% 上升到了 2015 年的 28.62%。

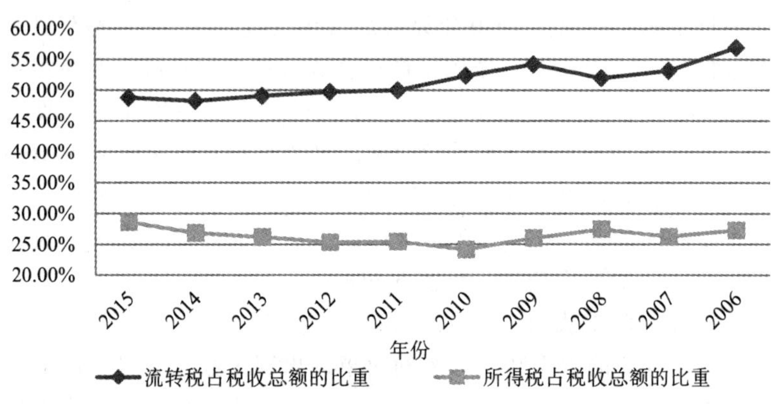

图 9－4 流转税与所得税占税收总额的比重

数据来源：根据我国国家统计局数据计算得到

（2）辅助税种未充分发挥作用。增值税、营业税、消费税、企业所得税、个人所得税是我国现行税制结构中的主要税种，2006～2015 年间这五种主要税种平均占据税收总量的 80%，其中增值税占 29%，消费税占 7%，营业税占 15%，企业所得税占 20%，个人所得税占 6%，而其他辅助税种一共仅占 20%（见表 9－4）。这种辅助税种缺位的状态显然不是理想的税制结构，为了形成更加均衡合理的税制结构，需增加所得税比重，减少流转税比重，同时加强辅助税种对经济的调节作用，优化税制结构。

2. 税收收入总量变动的统计分析。经济的快速发展和经济结构的逐渐完善，对我国的税收收入总量发挥了有效的带动作用，尤其在 1994 年分税制改革后，我国的

表 9－4　税种结构统计分析

年份	增值税占比	营业税占比	消费税占比	个人所得税占比	企业所得税占比	其他税种占比
2015	24.90%	15.46%	8.44%	6.90%	21.72%	22.58%
2014	25.89%	14.92%	7.47%	6.19%	20.68%	24.85%
2013	26.07%	15.59%	7.45%	5.91%	20.29%	24.70%
2012	26.25%	15.65%	7.83%	5.78%	19.53%	24.95%
2011	27.04%	15.24%	7.73%	6.75%	18.69%	24.55%
2010	28.81%	15.24%	8.29%	6.61%	17.54%	23.50%
2009	31.05%	15.14%	8.00%	6.64%	19.38%	19.79%
2008	33.19%	14.06%	4.74%	6.86%	20.61%	20.53%
2007	33.91%	14.43%	4.84%	6.98%	19.24%	20.60%
2006	36.73%	14.74%	5.42%	7.05%	20.23%	15.84%

数据来源：根据我国国家统计局数据计算得到

税收收入总额一直处于较明显的上升趋势。从表 9－5 和图 9－5 可以看出，我国税收收入总量保持多年持续快速增长，2006 年税收收入总额为 34804.35 亿元，2015 年即增加到 124922.20 亿元，增长幅度较大。从数据中可以看出，税收收入为国家经济建设提供了充沛的资金支持，也成为国家宏观调控的一项重要财政工具。

表 9－5　税收收入总额变动分析　单位：亿元

年份	税收收入总额	税收收入增长额
2015	124922.20	5746.89
2014	119175.31	8644.61
2013	110530.70	9916.42
2012	100614.28	10875.39
2011	89738.89	16528.10
2010	73210.79	13689.20
2009	59521.59	5297.80
2008	54223.79	8601.82
2007	45621.97	10817.62
2006	34804.35	34804.35

数据来源：根据我国国家统计局数据计算得到

3. 我国的宏观税负分析。宏观税负一般用一定时期内，税收总额占 GDP 的比值代表，体现该国总体的税负水平。从相对额看，它反映了纳税人所纳税额与其计税依据的比例，可以反映政府是否拥有较强的财力，也可反映政府与纳税人之间财富的分配比例。一般来说，政府的财力与宏观税负是正比例的关系，宏观税负高，表明政府财力相对较强，拥有的资源较多；宏观税负低，表明政府财力相对较弱，调动资源的能力低。从各国政府的实际操作来看，社会经济发展需要有适量的税收

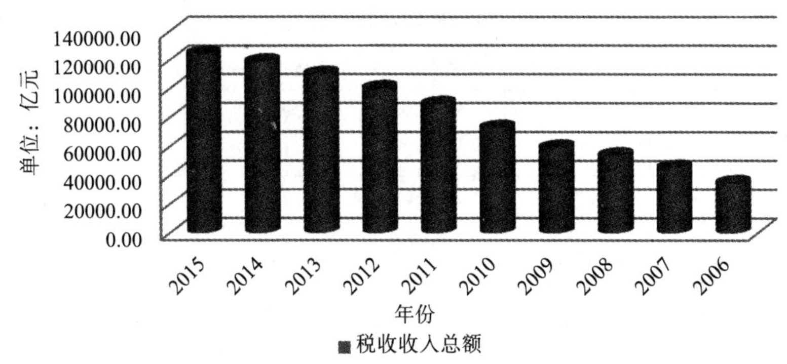

图 9－5　2006～2015 年全国税收收入总额

收入，适度的宏观税负十分重要，既能够保证国家在可持续的情况下征集到需要的财政收入，支撑政府履行其职能，同时还能够充分发挥税收对宏观经济的调节作用。

对宏观税负的考察一般有三个口径：小口径为税收收入占 GDP 的比重；中口径为一般公共预算收入占 GDP 的比重；大口径为包括一般公共预算收入、政府性基金收入、社会保障基金收入和国有资本经营收入在内的全部政府收入占 GDP 的比重。观察小口径的宏观税负水平，可以看到近年来我国的宏观税负保持着上升态势，由 2000 年的 12.61% 上升到了 2014 年的 18.74%。从小口径测算出的数值可以看出我国的宏观税负并不是很高，尚在中等范围以内。中口径的测量中，也就是一般公共预算收入变化由最初的 13.43% 上涨到了 2014 年的 22.07%。而大口径的宏观税负仅从数值上看是远大于小口径和中口径的宏观税负水平的，其数值在十几年间增长了 75%。

从图 9－6 中可以看到，中口径的宏观税负率与小口径的宏观税负率水平前期变化差别不大，从 2008 年开始二者有了一定差距，但是差距依然较小。从变化来看，小口径和中口径保持着稳步上升趋势，无较大波动。而大口径的宏观税负率水平与两者一直相差较大，在 2006 年、2008 年和 2012 年有所下降，其中 2008 年下降略明显，其余年份均呈现上升趋势，在 2014 年达到了 35%。

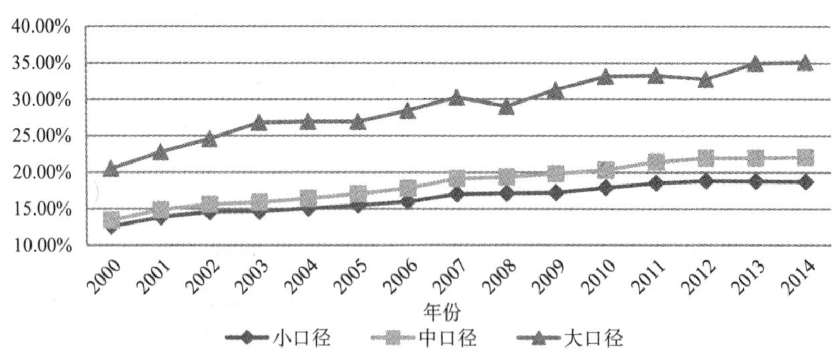

图 9－6　我国 2000～2014 年三种口径的宏观税负

数据来源：我国各年统计年鉴

我国税负的主体承担者是企业，像企业所得税、增值税等税制都是针对企业征收的，过重的税收负担制约着企业的转型升级，也不利于整个社会的经济发展和经济效率的提高。一方面，企业税负过重，导致企业可使用的资金变少，抑制其扩大再生产，尤其是对于中小企业而言，本身实力就与大型企业有很大的差距，在竞争激烈的环境中，由于留存收益的变少导致其没有足够的资金用于设备更新、技术创新，最后被市场淘汰。虽然这符合优胜劣汰的发展规律，但也使得市场活力减弱和竞争程度下降，导致社会整体生产效率无法提升。另一方面，企业税负过重不利于物价的稳定，企业除了是产品的生产者，同时也是市场的定价者，除了一些供给的需求弹性比较小的产品之外，大部分产品企业都可以对其进行税负转嫁，把税收引致的成本转移给最终消费者，使消费者成为税负的实际承担者。从长远来看，高物价又会引致工资需求的上涨，导致企业劳动力成本的上涨，这样也会制约实体经济的发展。

三、美国振兴实体经济的财税政策评述及启示

本书所指的实体经济，是与经济金融化相对而言的。所谓经济金融化表现为，一方面金融部门逐步成为整个国家经济活动的核心，所占据的地位及发挥的作用越来越大；另一方面非金融部门更多地参与金融活动，与金融活动相关的收入成为其收入的重要部分。美国经济金融化始于20世纪70年代，在80年代里根政府时期进入高速发展阶段，其增长趋势一直持续至今。在此过程中，金融部门（包括金融、保险及房地产部门，英文缩写FIRE）对GDP增长的贡献率提升，在整个国民经济中占据重要的地位。非金融部门的金融化程度逐步加深，非金融部门不仅参与越来越多的金融活动，而且金融收入占其总收入的比重提升，生产活动收入比重下降。20世纪80年代以后，美国制造业逐渐向海外转移，美国重点发展房地产、金融等服务业，制造业不断萎缩，产业空心化问题凸显。2008年的金融危机暴露了美国经济的脆弱性，国家经济陷入困境使美国重新意识到实体经济尤其是制造业的重要性。

本书重点回顾评述奥巴马政府和特朗普政府在运用财税政策振兴实体经济尤其是制造业的经验启示，并结合我国国情分析财税政策支持实体经济的对策建议。

（一）奥巴马政府

2009年奥巴马政府提出重振制造业战略，并陆续通过推出“买美国货”、《制造业促进法案》、“出口倍增目标”、“促进就业措施”等一系列政策措施及战略部署，积极推进“实体经济回归”和“制造业回流”美国。

1. 鼓励投资制造业，推动制造业回流。奥巴马政府一再强调制造业对美国的重要性，甚至将重振制造业、发展先进制造业提高到事关国家安全的战略高度。2009年4月，奥巴马在乔治敦大学演讲首次提出将重振制造业作为美国经济长远发展的重要战略。同年9月美国政府推出《美国创新战略：促进可持续增长和提供优良工

作机会》，提出了美国发展创新型经济的完整框架；12 月发布《重振美国制造业框架》，详细分析了美国重振制造业的理论基础、优势与挑战。为推动制造业回流，奥巴马在 2010 年 1 月的《国情咨文》中提出，工作岗位转移到美国以外地区的企业将被取消税收优惠，这些优惠将提供给为美国人创造就业岗位的公司。同年 8 月，美国出台《制造业促进法案》，降低部分进口商品关税，以减少需要进口零部件进行生产的企业的成本。2012 年 2 月 ~2013 年 3 月，奥巴马政府再次推出企业税改革方案，重点对创造本国就业的美国本土制造商加大减税幅度，鼓励在美本土的投资，减少甚至终止对海外投资企业的税收优惠。第二任期之初，奥巴马召集 14 家大型企业负责人在白宫举行主题为“内包美国就业机会”的圆桌会议，敦促企业将更多海外岗位带回美本土，以推动经济增长和降低失业率。

2. 促进出口，同时加大贸易保护力度。奥巴马认为，美国制造业的不断衰落是美国出现货物贸易逆差的重要原因，因此，要改变美国的贸易逆差国地位，就必须振兴制造业，扩大货物出口。2010 年 1 月，奥巴马在《国情咨文》中提出 5 年内使美国货物出口量翻一番的“出口倍增”计划。在贸易政策上，奥巴马政府一方面改革出口管制政策，积极为美国企业拓展海外市场；另一方面，推出一系列贸易保护政策，保护国内制造业。2010 年 8 月，奥巴马宣布对出口管制政策进行改革，除一些美国“独有的、高度敏感的”军用技术及其产品仍需重点保护外，许多原本在管制清单之列的军事技术和产品被解除管制。比如，美军现役主战坦克 M1A1 的刹车板，就完全可以当成“民用产品”直接出口，不再需要事先申请许可证。2012 年 2 月，奥巴马政府成立“跨部门贸易执法中心”，统筹协调美国贸易代表办公室与各联邦政府机构的贸易执法行动，加强对主要贸易伙伴（尤其是中国）“针对美国的不公平贸易行为”的审查和监督。2012 年 3 月 13 日，奥巴马签字批准《1930 年关税法案》修正案，赋予美国贸易执法部门对来自非市场经济国家商品征收反倾销或反补贴关税的权力，并可追溯到 2006 年，追认此前调查的合法性。2013 年 12 月，美在 WTO 第九次部长级会议上转变立场，支持并达成了 WTO 成立以来首份全球性贸易协定——“巴厘一揽子协定”（即多哈回合“早期收获”协议），打破了多哈回合谈判持续 12 年的僵局。美国还与韩国、哥伦比亚和巴拿马相继签署双边自由贸易协定，启动“跨太平洋伙伴关系协议”（TPP）和“跨大西洋贸易与投资伙伴关系协议”（TTIP）谈判。2014 年 2 月 19 日，奥巴马签署行政命令，提出一系列简化美国企业进出口流程的举措，并要求 2016 年 12 月前建成国际贸易数据系统，以缩短美国企业出口的处理和审批时间。

3. 加大基础设施投入，为实体经济振兴提供财税支持。奥巴马政府加大了对高速铁路、道路桥梁、智能电网、清洁城市基础设施以及下一代航空管理系统的投资。2010 年 9 月奥巴马公布了一项金额高达 500 亿美元的投资计划，用于道路、铁路和机场跑道的重修与维护。奥巴马还计划 6 年内（2011 ~2016 年）斥资 300 亿美元建立“国家基础设施银行”，支持和保障基础设施建设，包括修建铁路、桥梁、航空、公共交通系统，投资建设清洁城市，构建高铁网，发展新一代航空管理系统，研发下一代信息通信技术等。美国联邦政府及各州制定了促进投资及企业落户的财税政策。2010 年 9 月，美国正式公布了推动中小企业出口、派遣贸易使团、进行商业推广、增加出口信贷、推动宏观经济再平衡、降低贸易壁垒以及促进服务出口等 8 大优先政策措施。美国各州政府也相应采取了积极的招商引资政策，比如西弗吉尼亚州为吸引企业落户提供了各种税收减免、豁免和特殊估值，为制造商和研发公司提供的信贷最多可抵消 100% 的该州营业税；在与指定客户供应商关系联系在一起的飞机、高科技、防污染设备和房产方面的特殊估值能够降低房产税；对制造商的豁免能够消除用于制造的商品（包括大楼建筑材料和设备）的营业税；该州经济发展局将确保投资项目获得通过，并在财务、税务、招聘、培训以及员工子女入学、寻找住所等方面提供帮助。

4. 推进金融改革，加大对中小企业的支持力度。奥巴马是在批判华尔街和承诺进行金融体系改革的竞选政策中走进白宫的。奥巴马认为，金融体系的不健全是引发金融危机的直接原因，在若干导致美国经济虚拟化的因素中，金融行业偏离传统的发展理念以及各种金融工具的出现是非常重要的诱因。因此，必须对其加以改革，让金融行业更好地为实体经济服务。2009 年 6 月，奥巴马政府发表了金融改革倡议。经过一年多的努力，以该倡议为基础的金融监管法案在国会参众两院获得通过，并于 2010 年 7 月由奥巴马签署正式成为法律。奥巴马政府把中小企业视为制造业振兴的主要载体和中坚，专门划拨款项解决小企业贷款难问题，协助小企业渡过信贷紧缩难关；对“问题资产救助计划”进行修正，放宽对小企业贷款机构的薪资限制及其他限制。为方便小企业融资，奥巴马政府还要求小企业管理局加强对中小企业的服务职能，并敦促银行为那些有可能增加就业机会的小企业提供更多贷款。

5. 加大对科技创新的投入，促进制造业转型升级。美国更加重视通过科技创新促进经济发展，提高国家竞争力，并从资金、人才、科研体制、知识产权保护等方面着力，建立起充满活力的科技创新体系，有效推动了科技进步，以确保美国在全球高新技术领域的领导地位。奥巴马政府上台后将 2009 财年研发预算增加到 1471 亿美元，将 7870 亿美元经济刺激计划中的约 1200 亿美元投向科技领域，并宣布将把美国 GDP 的 3% 投入研究和创新。美国坚持将高校作为科技创新基地，大力发展高等教育，美国现有各类高校 3400 多所，其中国家级大学 220 多所，拥有全国 60% 的科学家和工程师。技术创新和智力支撑，成为美国推动实体经济回归、加快制造业发展的坚实基础。奥巴马表示，不希望能够带来巨大就业机会的技术进步出自德国、中国或日本。2011 年 2 月，奥巴马政府发布《美国创新战略：推动可持续增长和高质量就业》，提出四大政府倡议，把发展先进制造业、生物技术、清洁能源等作为优先突破的领域。6 月，奥巴马推出“高端制造合作伙伴”计划，重点关注关系国家安全的关键制造产业、新一代机器人、创新型节能制造工艺及先进材料等领域的发展。奥巴马在 2012 年《国情咨文》中提出，要通过税收优惠“夺回制造业”，并为高科技制造商加倍减税；在2013年《国情咨文》中宣布，政府将新建3个制造业创新中心，同时呼吁国会迅速行动，在全国创设15个制造业创新中心，确保由美来孕育下一场制造业革命。在2014年《国情咨文》中，奥巴马提出将再增设6个高科技制造业中心，强调要借发展先进制造业来增强美竞争优势。2013年4月，奥巴马政府公布《2014财年预算案》，称将投入29亿美元用于先进制造研发，支持创新制造工艺、先进工业材料和机器人技术，将美打造成制造业“磁石”。2014年3月出台的《2015财年预算案》鼓励中小企业创新，发展制造业和清洁能源，提出未来10年将建立45家先进的制造业中心。

（二）特朗普政府

2017年1月20日，特朗普宣誓就任美国第45任总统。在经济方面，特朗普计划通过减税、贸易保护、扩大基建投资等方式引导产业回迁本土，未来10年为美国创造2500万个新工作岗位。其中号称“美国历史上规模最大的减税计划”被特朗普定位为最优先的立法议程。

1. 特朗普政府税制改革的目标。面对美国经济遇到的各种问题，特朗普试图从税制改革入手加以解决。在特朗普看来，美国需要税制改革的重要原因之一，是美国人的工作机会减少，有太多的就业机会流失到海外，太多的中产阶级收不抵支。美国就业问题的成因是多方面的。事实上，美国失业率已经从2008年国际金融危机以来的高位下降到一个相对较低的水平。特朗普想要促进的是美国的再工业化，但考虑到新型工业化大都伴随着技术替代劳动，即使再工业化进展顺利，由此所能带动的就业能有多少仍不可知。而中产阶级财务困境的形成同样是众多因素影响的结果。面对这些复杂的国内经济问题，特朗普提出了四个简单的税制改革目标：

（1）对中产阶级减税。中产阶级是美国的主体，对中产阶级减税可以让更多人的口袋更加殷实，税后工资增加，从而促进美国梦的实现。

（2）简化税法，使美国人少受报税难的困扰。美国税制的复杂性难题长期存在。为了各种各样不同的政策目标，具体税制可能被打上了一个又一个的补丁，由此税制变得越来越复杂。这种做法虽然有更加公平合理的一面，也有更加人性化的一面，但是复杂的税制让税收的遵从成本不断提高。为了报税，纳税人或者需要聘请税务代理人员帮忙，或者需要耗去自己更多的时间、精力和财力。

（3）阻止公司倒置（Corporate Inversion），促进美国经济增长。所谓公司倒置，就是公司总部迁到低税国或避税天堂，与此同时公司的实际业务仍然在高税国的行为。不少美国大企业，包括一些知名的全球化公司，虽然业务主要在美国，但是总部已经迁到海外，其平均实际税率处于较低的水平上，对美国的税收贡献与它们的经济地位严重不相称。在这种情况下，美国的税基受到侵蚀。税基侵蚀和利润转移是全球主要经济体都面临的难题，国际社会正在采取措施共同应对。特朗普希望通过美国自身的税制改革来阻止公司倒置，让为税收贡献的地方得到对应的税收收入，这样可以增加大量新就业岗位，让美国再次具有全球竞争力。

（4）不增加债务和赤字。在特朗普看来，美国的债务和赤字规模都已经太大。在减税改革的同时，不应增加债务和赤字水平。

从这四个目标来看，特朗普关于美国国内的税收改革主张实际上没有太多新意，但具有整体性。减税可以让中产阶级拥有更多的可支配收入，简化税制以降低税收的遵循成本，让税收促进经济增长并提升美国的竞争力。减税政策的提出是简单的，但是如果政策实施之后，税收收入大幅下降，结果或者是政府应该履行的公共职能缺少资金支持，或者是赤字规模扩大和债务继续高筑。因此，减税必须考虑财政的可持续性。特朗普希望通过阻止公司倒置等实现减税又不增加债务和赤字的目标。

2. 特朗普政府减税政策的具体措施。

（1）个人所得税。①把现行的个人所得税累进档位从 7 个简化为 3 个，并将最高联邦个人所得税税率由目前的 39. 6% 降至 33% 。②简化并提高个人所得税标准扣除额，取消常规扣除、附加扣除以及残疾扣除等类别，统一规定为：单身扣除额度为 15000 美元，夫妻联合申报扣除额度为 30000 美元，取消户主申报这个纳税类别。③取消用来堵住税收优惠漏洞以保证一定收入水平的个人缴纳一定所得税的替代性最低税。替代性最低税（Alternative Minimum Tax）是美国针对个人所得和企业所得征收的一种替代性税收。替代性最低税有一个应纳税收入的下限，且比一般所得税的扣除种类要少，课税的基数要大。所以用替代性最低税计算的所得税通常要高于一般所得缴税，这时就要按照替代性最低税的规则来。这种做法原本是为了防止高收入阶层利用各种扣除来避税，后来由于通胀的因素，越来越多的中产阶级也深受其害。因此，取消替代性最低税将实际减轻纳税人的负担。④取消针对净投资收入征收的 3. 8% 的医疗保险税。⑤在保留现有的针对抚养 17 岁以下儿童的 1000 美元税收优惠的同时，增加针对 13 岁儿童抚养和成人照顾的额外的税收优惠。额外增加的税收优惠主要针对的是年收入 62400 美元以下的家庭或者年收入 31200 美元以下的单身人士。

（2）遗产与赠与税。特朗普在其竞选演讲中提出要取消联邦遗产与赠与税，但会一次性征收一笔资本利得税，500 万美元以下单身人士和 1000 万美元以下的夫妇可以免征该税。在特朗普看来，遗产税是重复征税，应该予以取消。

（3）企业所得税。①特朗普主张将最高联邦企业所得税的法定税率由现行的 35% 降至 15% ，同时取消企业所得税的替代性最低税。②取消海外收益的企业所得税递延，对将海外现金利润迁回美国的企业一次性征税 10% ，其他收益征税 4% ，可分 10 年付清。③取消除研发优惠之外的大部分企业税收优惠支出，包括取消对国内制造业的税收减免和优惠，对研发的税收优惠进行严格限制。④允许国内的制造业企业开展资本投资，但前提是它们的利息支出不再作为成本扣除。目前世界上通用做法是利息可扣除而股息不可扣除，造成了实体企业过度借债和债券类金融机构过度膨胀，影响宏观经济稳定。

（4）边境税收调节计划。边境税收调节计划是由国会众议院议长保罗·瑞安（Paul Ryan）倡议的，其全称叫作目的地导向的现金流量税（DBCFT）。这项计划在特朗普竞选期间多次被提到，改革的主要内容是改变美国目前按照生产地征收企业所得税的制度。具体包括两个方面：一是改革税基，将税基变为现金收入和现金支出之间的差额，同时，将目前35%的企业所得税税率降到20%，对这个差额征收20%的现金流量税。二是将按生产地征收改成按照消费地征收。这就意味着，不管一个企业在何地生产，纳税人来自哪个国家，只要产品卖给美国消费者，就要征税20%，只要卖给外国消费者，就免税。这样一来，美国也可以在类似于增值税的框架下进行边境调节。特朗普此前在推特上表示该税增收效果有限，且操作复杂，不易开展，但之后又表示会予以考虑。

当前，欧盟和亚洲的大多数国家都是采用以增值税等间接税为主的税收体系。增值税有一个重要的特征就是边境税收调节功能，也就是说，出口到外国的产品可以通过增值税抵扣得到税收减免，而从国外进口的产品却需要缴税。这种边境税收调节功能降低了出口产品的成本，增加了进口产品的成本。如果贸易双方都采用相同的增值税体系，那么这种边境调节功能在两个国家间可以得到抵消。但是，如果美国是贸易中的一方，情况就不同了。因为美国是以企业所得税为主的直接税体系，从美国出口的产品需要交纳美国的所得税，而进口到美国的产品却不需要交纳美国的所得税。这就相当于美国给自己的出口产品增加了单方向的税收惩罚，而给美国的进口产品提供了单方向的税收优惠。一部分美国政策制定者认为该政策削弱了美国国内商品的竞争力，因此主张在美国实行以企业所得税为基础的边境调节计划。

（5）惩罚性关税。特朗普在竞选期间还表示，会对墨西哥和中国商品征收高额的关税。目前，特朗普已经开始对墨西哥商品征收20%的关税用于在墨西哥边界修围墙。如果对中国也开始征收惩罚性关税，那么对中国商品出口到美国将造成很大影响。

（三）美国制造业振兴成效

1. 美国制造业萎缩的趋势得到了缓解。从制造业增加值占GDP比重来看，美国制造业萎缩的趋势得到了缓解。数据表明，1970～2009年间，美国制造业增加值在GDP中的占比从24.4%降为12%，但此后开始平稳，在2012年回升到12.3%，2013年又下降至12.1%（见图9-7）。从增速来看，2009～2013年美国制造业实际年增长率达到6%，快于法国、英国、意大利、加拿大等主要工业国家，同日本的增速相近。①

2. 制造业就业数据呈现逐渐上升的态势。从就业数据来看，制造业就业数据呈现逐渐上升的态势。美国制造业在19世纪70年代雇佣的劳动力一度接近2000万

① 数据来源：管理咨询公司A.T. Kearney发布的报告。

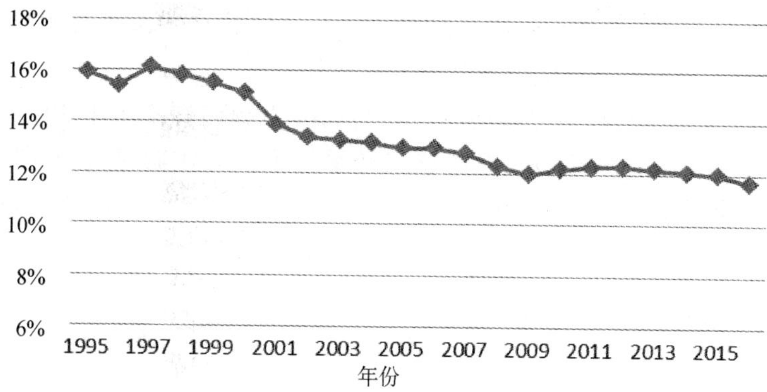

图 9－7　美国制造业增加值占 GDP 比重

数据来源：万得数据库

人，2010 年达到历年来最低值 1182 万人，呈现出明显的下降趋势。但是，从 2010 年 1 月至 2015 年 1 月，美国制造业已增加 50 多万个就业岗位，达 1233 万人，制造业就业呈现上升的态势。①

3. 制造业产品出口迅速恢复并保持增长态势。从出口状况来看，制造业产品出口迅速恢复并保持增长态势。从近年来美国一般商品出口的情况来看，一些主要制造业产品如资本品、汽车、部件及发动机等均已走出 2009 年的低谷并保持出口额持续增长的势头（见图 9－8）。美国制造业的总出口额已经超越了金融危机前的峰值。

图 9－8　美国商品出口状况

4. 制造业持续保持扩张的状态。从美国制造业采购经理指数（PMI）来看，制造业持续保持扩张的状态。依据 Markit 发布的研究报告，美国制造业 PMI 指数在金融危机期间跌入低点之后，已经连续 20 多个月始终保持在 50 以上，美国制造业保

① 数据来源：美国 BLS。

持了较高的景气度。[①] 并且与同期中国相比，美国制造业 PMI 指数明显高于中国制造业 PMI 指数，显示出美国制造业强劲的复苏势头。

5. 美国跨国企业回归本土倾向明显。美国波士顿咨询集团于 2013 年 9 月底公布的一项 200 家大型美国跨国企业的调查结果显示，营业额超过 10 亿美元的企业中，54% 的企业正积极考虑把制造业务从中国回迁至美国，较 2012 年初调查的 37% 增长了 17 个百分点。其中，计算机和电子企业回迁倾向突出。

（四）对我国的启示及对策建议

美国作为世界上最发达的国家，其一举一动都会对世界产生深远的影响。中国坚持对外开放，坚持全球共享繁荣，在深化财税改革中应适时关注并借鉴美国的税制改革动向和先进经验。第一，中国税制结构与美国不同。由于中国税制结构以间接税为主，减税的主要任务肯定落在间接税上。由于间接税税负可以转嫁，在营业税改征增值税全面推行后应注意企业实际税负的下降情况。第二，中国企业所得税 25% 的税率高于特朗普所主张的 15% 的公司所得税税率，特朗普可能造成的全球资本流动需要我们密切关注。第三，中国将要进行综合与分类相结合的个人所得税制改革，现行工资薪金所得适用 45% 的最高边际税率，高于特朗普所主张的个人所得税 25% 的最高边际税率。当然，各国税制选择最后还得立足于国情，但中国坚持减税政策与税制改革相互协调的做法不应改变。

为积极应对欧美等发达国家制造业的技术优势竞争和其他发展中国家制造业劳动力成本优势竞争，我国应积极制定相关发展战略全面提升制造业的总体竞争力，保障制造业在我国国民经济中的基础地位。

首先，积极发展先进制造等新兴产业，加快实现制造业内部结构升级。先进制造等新兴制造业既是美国制造业复兴战略最终突破点也是我国制造业内部结构升级的发展方向。长期来看，先进制造为代表的新兴产业必将成为引领下一轮全球经济增长的热点。针对目前先进制造业的国际分工格局尚未形成，并且各国均处于突破先进制造业发展瓶颈的技术层面。因此，我国应采取各种措施推进先进制造等新兴产业快速发展，抢占制造业全球竞争的制高点。

其次，进一步巩固发展具有比较优势的传统制造业。尽管我国东部沿海地区在发展劳动密集型等低端制造业上已经遇到瓶颈，但由于中西部地区还存在发展这些产业的劳动力成本优势，因此不能完全放弃国内劳动密集性制造业的发展。此外，这些劳动密集型等低端制造业还是我国制造业发展的基础，即便是最先进的高端制造业也需有低端制造业的生产环节与其进行匹配。而且与美国发达国家的制造业相比，离开了中低端制造环节，我国制造业几乎没有竞争优势。所以，我国必须进一

---

① 制造业采购经理人指数（PMI）是衡量制造业综合发展状况的晴雨表（高于 50 表明制造业处于扩张状态，低于 50 表明制造业处于萎缩状态）。

步巩固和发展具有比较优势的低端制造业，对其进行技术改造和质量升级，增强其在全球制造分工体系中的竞争力。

最后，加快实施《中国制造2025》，完善国家政策支撑体系。第一，为抢占未来制造业发展的制高点，各国纷纷出台战略规划，制定政策体系，对先进制造业进行战略性、前瞻性布局，如美国“先进制造业国家战略计划”、德国“‘工业4.0’战略”、巴西“工业强国计划”、印度“国家制造业政策”等。为实施制造强国战略，在“中国制造业2025”基础上，我国应进一步加快完善国家政策支撑体系，推进制造业全面发展。第二，采取加大对制造业企业的税收扶持力度、技术研发投入强度、金融支持力度以及优化国内能源结构等政策措施，进一步降低制造业企业运营成本。第三，强化对外贸易政策，引导企业积极拓展海外贸易市场，积极参与先进制造业贸易规则和竞争规则的制定，进一步提高制造业产品的国际竞争力。第四，加强国际技术合作，通过积极引进国际先进技术、领军人才和提高自主创新水平等措施，缩小我国与发达国家之间的技术差距，实现技术赶超。

四、现行小微企业适用的财税政策分析

随着经济社会的发展，我国政府日益重视小微企业的发展，陆续发布了一些支持小微企业发展的重要文件①。为配合落实国家政策，我国财税部门积极行动，陆续出台了一系列服务于小微企业发展的财税政策。

（一）财政政策

1. 扶持中小企业发展专项资金。我国财政先后设立各类专项资金，通过阶段参股、跟进投资、风险补助和投资保障等对中小微企业进行引导，鼓励技术创新和产业转型发展，尤其是从2012年对相关政策不断进行完善：2012年，在相关文件中对专项资金的贷款贴息额度做出规定，按人民银行公布的同期贷款基准利率确定，每个项目一般不超过200万元②。2013年，在扶持和引导科技型中小企业技术创新活动的政府专项资金的基础上，修订编制了《2013年度科技型中小企业技术创新基金项目指南》，创新基金坚持以市场为导向、支持创新、鼓励创业、重点突出、竞争择优的原则，重点支持科技型中小企业特别是小微企业技术创新。2014年，在相关

① 2000年国家经贸委颁布《关于鼓励和促进中小企业发展的若干政策意见》；2003年《中小企业促进法》实施；2009年国务院发布《关于进一步促进中小企业发展的若干意见》等一系列财税政策措施；2011年首次增加微型企业的标准；2012年国务院出台《关于进一步支持小型微型企业健康发展的意见》，要求加大对小型微型企业的支持力度，创造有利于小型微型企业发展的良好环境。近年来，为支持小微企业发展，我国陆续出台了一系列政策，如2014年发布的《国务院关于扶持小型微型企业健康发展的意见》（国发〔2014〕52号）、2015年发布的《国务院关于大力推进大众创业万众创新若干政策措施的意见》（国发〔2015〕32号）以及各级政府的相关配套政策等。

② 源自2012年《中小企业发展专项资金管理办法》第二章第九条。

文件中指出要规范和加强中小企业发展专项资金的使用和管理[①]。2015 年中央财政通过整合出资 150 亿元，吸引民企和国企、金融机构、地方政府共同参与，最终形成总规模 600 亿元基金，重点支持初创型中小企业。

2. 支持小微企业发展的政府采购政策。2011 年，财政部与工信部共同制定了《政府采购促进中小企业发展暂行办法》，规定自 2012 年 1 月 1 日起，采取预留采购份额、评审优惠、鼓励联合体投标和分包等措施，对中小企业的采购工作实施政府干预。按照规定，负有预算编制职责的各部门，应当预留本部门年度政府采购项目预算金额的 30% 以上专门面向中小企业采购，其中预留给小微企业的比例不低于 60%。在评审中，对小型微型企业产品视不同行业情况给予 6% ~10% 的价格扣除；鼓励大中型企业与小型微型企业组成联合体共同参加政府采购，给予符合条件的联合体 2% ~3% 的价格扣除。同时，财政部分别在中央本级和北京、黑龙江、江苏、湖南、河南、山东、陕西等省（市）等地开展暂定为期 2 年政府采购信用担保试点。此外，还要求各级财政和有关部门在财政部指定的政府采购媒体发布公开预留项目执行情况以及本部门其他项目面向中小企业采购的情况。相关调查研究显示，2014 年政府采购合同授予中小企业的总采购额为 13179. 7 亿元，占采购总规模的 76. 2%，其中，授予小微企业的采购额 6020. 8 亿元，占授予中小微企业总采购额的 45. 7%。

地方上，部分地区结合本地实际出台了政府采购的相关政策。福建省规定：政府采购合同要优先考虑中小企业，特别是 100 万元以下的政府采购要优先考虑中小企业，对小微企业产品的价格给予 6% ~10% 的扣除同时，还鼓励大中型企业与小微企业依法组成联合体共同参加非专门面向中小企业的政府采购活动。山西省规定：负有编制预算职责的部门安排不低于年度政府采购项目预算总额 18% 的份额，专门面向小微企业采购；要求各银行业金融机构和专业担保机构应当优先为获得政府采购合同的小微企业提供信贷支持；将中小微企业公共服务列入政府购买服务目录，支持各类社会中介组织和服务机构为中小微企业开展全方位的公共服务。

3. 开展小微企业创业创新基地城市示范工作。财政部、工信部等五部委联合下发《关于支持开展小微企业创业创新基地城市示范工作的通知》：从 2015 年起开展小微企业创业创新基地城市示范工作，中央财政给予奖励资金支持；示范期内，计划单列市及省会城市奖励总额为 9 亿元，一般城市为 6 亿元；示范期为 3 年，奖励资金分年拨付。此外，对示范城市实行绩效考核，建立退出机制。

4. 取消、停征和免征一批行政事业性收费。为进一步减轻企业负担，《财政部、国家发展改革委关于取消、停征和免征一批行政事业性收费的通知》（财税〔2014〕101 号）规定，自 2015 年 1 月 1 日起，取消或暂停征收 12 项中央级设立的行政事业性收费；对小微企业（含个体工商户）免征 42 项中央级设立的行政事业性收费。

① 源自 2015 年《中小企业发展专项资金管理暂行办法》第一章第七条。

截至2015年，各省对345项行政事业性收费实施取消或者停征，使77项行政事业性收费都有了大幅降低，这切实减轻了小微企业负担，优化了小微企业生产经营环境。

5. 免征小微企业有关政府性基金。根据财综〔2011〕104号及国发〔2009〕36号文件，小微企业免征部分行政事业性收费，包括管理、登记和证照等项目，同时企业可申请减免或延期缴纳城镇土地使用税。根据《财政部、国家税务总局关于对小微企业免征有关政府性基金的通知》（财税〔2014〕122号）的规定，自2015年1月1日起至2017年12月31日，对按月纳税的月销售额或营业额不超过3万元（含3万元），以及按季纳税的季度销售额或营业额不超过9万元（含9万元）的缴纳义务人，免征教育费附加、地方教育附加、水利建设基金、文化事业建设费。

（二）税收政策

近年来，政府屡次扩大小微企业税收优惠范围，降低税率、延长执行时间。就流转税来说，免征增值税、营业税的小型微利企业，已经从2013年的月销售额不超过2万元提高到3万元，政策有效期延长至2017年年底，增值税小规模纳税人的征收率由6%和4%统一降至3%。就所得税而言，2008年《企业所得税法》规定高新技术企业可以享受15%的税率，小型微利企业减按20%的税率；减半征收企业所得税的小微企业范围，应纳税所得额逐渐扩大到2015年10月的30万元，覆盖全部小型微利企业。小微企业税收优惠政策实施后，许多企业享受到了税收减免。据国税总局统计，2014年全国享受小微企业所得税优惠、减免增值税、营业税税款共计612亿元，其中，所得税减免税额101亿元，增值税和营业税减免税额511亿元[①]。

目前，我国小微企业可享受的直接税收优惠政策，主要包括研发费用加计扣除、技术创新主体税收优惠、研发设备加速折旧、科技成果转化税收优惠等。相关政策文件如下：《地方特色产业中小企业发展资金管理办法》（财企〔2010〕103号）鼓励传统企业采取商标专用权的无形资产方式，强化传统优势，提升为特色产业；《国务院关于进一步支持小型微型企业健康发展的意见》（国发〔2012〕14号）文件确定，财政重点支持小微企业的技术进步、协作配套、品牌建设等科技创新活动；《关于研究开发费用税前加计扣除有关政策问题的通知》（财税〔2013〕70号），对加计扣除规定做出调整：工薪、仪器设备、模具、工艺装备的扣除范围变宽，临床试验费及研发成果的论证、鉴定、评审、验证费用由原来的不允许扣除变为允许扣除；根据《财政部、国家税务总局关于完善固定资产加速折旧企业所得税政策的通知》（财税〔2014〕75号）、《财政部、国家税务总局关于进一步完善固定资产加速折旧企业所得税政策的通知》（财税〔2015〕106号），生物药品制造业等十个领域重点行业的小型微利企业新购进的研发和生产经营共用的仪器、设备，单位价值超

① 杨亮："2014年小微企业减免税612亿元"，《光明日报》，2015年2月26日。

过100万元的，可由企业选择缩短折旧年限或采取加速折旧的方法。

目前，我国小微企业可以享受的间接税收优惠政策，主要包括担保机构的税收增值税和所得税优惠、创投企业所得税优惠、信贷机构税收优惠、科技企业孵化器及大学科技园税收政策。其中，相关政策如下：对于创业投资企业投资中小型高科技企业实施了税基抵扣的政策；《关于中小企业信用担保机构有关准备金企业所得税税前扣除政策的通知》（财税〔2012〕25号）规定，增加中小企业信用担保机构的抵扣项目，所计提的准备与损失允许在所得税税前扣除；自2014年11月1日至2017年12月31日，对金融机构与小型、微型企业签订的借款合同免征印花税，鼓励金融机构信贷支持小微企业；《关于促进创业投资企业发展有关税收政策的通知》（财税〔2007〕31号）规定，创投企业股权投资方式投资于未上市中小高新技术企业，满足投资时间满2年以上（含2年）的条件，按投资额的70%抵扣应纳税所得额；2012年《中小企业信用担保资金管理办法》指出，通过业务补助、费用补助、资本金投入和其他方式，鼓励担保（再担保）机构为中小企业提供担保（再担保）服务，重点补助小微企业的低费率，针对在保的年均余额，按比例标准实施补助。

五、财税政策在支持小微企业发展方面存在的问题

当前，针对小微企业发展中遇到的问题，我国财税政策虽然有力支持了小微企业发展，但是由于我国没有形成针对小微企业发展的政策体系，现行财政政策仍存在一些明显的不足。

（一）财政政策

1. 财政资金支持规模有限、支持手段与结构不合理、资金运用效率不高。我国各类专项资金规模有限、资助种类多，且对融资对象在财务制度、企业管理方面有较多限制，考虑到小微企业的巨大数量和需求，大多数小微企业难以获得相关支持或单体资助额度偏少。据全国工商联调研：财政补贴分配以中型高科技企业为主；能够得到资金资助的，一般是地区行业性龙头企业、少数科技型或人才计划类小微企业，覆盖面较窄，其他小微企业很难享受到资金支持。

2. 财政对小微企业融资政策支持力度不足，资金结构难以满足小微企业发展过程中规模扩张、技术研发和转型升级等多元化资金需求，融资难、融资贵问题没有从根本上得到解决。中央财政支持小微企业融资主要采用财政补贴、贷款贴息与专项资金扶持三种方式，缺乏中长期资金支持，服务于小微企业的小微金融机构发展不足，表现为：面向小微企业直接融资的政策性金融体系尚未形成；村镇银行、小贷公司和农村资金互助社等新型金融机构对小微企业融资的整体支持作用还未完全发挥；为社区内小微企业提供专门服务的金融机构还比较缺乏。

目前，我国政府主要是通过财政补贴、税收优惠的方式来间接鼓励担保机构为

中小微企业融资进行担保，但由于融资担保体系发展不完善导致发挥的作用相对有限，突出表现为：担保公司实力不足，在融资合作中难以跟银行建立起平等的银保合作和风险共担机制，担保费率较高、小企业负担重。

3. 财政扶持资金管理上存在“重分配、轻管理；重项目、轻服务”现象，对财政支持资金使用缺乏有效的监督管理，并缺乏事中事后的绩效评价。当前，财政资金支持小微企业多通过项目申报、评审的方式来实现，这导致项目申报过程中一方面存在“重立项和资金分配，轻管理和绩效”的现象；另一方面，一些项目实行全国统一申报评审时，脱离了各地发展的实际，在评审过程中又容易出现寻租行为。此外，各级政府陆续设立财政引导扶持基金，但在实践中缺乏详细的监管办法，无法在事中环节有效跟进基金的运行情况。再加上，各地对小微企业扶持资金效果的绩效评估工作不够完善，无法保证资金流向真正需要扶持的小微企业。

（二）税收政策

1. 税收优惠以企业所得税为主，集中于直接优惠形式且需政府认定，这使得小微企业受益面较窄、普惠性差，税收激励不足。与国外创新税收政策针对特定行为多采用投资抵免、再投资退税、延期纳税、加速折旧等间接优惠方式不同，我国税收优惠政策主要集中在降低税率、减半征收、免税期、亏损结转等直接税收优惠方式且存在领域、对象、时间等方面的限制，侧重于事后激励，与小微企业发展规律存在偏差，有较大局限性。例如：我国目前的增值税优惠政策主要面向小规模纳税人，而所得税优惠则针对小型微利企业；20%优惠税率但减按50%计算应纳税所得的政策，主要针对小型微利企业且从资产、从业人员、年纳税所得额方面进行了严格限制，但小微企业中符合全部条件的数量相对有限；享受15%优惠税率的企业，必须是经过认定的高新技术企业、软件企业、动漫企业、技术先进型服务企业、集成电路企业等；研发费用加计扣除政策规定，研发项目必须满足一定技术领域或行业限制；风险投资70%税前扣除优惠政策，要求投资对象必须为通过认定的中小高新技术企业，而非所有科技型中小企业；技术转让所得税优惠，允许的技术许可权转让必须是5年以上的全球独占许可权。

2. 针对小微企业创新的税收政策缺失，税收政策在产业政策导向方面不强。在国外，小微企业创新属于税收政策的支持重点，然而我国对小微企业创新没有特别税收支持。例如：优惠税率主要适用于快速成长的高新科技企业①，大部分小微企业难以认定；处于初创期的小微企业盈利少甚至亏损，研发费用加计扣除政策无特别优惠，可获减税额有限；小微企业的长期股权投资者和技术入股者无特别税收激励，税负较高。

---

① 2016年初，国务院常务会议确定完善高新技术企业认定办法：将小企业的研发费占销售收入比例由6%调整为5%；将具有大专以上学历科技人员占企业当年职工总数30%以上的要求，调整为不低于10%；取消近3年内获得知识产权或取得5年以上独占许可的条件，鼓励企业自主研发和转让技术。

国外的税收政策一般具有明确的产业政策导向，对符合要求的产业实行税收优惠，对不符合标准的实行加计征税，以优化产业结构。我国所得税优惠政策对所有的小微企业“一视同仁”，没有规定企业是否需要创新或者环保要求，对创新激励的导向性明显不足。

3. 税收优惠政策要求小微企业具备完善的财务核算，操作性相对较弱，导致税收征管和遵从成本高。税收优惠针对性较差、无法适应小微企业的不同情况，且在税收征管环节的征管程序复杂、征管成本高，对于财务管理不健全的小微企业来说，直接影响是遵从成本较高。研究表明：税收遵从成本与企业规模成反比，具有累退性，中小企业的所得税税负高于大型企业①。

符合条件的核定征收企业也享受小微企业所得税优惠，然而在实际操作中，核定征收的小微企业财务核算通常不规范，基层税务机关一般采取简便征收方法，对该类企业只能通过调整核定税额的办法来落实税收政策，减免额估算准确性不高。此外，小微企业的身份认定的相关定量条件存在核实障碍，尤其是很多季节性经营、临时性经营或按合同计划生产的小微企业，其从业人数经常变换，较难核实计算。

4. 部分个体工商户、个人独资企业和合伙企业的所得税明显高于小型微利企业。相比于小型微利企业，小微企业中有相当一部分个体工商户、个人独资企业和合伙企业被排除在所得税优惠政策之外，该部分小微企业被征收个人所得税，与小型微利企业存在明显的税负差异，税率高且增长较快。此外，在计算个体工商户应纳税所得额时，扣除范围仍较窄②，一些项目如固定资产折旧摊销、捐赠扣除、资产减值、特殊行业减免征收、研发费用加计扣除、安置残疾人就业工资支出税前扣除等还没有与企业所得税形成对接。

同样的，当合伙企业存在自然人合伙人和企业合伙人时，有可能产生税负不均的现象。按照《财政部、国家税务总局关于合伙企业合伙人所得税问题的通知》（财税〔2008〕159号）规定：合伙企业以每一个合伙人为纳税义务人；合伙企业合伙人是自然人的，缴纳个人所得税；合伙人是法人或其他组织的，缴纳企业所得税。相比于自然人，企业合伙人由于按照《企业所得税法》的规定，费用扣除标准相对宽泛，对于小型微利企业亦给予税率优惠。此时，当合伙企业同时存在自然人合伙人和企业合伙人时，可能会产生企业法人符合小型微利企业的要求，适用低税率，自然人合伙人适用较高的超额累进税率的情况。

---

① 2014年，国家会计学院发布《中小企业税收发展报告》：2012年代表中小企业的新三板公司的所得税税负为32.69%，而规模大的创业板、主板公司所得税税负分别为18.45%和24%。

② 《财政部、国家税务总局关于调整个体工商户个人独资企业和合伙企业个人所得税税前扣除标准有关问题的通知》（财税〔2008〕65号）规定：个人生产经营所得中可扣除项目，包括个体工商户业主、个人独资企业和合伙企业投资者本人的费用，向其从业人员实际支付的合理的工资、薪金支出，纳税年度内发生的广告费、业务招待费、与职工工资挂钩的“三费”等项目。

表 9－6　个体工商户与小微企业的所得税对照表　单位：元

应纳税所得额	个体工商户、个人独资企业和合伙企业缴纳个人所得税			小型微利企业缴纳企业所得税	
	税率	速算扣除数	所得税额	税率	所得税额
不超过 15000	5%	0	750	10%	1500
15000～30000	10%	750	2250	10%	3000
30000～60000	20%	3750	8250	10%	6000
60000～100000	30%	9750	20250	10%	10000
100000～200000	35%	14750	55250	10%	20000
200000～300000	35%	14750	90250	10%	30000
30 万以上（按 40 万）	35%	14750	125250	20%	80000

5. 针对小微企业的纳税服务体系不完善，部分小微企业的非税负担仍然较重，降低了税收优惠政策的实施效果。由于税收优惠申报是一项非常烦琐的工作，基层税收机关征管能力弱、征管信息不完善，尤其是很多小微企业没有完整财务记录，税务机关倾向于对小微企业采取核定征收。而且在核定征收方式中，税务执法者自由裁量空间大，寻租空间的存在也使得隐形税务负担加重。尤其在一些纳税服务信息透明度较低的欠发达地区，一方面，政府一般将税外收费作为筹集财政资金、充实财政实力的主要途径，一定程度上弱化了对小微企业税收减负的效果；另一方面，由于缺乏及时的纳税指导，部分小微企业也未能享受到减负实惠。

（三）配套政策

1. 小微企业划分标准不一，财税政策协调不充分。目前在我国，小微企业有两种概念："小型微型企业"[①] 和 "小型微利企业"[②]，前者来自于 2011 年工信部、国家统计局、国家发改委、财政部研究制定的《中小企业划型标准规定》，后者则来自于 2007 年《企业所得税法》。

我国出台的税收优惠主要面向法人型的小型微利企业，忽略了个体工商户、个人独资企业以及合伙企业等非法人企业，其中《企业所得税法》规定：对小型微利企业减按 20% 的税率征收企业所得税；后经国务院批准，对年应纳税所得额低于 30 万元的小型微利企业，减按 50% 计入应纳税所得额，相当于执行 10% 的所得税税率。小微企业概念及标准不统一、相关文件之间不衔接，容易误导社会公众，增大税收政策执行阻力和政策协调难度。

2. 政出多门、多部门交叉管理，组织协调难度大，缺乏小微企业专业管理机构，减免税政策传导落实机制不畅，直接影响了国家对小微企业的服务和支持力度。

---

① 参照世界主要国家的做法，结合我国实际，在中型和小企业的基础上，增加了微型企业标准，基本涵盖国民经济主要行业，且将个体工商户纳入参照执行范围。

② 就工业企业而言，是指从事国家非限制和禁止行业，年度应纳税所得额不超过 30 万元，从业人数不超过 100 人，资产总额不超过 3000 万元的企业。

目前，国家发改委中小企业司负责小微企业的宏观指导、综合协调和服务，组织实施《中小企业促进法》；工业和信息化部在对小微企业进行宏观指导的同时，拟定促进非国有经济和小微企业发展的相关政策和措施，促进对外交流合作，推动建立完善的小微企业服务体系；科技部主导小微企业科技创新资金的审批；财政部则负责支持小微企业专项资金的拨付。

3. 财税政策分散零碎、缺乏衔接、不成系统，再加上各级政府在扶持资金上的切割分散使用，对小微企业的财税政策扶持难以形成合力。我国尚未建立专门针对小微企业的财税政策体系，在当前的政策实践中，一些政策散落在不同的法规、公告、条例及通知中，政策取向和执行标准不够统一且多为补充条款，这导致政策缺乏系统性、标准性、稳定性，政策间缺乏平衡和协调，甚至出现少数政策存在冲突的现象。例如，根据财税〔2014〕75号、财税〔2015〕106号有关规定：生物制药等十个重点行业的小型微利企业，新购进的研发和生产经营共用的仪器、设备，单位价值超过100万元的，可由企业选择缩短折旧年限或采取加速折旧的方法。需要指出的是：加速折旧政策影响到应纳税所得额，进而影响到小微企业的身份认定，从而决定了是否享受加速折旧的税收优惠；年应纳税所得额与加速折旧政策之间相互影响，不便于企业财务核算和纳税申报，也会影响政策的执行效果。

六、完善支持小微企业发展的财税政策措施

国家应重视发挥小微企业在促进就业、科技创新、社会稳定方面的作用，通过对小微企业实行"低税率、简税制"的财税政策，培育促进小微企业的发展。结合我国当前经济发展需要，支持小微企业发展的财税政策既要有普适性，又要有导向性，支持小微经济体的创业创新。

（一）财税政策措施

1. 扩大财政资金支持规模，优化税制结构，进一步降低小微企业各项税费。逐步加大各级财政资金对小微企业的扶持投入，保持其在财政预算中保持合理增幅，具体可考虑：扩大中央预算支持小微企业发展的专项资金规模或在国家层面设立小微企业发展基金，重点支持中小微企业技术创新、结构调整和节能减排，扩大对信用记录良好、管理相对完善、财务相对规范的小微企业的专项资金支持力度；统筹、整合各类分散的专项资金，并明确提高用于小微企业的具体比例；继续清理取消部分行政事业性收费，督促落实国家有关小微企业的税收优惠政策，减轻小微企业税费负担。

优化税制结构，进一步降低小微企业税负，可考虑：对所有小微企业实行一般纳税人资格自由选择制度，降低税收间接成本①，为小微企业提供与大企业平等竞

---

① 长沙市2008～2011年国税数据显示：在初创期，增值税一般纳税人资格引发的年固定成本在3万元左右（包括税控设备、专兼职财务人员工资和核算成本、纳税申报成本等），超过了小微企业户均年应纳税所得额平均水平（4年总量样本和筛选后样本平均值分别为1.43万元和2.93万元）。

争的准入机制；逐渐对会计核算健全、出口退税资料完备的小规模纳税人实行平等的出口退税政策；减少小微企业的所得税税基，如扩大税前扣除的范围、允许固定资产加速折旧、加大研发费用加计扣除等；进一步降低小微企业的所得税税率，可考虑将20%的优惠税率调整为几档超额累进税率，并适用于所有小微企业，同时对年应纳税所得低于30万元的小微企业延长纳税期；完善适合非法人型小微企业的个人所得税优惠政策，避免税负不均，可参考当前所得税对小型微利企业的实际征收水平，对个体工商户、个人独资企业和合伙企业等经营所得，适当调整税率级次或允许小微企业在个人所得税和企业所得税中自由选择纳税；同样的，对于采取合伙制的小微企业，应赋予自然人合伙人和法人合伙人同等的税收优惠。

2. 以财政为后盾，发挥直接融资和间接融资双重作用，构建多层次的小微企业融资体系。理论和实践证明，小微企业的先天不足和劣势决定了单纯依靠自身很难获得融资。尤其是商业金融机构的逐利属性，决定了大中型商业机构很难为小微经济体提供有效的融资支持。因而要解决小微企业融资难问题，必须充分发挥财政资金在投资、扶保、贷款、补贴方面的融资带动作用，构建一个可持续的、能够长期发挥作用的政策性融资机制。该机制应具有“财政为后盾、信贷杠杆放大、市场化运作、资金循环使用”的特点，并具备三个核心要素：第一，建立财政资金、社会资本、专业化管理机构的风险共担机制。第二，由于我国社会是人情社会，且各类小微企业均有融资需求，所以必须有对支持对象的公开、透明、规范的遴选机制，防止政策寻租。第三，我国各地经济社会发展不平衡且存在一定差异，“央地两级财政引导支撑、社会资本参与、市场化运作”是保证融资体系顺畅运作的重要补充。

银行方面，重点考虑设立专门的政策性金融机构，以直接贷款、担保贷款、利息补贴、发行担保债券等方式直接向小微企业提供融资支持，同时不断鼓励引导商业银行为小微企业提供融资，具体包括：落实已出台的商业银行小微金融服务的差异化监管政策和货币政策，鼓励大中型商业银行设立专门的小微企业融资部门或小微企业支行，并开发适合小微企业融资需求的多样性金融产品；建立小微企业信贷奖励等差异化考核制度，对小微企业融资占比较高的银行，实行定向降准或提供优惠利率的再贷款；加强商业银行小微企业信贷业务的税收优惠，通过增值税和所得税减免①，降低小微企业贷款的业务成本；根据小微企业存款规模合理确定面向小微企业的融资业务规模；大力发展小贷公司、村镇银行等小微金融机构、规范引导互联网金融，使其与小微企业的融资需求相对接，发挥草根金融对小微企业的融资支持作用。

担保方面，加快构建包括政府出资的政策性担保公司、社会资本为主的商业性

① 对担保机构从事小微企业信用担保或再担保业务取得的收入，免征增值税；对金融机构面向小微企业的贷款合同，免征印花税；允许金融企业小微企业贷款损失准备金税前扣除。

担保机构和合作制担保组织在内的多层次的信用担保体系，同时要不断完善现有担保机构的运作机制，具体包括：发挥财政资金的政策性担保功能，保证财政支持、担保机构、贷款机构共担风险；担保融资方式要样化，扩大不动产融资范围（如农地金融），加快应收账款、存货、知识产权等动产、无形资产融资方式；完善小微企业融资担保的风险补偿机制，根据风险状况及时增资，强化担保机构承保能力；清理整顿小微企业融资过程中不合理收费，包括各类“隐性收费”等。

直接融资方面，要完善多层次的资本市场体系，具体包括：充分发挥政府财政资金的引导作用和杠杆作用，联合社会资本和运作成熟的创投机构成立小微企业创投基金，共同加大对小微企业直接投资的资本供给；通过制定财税优惠措施，鼓励引导创投和私募基金等民间资本对小微企业的创新创业投资，如对小微企业的所有风险投资者均给予投资额70%的税前扣除并允许投资损失抵扣普通所得等；简化融资审批程序，调整准入标准、审查制度、交易及监管制度等，降低小微企业到资本市场直接融资的门槛。

保险方面，可通过保费补贴、风险分担、税收优惠等方式，加快小微企业信用保证保险、科技创新保险、短期出口贸易保险等业务发展，提高小微企业信用等级，鼓励各类金融机构面向小微企业提供融资。

3. 实施差别化、多维度的税收优惠政策，强化政策导向。税收政策制定要在兼顾公平性的基础上，对部分小微企业制定差别化条款，鼓励小微企业科技创新、吸纳就业、扩大投资、设备更新等，从而体现政策导向。其中，相关政策可包括：税收优惠应适当向国家重点行业、技术创新性、绿色环保型小微企业进行倾斜，并在当前阶段加大对小微企业创立和转型时期的税收优惠；通过各类研究创新计划和科技创新基金设立研发补贴，对符合奖励条件的小微企业创新活动给予补贴；对大学生、返乡农民工创业提供财政补贴（贷款贴息、培训补贴、职业技能鉴定补贴）和小额担保贷款等扶持政策；加大对小微企业吸纳就业的重视程度和优惠力度，研究制定小微企业吸纳就业的税收优惠政策和人力资源就业补贴，鼓励劳动密集型小微企业发展以及小微企业吸收失业人员就业；为鼓励小微企业开拓国内外市场，对小微企业参加省级展销活动及开拓国际市场过程中的相关费用给予税收优惠；为吸引小微企业在贫困地区的创建，应在一定时期内减免流转税，并一直享受比普通地区优惠的税收政策；对小微企业用税后利润转增资本的投资或投资设立新企业，对再投资部分缴纳的企业所得税给予返还；对小微企业购入并实际使用的新设备，实行普遍的加速折旧或按购进额一定比例作为所得税抵免额；对小微企业投资国家鼓励类项目所进口的自用设备以及按照合同随设备进口的技术及配套件、备件，可免征进口增值税和关税。

4. 完善所得税政策，改变当前事后激励的模式，通过强化间接税收优惠政策，强化激励小微企业的创新活动。为引导小微企业创新发展和转型升级，着重提高小微企业的科技创新能力和科技成果转化能力，税收优惠政策应基于企业的经营行为，通过降低税率、放宽费用列支、设备投资减免、再投资退税等政策形式，加强事前激励，并侧重于企业初期阶段的试验环节（科技成果转变为产品原型）、生产环节（产品原型转变为产品）、市场开发环节（产品商业化）。其中，相关政策可包括：将高新技术企业销售环节的税收优惠，逐步转化为对科技成果转化的开发补偿与中试阶段的税收优惠，并允许企业将一定比例的成果转化资金作为费用在所得税前予以扣除；取消研发费用加计扣除政策的行业或领域限制，对符合政府产业政策导向的小微企业可提高研发费用加计扣除比率，并对不足抵扣部分允许无限期向后结转；适当降低对无形资产的适用税率，鼓励小微企业开发、转让包括专利权在内的无形资产；对企业内优秀人才的创造发明转让所应纳的个人所得税进行免征，鼓励进行科学研究；对小微企业用于员工技术培训信息化建设、技术引进及管理咨询活动，给予财政补贴或税收抵免；对小微企业的职工教育经费提取比例，可适当高于一般企业；对小微企业的经营亏损，取消结转五年的时间限制，允许无限期结转弥补。

5. 进一步优化纳税征管服务，加强财税资金运用的监督管理与绩效评价。进一步优化纳税征管服务，具体包括：加大税收政策宣传，加强对小微企业税法和财务知识的辅导培训，提高小微企业财务人员的业务水平；进一步简化办税流程和环节，精简纳税人报送资料，适当延长小微企业的纳税申报期限；完善电子税务系统，积极推行网上报税和在线办理涉税事项，减少税务机关执法的弹性空间；建立针对小微企业的便利化税费征管机制，可考虑建立针对小微企业的税收征管中心，统一代理征收小微企业所有税费，然后在入库环节再在不同部门间分配，避免对小微企业的重复征管，这样可以避免各部门的争相收费，也可以有效减少乱收费，减少权力寻租现象。

建立我国财税资金运用的跟踪评价机制和绩效评估机制，对财税资金使用进行过程管理、明确绩效目标，加强事中和事后的绩效评价，引导财税资金运用从“重拨付、轻跟踪”向“重申请、严监督”转变。

6. 落实完善小微企业的政府采购政策，稳步提高小微企业政府采购占比。结合我国现行的政府采购政策，督导落实政府关于小微企业采购计划的执行情况，对未能完成目标的，应提交说明或在下一年度提出整改措施。与此同时，还应不断完善现有政策采购政策，可考虑：细化政府采购的实施方案，进一步增强招投标过程中的规范性和透明度；适时调整政府采购目录，不断降低小微企业参与政府采购的准入门槛和注册资本限制；对于小微企业，尤其对于贫困地区小微企业的政府采购，应规定明确的采购比例；通过政府采购过程中的商品质量、技术水平、履约状况审查，逐步建立小微企业信用等级制度。

（二）配套政策措施

1. 完善健全小微企业发展的财税法律政策体系，并加强与其他政策间的协调配合，增强政策的系统性、协调性、规范性、稳定性。当前，我国针对小微企业发展尚未形成完善的财税法律体系，立法进程明显落后于企业实践。这就需要加强财税政策、金融政策与产业政策、区域政策的结合，完善法律对财税政策的保障作用。健全小微企业财税法律政策体系，一方面可以把我国目前针对小微企业的部分税收优惠政策相对固定下来，另一方面也可以修订现有财税政策中的不合理内容，从而保证小微企业发展政策的持续性、规范性和平稳性，为小微企业发展提供合理预期。值得强调的是，当前我国对小微企业的认定标准存在差异，税务部门和工信部标准不同，影响了小微企业发展政策的支持力度，建议加强政策协调或者通过统一执行工信部关于小型微型企业的认定标准，来扩大小微企业的范围、拓宽政策受惠范围。

2. 研究设立专业化的小微企业管理机构/办事机构。由于小微企业管理涉及国务院几乎所有部门，且存在大量跨部门、跨层级的协调内容，因此有必要成立专业化的小微企业办事机构/管理机构，整合协调小微企业的管理服务职能，凝聚各方资源和力量，从国家层面统一加强对小微企业形成有效的管理和支持。其职责应该包括但不限于：全面协调各级政府落实有关法律法规与政策条例；整合协调财税资金的预算、管理与监督，考核评价资金使用效率；承担小微企业经济信息的统计、汇总、分析与发布工作，监测小微企业发展态势；整体统筹小微企业的经营发展战略，为小微企业制定发展的制度和政策；负责开展小微企业创业辅导，提供人员培训、经济支持、信息咨询等服务；承担面向小微企业的融资支持职能，通过多种方式帮助小微企业进行融资。

3. 完善小微企业社会化公共服务体系，加快小微企业征信体系建设。我国政府要从提供政府公共服务和完善中介机构服务体系两方面出发，加强对小微企业的社会化服务能力，具体来说：一方面，积极建设互联互通、资源共享、体系健全的公益性的小微企业信息化服务平台，向小微企业提供法律法规、登记纳税、创业扶持、政策指导、产权保护、产业规划等服务，支持小型微型企业技术改造，提升创新能力和经营管理水平，为小微企业发展创造环境；另一方面，政府应加大直接财政投入或通过税收优惠措施鼓励中介服务结构①的做法，高效便捷地向小微企业提供人才引进、法律咨询、投资咨询、商务信息、市场预测、财务培训、代理记账、代理报税等全方位政府信息和中介机构服务。

在依法、保密、互利的原则下，政府部门应充分发挥组织协调作用，在人行征信系统基础上整合小微企业生产经营、纳税缴费以及对外担保、民间借贷等信息，搭建起政府有关部门（财税、工商、科技）、银行、协会/商会组织、企业之间的信息共享交流平台，一方面减少信息不对称、促进企业融资，另一方面也可以加快小微企业诚信体系建设，健全对失信企业的联合惩处机制。

---

① 中介服务机构包括科技评估机构、担保公司、信用评级公司、会计师事务所、律师事务所、评估师事务所、券商分支机构等。

第十章

支持实体经济发展的行政、产业和价格政策

不论经济发展到什么阶段，实体经济都是我国经济发展的物质基础，也是在国际经济竞争中赢得主动的根基。要正确认识和把握我国社会发展的阶段性特征，处理好政府和市场的关系，使市场在资源配置中起决定性作用和更好发挥政府作用。要打造服务型政府，创新和完善宏观调控政策体系，建立“亲”“清”新型政商关系，从简政放权、产业升级和价格改革等方面，明确长效机制，寻求重点突破，为实体经济创新发展提供良好环境。

一、加快网络信息技术与实体经济深度融合

当前，网络信息在经济发展中的战略性、基础性和先导性作用日益凸显，加快建设网络强国、着力振兴实体经济，既是适应引领经济新常态的客观需要，也是顺应新一轮产业变革的必然选择。加快网络信息技术与实体经济深度融合，已经成为助力经济新旧动能接续转换，推动经济迈向中高端水平的重要手段之一。要加快实现各部门、地方互联网和信息基础设施的互联共享，彻底解决信息系统多而散、数据分而乱的突出问题。建立中小微企业信用平台，便利融资银行自动获取中小微企业的财务信息。加快传统经济的数字化转型，在产业延伸中稳定存量就业岗位。

（一）优化互联网和信息基础设施整合机制

当前，各部门、地方对于互联网和信息基础设施整合共享工作的认识程度参差不齐，由于缺乏评价和激励机制，一些单位或个人对整合机制建设的动力不足，甚至产生独有、专享信息数据资源的观念。针对近年来普遍存在的信息共享推进困难、多方努力却收效甚微等问题，国务院先后发布《促进大数据发展行动纲要》（国发〔2015〕50号）、《政务信息资源资源共享管理暂行办法》（国发〔2016〕51号）、《推进“互联网+政务服务”开展信息惠民试点实施方案》（国办发〔2016〕23号）等政策文件，为优化互联网和信息基础设施整合机制提供了根本遵循和基础条件。同时，也仍然存在一些突出问题亟待解决。一些部门的信息基础设施工程项目与国家总体规划没有衔接好，导致一哄而上、规划脱节、条块分割、纵横失联；多个渠道安排项目和资金，形成九龙治水、多头审批；各方面的数据采集、命名、格式和

系统开发等标准和口径差异较大，导致系统自成体系、数据底数不清和共享水平难以提高；对信息基础设施整合共享的监督约束机制较为薄弱，柔性条款过多，刚性约束过于宽松软等。目前，国务院各部门均开发了自己的信息系统，部分地方一个部门内不同处室由于职责不同，也建立了各自独立的信息系统。信息之间互不联通，形成信息孤岛。

加快我国信息化建设力度与步伐，从战略制定到实施，都应该围绕服务实体经济发展这条主线：加大信息技术研发，提高信息产业的经济效益，提高信息消费占居民消费比例；促进信息化与工业化深度融合、网络经济与实体经济相互融合，形成战略性新兴产业。

一是加大网络设施投入，加快构建高效的新一代信息网络设施，进一步开展网络提速降费，积极稳妥推进电信领域市场开放等。

二是加快网络信息技术自主创新，推动5G、高端通用芯片、传感器、基础软件等核心技术突破和产业化。

三是深化融合应用创新，以工业互联网、智能制造等为抓手，推动制造业与互联网融合发展。

四是健全网络安全体系，加强关键信息基础设施保护，落实企业网络安全责任，提升应对网络攻击威胁的能力。加快推进深化制造业与互联网融合发展，着力振兴实体经济，扎实推进网络强国建设。

五是推动政府信息系统和公共数据的互联共享。健全大数据相关制度框架和制度体系。推动公安、工商、民政、事业单位登记机构分别完成向地方政务大厅开放共享相关信息，将人民银行账户信息系统纳入信息共享范围。加快共享信息动态更新和查询系统升级改造，统一归集公民、企事业单位和社会组织基本信息，实现全国各地区各部门业务“一号申请、一窗受理、一网通办”。设立大数据协同管理机构，进一步建立基础数据库，集中存储被共享的数据，同时进行清晰校验和整合，规定访问的权限和进行灾备等。统一电子档案制作和存储标准，申请人一次办理相关数据信息永久保存，推动电子档案信息跨部门传输、共享、存储管理和使用，建立跨部门的数据信息双向告知、答疑纠错、数据比对等机制，减少基础材料在多部门间重复递交。

六是大力推进中小微企业公共服务平台建设，加大政府购买服务力度，为中小微企业免费提供管理指导、技能培训、市场开拓、标准咨询、检验检测认证等服务。

（二）利用现代信息技术建立中小微企业信用平台

解决中小微企业融资难融资贵问题，最根本的方法是利用网络信息技术解决信息不对称问题，实现中小微企业的信用信息查询、信用评级、网上申贷和融资供需信息发布、撮合跟进，以及与政府部门和各个金融机构之间的信息共享。依托工商行政管理部门的企业信用信息公示系统，在企业自愿申报的基础上，建立中小微企业名录，集中公开各类扶持政策及企业享受扶持政策的信息。利用大数据、云计算等现代信息技术，推动省级政府部门和人民银行牵头，联合各级政府部门、市场第三方，建立中小微企业信用体系大数据平台数据报送机制，打通各个信息孤岛，实现数据共享。采用先进的大数据技术，利用机器学习算法，通过接入众多第三方数据合作商，实时、自动捕获与被评企业相关的动态数据，通过设置阈值报警，对企业关键数据指标进行监控和预警，能够有效帮助企业和金融机构控制、防范风险。

完善企业中小微企业征信系统。人民银行要紧紧依托工商、税务、质监等部门，继续开展小微企业信用信息采集工作，建立符合小微企业实际的信用档案。建立信用信息的收集、评估、公开和查询制度，并健全信用档案、信用担保、信用服务监管、信用权保护等制度；建立跨银行、工商管理、税务、公安等部门的企业和个人信用评价与监管体系。

加快推进中小微企业信用体系建设。建设和利用好中小微企业信用数据平台，收集工商注册登记、行政许可、税收缴纳、社保缴费等信息。通过收集、整理中小微数据，客观地反映企业的经营情况推进小型微型企业信用信息共享，促进中微企业信用体系建设。中小微企业需要通过平台进行注册验证，提交相关资料后，其他信息收集、验证、比对与分析工作都将由系统自动完成。中小微企业利用征信平台主动提交数据，系统通过外部接入数据源自动收集目标企业相关数据。通过分析模型进行多重验证与比对，确保企业定量信息的真实性和准确性。

在传统企业征信中，征信机构或银行等金融机构主要依靠公开市场、公共信息及企业自主提交的定量信息等易于量化和编码的数据，来分析和判定企业信用情况，而对于企业领导人能力、员工素质、与客户间的交易等定性数据，往往较为忽视或只通过人工主观方式进行评价。为了改变这一状况，要探索完善企业负责人、高管在线测评系统，将过去对定性数据的分析通过评估模型交由系统完成，剔除人为判断、评价的主观因素干扰，提升对企业经营能力、未来发展评估判断的准确性。融资中小微企业相关人员只需要在年审复核阶段登录系统完成在线测评，系统自动将测评模型输出结果与企业定量数据分析模型输出结果进行耦合分析，更新对中小微企业的征信评估。企业在发起征信评估需求并提交相关资料后，全部信息收集及审核分析工作都将由系统完成，依据系统内数据分析结果即刻产生对企业的预授信额度评估，大大缩短业务周期，降低成本。在企业负责人、高管通过在线测评后，最终生成企业征信评估报告，企业的授信额度也随之动态调整。

建立权威的信用评级机构，充分发挥其征集信息、评估企业信用等级的功能，解决企业信用信息的征集、分析和共享问题，使保险机构能够提高获取信息的速度，降低使用信息的成本。

此外，建立健全中小微企业投诉平台。依托地方政务服务管理平台或热线电话，完善政府服务投诉热线办理系统，畅通政务服务投诉渠道，积极构建跨部门跨行业的投诉协调解决机制，受理中小微企业审批服务流程、信息公开、办理时限等相关方面的投诉。根据投诉反映的问题，对涉及的工作制度、办理机制等方面的问题进行改进完善，进一步提高政务服务满意度。

（三）重视发展数字经济促进就业创业

互联网、云计算、大数据等数字技术快速发展，数字经济迅速崛起，催生了就业新形态，促进了就业结构优化。数字经济创造了大量灵活就业，是就业增长的新引擎。数字经济作为一种新的经济形态，正成为转型升级的重要驱动力，也是全球新一轮产业竞争的制高点，将持续不断创造新的就业机会。

但数字经济也面临一些问题，比如，对传统产业就业造成了冲击，统计制度不健全、法律法规不健全等。加快发展数字经济是大势所趋，世界各国尤其是发达国家均通过完善法律法规、加强数字人才培养培训等举措，着力发展数字经济促进就业创业。要坚持做大增量与盘活存量并举，加强顶层设计，在发展实体经济过程中加快传统数字经济数字化转型，在产业延伸中稳定存量就业岗位。加强数字技术人才培养，提高已有劳动者数字技能，提升其转岗就业能力。

（四）进一步推进物流降本增效促进实体经济发展

物流业贯穿一二三产业，衔接生产与消费。推动物流降本增效对促进产业结构调整和区域协调发展、培育经济发展新动能、提升国民经济整体运行效率，具有重要意义。要打通信息互联渠道，发挥信息共享效用，推进物流相关领域政府数据开放共享。推动物流活动信息化、数据化，支持物流信息平台创新发展。实现跨省大件运输并联许可、全国联网。精简快递企业分支机构、末端网点备案手续。实现全国通关一体化，将货物通关时间压缩1/3。加快推进物流仓储信息化、标准化、智能化，大力发展“互联网+”高效物流的新业态、新模式。

二、完善以政府信用为支撑的中小微企业增信机制

发挥政府“有形之手”的作用，多措并举创新风险分担模式，完善中小微企业信贷风险补偿机制，建立中小微企业投融资纠纷快速调解机制，加强对中小微企业的司法救助和法律服务，撬动和引导更多的社会资源投向中小微企业。

（一）开展“融资增信工程”

政府为中小微企业授信，有利于有效解决中小微企业抵押担保不足的问题，提高中小微企业的承贷能力。针对中小微企业成本上升、融资困难、抵押担保能力不足等问题，人民银行系统应加快与各级地方政府试点开展“融资增信工程”，引入“政府+银行+企业”和“政府+保险+银行”的风险共担模式。比如，由省、市县、人民政府按照自愿认缴原则，共同出资组成资金池。企业缴纳一定比例的保证金，与资金池的资金一起，实行集中专户管理。在此基础上，人民银行通过发放再

贷款、再贴现资金专项等，支持金融机构发放小额贷款。融资增信工程重点为有市场、有发展潜力但抵（质）押不足的中小微企业提供信贷支持，使中小微企业间实行有限责任担保，避免连环担保和担保圈风险。

（二）完善中小微企业信贷风险补偿资金制度

筹资设立中小微企业信贷风险补偿资金，对向中小微企业特别是民营企业提供融资服务的银行、担保、保险等机构给予贷款风险补偿。信贷风险补偿资金专户由专门机构按专户管理、专账核算、专项使用的原则封闭运行。设立中小微企业信贷风险补偿资金，有利于鼓励和推动金融机构加大对小微企业贷款的投放力度，从增加供给的角度解决小微企业融资难、融资贵问题。其中，河南省通过设立信贷风险补偿基金扶持小微企业的做法，取得了很好的效果，值得在其他地方推广。为确保充分发挥风险补偿资金使用效益，2014 年，河南省制定出台了《小微企业信贷风险补偿资金管理办法》，通过改革财政资金使用方式，调动金融机构和市（县）政府的积极性，使其形成合力共克难题、持续加大对本地小微企业的扶持力度。省风险补偿资金的管理遵循“公开透明、定向使用、科学管理、注重绩效”的原则，确保资金使用规范、安全和高效。

具体操作过程如下：河南省财政厅负责省风险补偿资金的预算管理、资金分配和资金拨付，并对资金的使用情况进行监督检查；人民银行郑州中心支行、河南银监局负责指导和协调各地分支机构对金融机构上报的小微企业贷款数据进行审核，并对有关业务活动进行监督检查；风险补偿资金支持的对象是河南省内各类政策性银行、国有商业银行、邮政储蓄银行、股份制商业银行和地方法人银行业金融机构以及设立小微企业信贷风险补偿资金的省辖市、县（市）；省风险补偿资金支持标准，以银行业金融机构上年度小微企业贷款余额为基数，本年用于小微企业贷款增量部分按不高于 0.5% 的比例给予补偿，对设立小微企业信贷风险补偿资金的省辖市、县（市），按照到位资金规模总量不高于 30% 给予一次性奖励，当年比上一年度增量部分按同比例给予奖励。

（三）推进中小微企业信用担保体系建设

正确发挥政府指导和推动作用，建立更多为中小微企业提供信贷服务的金融机构、担保机构、小型信贷公司，加大市、县两级政府对融资性担保机构的扶持力度，为小微企业信贷提供有效支持。担保业的高风险特点决定了信用保证机制如果不按照市场和经济运行规律来运行，最终可能因大量赔付损失而无法持续。日本成功建立信用担保体系的一个突出特点，就是政府完美地发挥出自身应有的作用，积极补位但没越位。政府只是设计框架机制及制度支持，但在具体的担保业务中避免直接干预，保证担保机构作为独立法人开展业务，即并非是简单地大包大揽，通过政府出资支持或直接干预担保制度的运作，而是通过建立一种政府推动引导与市场主导的机制，以法规和市场来规范各个参与方的行为。

1. 建立健全中小企业信用保证法律制度支持体系。制定中小微企业信用担保法律制度，并保持一定的相对稳定性。设立融资担保机构补助专项基金，提高对小微企业贷款风险补助。明确中小微企业信用担保机构的性质、职能和作用以及担保的规则。加大中央财政资金的引导支持力度，鼓励担保机构提高小型微型企业担保业务规模，降低对小型微型企业的担保收费。大力扶持社会化、专业化的第三方信用中介机构，营造良好的小微企业金融服务生态环境。加快完善信用担保的行业准入、风险控制和损失补偿、再担保和退出机制。引导外资设立面向小型微型企业的担保机构，加快推进利用外资设立担保公司试点工作。健全中小微企业再担保方面的法律制度，以再保险方式进一步支持中小微企业信用担保机构的担保业务，强化分散风险、增加信用功能。

2. 建立完备的担保、信用保险与损失补偿金补助制度。实行信用双重保险制度，即通过信用保证制度与再保险制度两级担保体系，缓释中小微企业信用担保机构的担保履约风险。通过这种机制，一旦信用保证机构出现代位清偿，可以先通过政府提供的政府补助金来承担全部损失后，再进行追索。制度的整体设计分散信用担保的风险，使担保方不会因畏惧风险而慎于向风险程度高的中小微企业贷款提供信用支持。

3. 推动建立担保机构与银行业金融机构间的风险分担机制。建立与商业银行责任共有、风险共担的机制。比如，探索实行的责任共有制度，规定金融机构也要承担20%的风险。这项制度对负责实际贷款的金融机构提出了更为严格的要求，从而防范了金融机构因有信用担保机构保证担保而放松项目审查，并进而出现与借款人合谋骗保的道德风险。从分担份额方面看，20%的分担比率既督促了金融机构积极参与项目审查，又不会因分担比率过高而审慎发放贷款。

4. 改善信用保险服务，定制符合小型微型企业需求的保险产品，扩大服务覆盖面。

（四）扩大中小企业集合债券和小微企业增信集合债券发行规模

企业增信集合债券创新品种，主要是指由国有企业或城投公司发行的债券，其募集资金用于通过商业银行转贷管理，扩大支持企业的覆盖面。这一债券品种对于拓宽企业融资渠道，缓解小微企业融资困难发挥了积极作用。增信集合债的主要特点有：（1）发行人设立风险储备基金。债券转贷后可取得相应的利差收入，并由委贷银行设立风险储备基金账户进行管理，转贷中出现不良贷款导致本金损失时，将以该账户资金为限用于本期债券还本付息。（2）政府设立风险缓释基金。一般商业银行企业贷款不良率不超过1%，由地方政府按照中微企业增信集合债发债规模5%的比例设定政府风险缓释基金，基本能够覆盖不良率导致的本金损失，保障还本付息安全。（3）发行人自身信用。发行人需要符合企业债券发行的基本条件，一般资产实力雄厚，可以自身经营收入和必要时资产变现保障债券偿还。由于多层次风险缓释信用安排措施，作为债券本息偿付的基础，推动企业增信集合债券等企业债券发行，具有多赢的重要意义。

鼓励发行人按照《公司法》《证券法》《企业债券管理条例》等法律法规和有关文件的要求，积极稳妥发行此类债券，发挥增信集合债作用、助力中小微企业发展。强化银证合作，发挥各自在前端项目资源和后端贷款投放管理方面的优势，共同梳理融资平台资源和小微企业融资需求，提升小微增信债的质量和成功率。

大力推广小微增信债的同时，从确保宏观有效监管、充分保护投资者利益的角度出发，加速建立完善的债券市场信息披露体系，严格规范披露信息的真实性、准确性和完整性，维护债券市场的公开性、公正性和公平性。目前，急需由发行监管机构中央国债登记结算有限责任公司与证券交易所出台有针对性的信息披露准则和监管措施。一是对于募集资金使用情况，要求监管银行、审计机构和评级机构均能履行相应的信息披露义务，同时要求地方政府和发行人履行相应的监管披露义务；二是对于风险缓释措施的落实情况，要求地方政府及发行人就落实情况履行相应的信息披露义务，同时要求评级机构和审计机构履行相应的第三方披露义务；三是努力做到在广度、深度和时效三个维度尽可能披露对投资者做出投资决策产生重大影响的重要信息。

（五）加大失信惩戒力度

贯彻落实《关于加强涉金融领域严重失信人名单监督管理工作的通知》以及《关于对涉金融严重失信人实施联合惩戒的合作备忘录》，优化涉金融领域的失信“黑名单”制度和联合惩戒机制。规范涉金融黑名单的数据来源和标准。对涉金融黑名单在“信用中国”网站上予以公布。深入开展涉金融失信行为专项治理工作，向有关监管部门和地方政府推送涉金融失信人信息，共同开展失信行为治理和失信风险防范工作，并将地方政府在涉金融失信行为专项治理工作中的情况纳入城市信用监测指标，进一步促进中小微企业守法守信，营造良好的金融生态环境。

开展房地产领域失信联合惩戒工作，对在房地产领域开发经营活动中存在失信行为的房地产开发企业、房地产中介机构、物业管理企业等相关机构及其有关人员，实施限制取得政府供应土地、限制融资、暂停资质证书评审、市场和行业禁入等惩戒措施。

持续推进信用信息共享，通过全国信用信息共享平台归集各类信用信息，推动“信用中国”网站信息公示专区建设取得新进展。探索行业协会商会收费情况公示系统、售电公司市场注册、钢铁煤炭去产能、煤炭合法合规产能、煤炭产能过剩风险预警、重点污染单位污染排放监督等公示专区上线运行。

三、科学规划并实施符合我国国情的中高端制造业产业规划

完善中高端产业布局，增强开发区创新活力，以更宽阔的国际视野引导企业参

与国际竞争合作。

（一）完善中高端产业布局持续提升中小企业竞争力

以产业提质增效升级为核心，加快向全球价值链高端附加值区域攀升。更好利用市场规模、产业配套、研发投入、劳动力等多方面优势，加大运用普惠性、功能性政策力度，进一步提升产业核心竞争力和附加值，推动中小微企业由传统生产优势向品牌研发优势转化。鼓励生产性服务业与制造产业深度融合发展，持续提升中小微企业产值附加值。以国内国际两个市场为导向，持续优化产业布局。推动中高端产业中东西梯次布局。支持东部地区建设国际高端产业创新发展高地，支持中西部有序承接东部劳动和资本密集产业转移，促进加工贸易创新发展。

1. 优化要素供给促进西部地区实体经济产业升级。大力提升西部地区科教文卫体等公共服务水平，缩小与东部地区差距，为西部地区吸引人才创造条件。完善收入、医疗、职称、养老等配套政策，引导高端人才向西部地区流动。加大对西部地区技术创新的资金支持。主动向金融机构推荐企业技术创新项目，尤其是共性关键技术，帮助企业获得政策性或商业性贷款。立足西部地区产业基础，科研实力和发展需求，依托西部地区企业建设一批国家级企业技术中心，打造领军型科技创新企业，鼓励建立中小微企业技术转移和服务平台，向中小微企业及创新业者提供服务。

加强对西部地区物流发展的规划和用地支持。结合编制国家级物流枢纽布局和建设规划，布局和完善一批综合物流枢纽。着力推进铁路货运市场化改革，提升铁路物流服务水平。推动多式联运、甩挂运输发展。支持西部地区建设城市共同配送中心等，逐步完善县乡村三级物流节点基础设施网络。支持西部地区设立现代物流产业发展投资基金，鼓励银行业金融机构开发支持物流业发展的供应链金融产品和融资服务方案。

2. 进一步强化政府基金和专项债券引导。设立地方政府引导基金直投基金。为推动资本市场发展和重点产业转型升级，按照“企业自愿、市场运作、规范透明、风险共担”原则，以股权投资的方式，对企业进行股权支持或代偿银行贷款。一是明确直投基金的投资范围及标准。重点支持科技型、创新型企业；直投基金投资的企业不能按期偿还的银行贷款本金，地方政府引导基金可按一定比例代偿，并相应转为对项目企业的股权投资。二是规范直投基金的操作流程。对于股权投资，地方财政部门将企业名单发送给直投机构，股权交易中心向直投机构提供企业资讯，直投机构与拟投资企业对接开展入股谈判，与符合条件的企业签订投资协议，直投机构按协议约定进行投资，同时将投资协议书报地方财政部门备案。对于代偿银行贷款，直投基金投资的企业发生不能按期偿还银行贷款本金情形的，可通过直投机构提出申请，由直投机构审核后统一报送地方财政部门。三是建立直投基金的联投机制。探索建立直投基金其他政府引导基金参股基金联投机制，鼓励其他政府引导基金跟投直投基金投资的企业；建立直投基金与高水平资本运营机构等联投机制，鼓励实力强、水平高的资本运营机构和投资管理机构与直投基金联动；建立直投基金和银行信贷投贷联动机制，引导银行等金融机构放大倍数跟进直投基金投资的企业项目。

进一步发挥先进制造业产业基金作用。在轨道交通装备、高端船舶和海洋工程装备、人工机器人、新能源汽车、现代农业机械、高端医疗器械和药品、新材料、制造业智能化等领域，进一步发挥先进制造业产业基金作用。围绕国家战略需要和地方经济发展，创新运作方式，以创新示范基地为载体，通过政策引导、基金推动和企业参与，聚集要素资源，培育创新动能，发展高端产业。努力突破重大关键技术和零部件，培育具有国际影响力的领军企业，打造知名品牌。

加大企业债券融资对重点领域、重点项目的支持力度。推出农村产业融合发展专项债券创新品种，印发相关指引，明确支持重点、发行条件和审核要求。农村产业融合发展专项债券是指募集资金用于农村产业融合发展项目的企业债券，重点包括产城融合型、农业内部融合型、产业链延伸型、农业多功能拓展型、新技术渗透型、多业态复合型等方面农村产业融合发展项目。

3. 完善首台套推广应用的机制和政策。首台（套）产品包括品种、规格或技术参数等有重大突破，具有自主知识产权但尚未取得市场业绩，经有关机构认定的国际、国内首台、首套或首批次装备、系统和软件。重大技术装备是体现制造业核心竞争力的关键标志之一。虽然当前已经有支持国产首台（套）重大技术装备推广使用的政策，但在招投标环节受到不同程度的限制。对此，应统一政策界限，明确首台（套）定义；加快涉及首台（套）产品推广应用的审批制度改革；完善首台套“政、产、学、研、用”合作机制和用户责任容错机制；鼓励重点建设工程和政府投资项目优先使用首台（套）产品；完善首台（套）产品扶持和保险补偿机制。此外，明确各行政监督部门职责，加强对涉及首台（套）招标采购活动的检查，加大对歧视和违法排斥限制首台（套）招标行为的查处力度。

4. 注重行业标准体系建设。行业标准体系的建设对提升产业整体发展水平至关重要。相关部门应建立良好的新产品申报、审批渠道，鼓励企业积极创新，提高审批效率。应对新产品、新领域建立统一的指导发展平台，引导和扶持相关民营企业提质增效。

健全知识产权保护法律法规。相关部门应从制度上加以研究和完善，杜绝一些企业钻政策空子，搞恶意竞争。一些门槛进入较低的行业，部分中小企业通过快速模仿抄袭，通过低价参与市场竞争，极大破坏了行业创新环境，打击了踏实搞创新企业的积极性，相关部门要健全知识产权保护法律法规，塑造良好的产业创新环境。

（二）增强开发区创新活力

我国开发区已经成为推动我国工业化、城镇化快速发展和对外开放的重要引擎。开发区通过集中利用土地、集中处理污染、集中给予支持，形成集聚效应。当前，开发区发展动力不足等问题日益显现。比如，开发区的定位有待规范，开发区主要功能是为制造业、高新技术产业和生产性服务业创造平台，但近年来不少开发区没有集中精力发展制造业等产业，而是把重点放在了房地产开发项目上。此外，开发区数量增加过多过快，出现了布局分散、低水平重复建设等问题；体制机制创新不足，有的在改革方面有所减弱；管理制度有待完善，开发区发展缺乏整体性、规范性。在经济发展新常态下，要想创新发展实体经济，必须贯彻《国务院办公厅关于促进开发区改革和创新发展的若干意见》，推动开发区的创新发展，实现开发区的二次创业。

第一，明确开发区发展的定位和方向。要始终坚持产业定位，更好地为振兴实体经济服务。必须突出生产功能，统筹生活区、商务区、办公区等城市功能建设。要把优化营商环境作为首要任务。要实现差异化发展，不能千篇一律。国家级开发区中，经济技术开发区要突出先进制造业，高新技术产业开发区要突出战略性新兴产业，海关特殊监管区域要突出加工贸易等产业特色。国家级开发区要发挥示范引领作用，建设具有国际竞争力的高水平园区。

第二，鼓励各地结合实际深化改革。整合、归并、减少开发区内设机构，集中精力抓好经济管理和投资服务。引导开发区运营企业及平台公司紧紧围绕开发区建设发展需要，严格控制债务风险，不得将融资用于房地产炒作。针对各类开发区数量过多、同质化竞争问题，鼓励以国家级和发展水平高的省级开发区为主体，整合区位相邻、相近的开发区，对小而散的各类开发区进行清理、整合、撤销。

第三，完善开发区基本管理制度。组织编制开发区总体发展规划，综合考虑本地区经济发展现状、资源和环境条件、产业基础和特点，科学确定开发区的区域布局，明确开发区的数量、产业定位、管理体制和发展方向。根据开发区总体发展规划和经济发展需要，稳步有序推进开发区设立、扩区、调区和升级工作。建立健全开发区综合评价考核体系，对开发区的经济指标、创新指标、集约指标、绿色指标等进行综合考核，考核结果要与奖惩措施挂钩。

第四，加快开发区转型升级。大力支持开发区内企业技术中心建设，在开发区优先布局工程（技术）研究中心、工程实验室、国家（部门）重点实验室、国家地方联合创新平台、制造业创新中心。通过专项资金支持开发区循环化改造，推动企业循环式生产、产业循环式组合，搭建资源共享、服务高效的公共平台，促进废物交换利用、能量梯级利用、水的分类利用和循环使用。积极利用专项建设基金，鼓励政策性、开发性、商业性金融机构创新金融产品和服务，支持开发区基础设施建设。

（三）以更宽阔的国际视野引导企业参与国际竞争合作

1. 加快推进混合所有制企业改革。持续推进电力、石油、天然气、铁路、民航、电信、军工等领域混合所有制改革试点，按照完善治理、强化激励、突出主业、提高效率的要求，持续推进试点工作。

加强对混合所有制改革的调研督查。对试点企业和地方的混改工作开展全面调研，以调代督，以督促改，在此基础上总结部分混改典型案例。系统总结经验，及时协调解决试点中遇到的突出问题，加强试点经验总结，通过案例推介等方式及时在面上推广。

根据地方申请，遴选一部分地方国有企业纳入试点，更好发挥地方积极性，上下联动、协调推进，形成多层级试点的良好局面，探索出更加丰富的制度性经验。

2. 借力"一带一路"倡议优化对外合作模式。党的十八大以来，"一带一路"建设成效显著。我国正有序推进战略规划对接，政策沟通更加密切。积极开展重大项目建设，公路、铁路、机场、港口等交通、能源、通信基础设施建设稳步实施。大力推动投资贸易便利化，中欧班列开行，贸易畅通显著提升。扎实开展金融创新合作，资金融通明显改善。持续加大民生领域投入，民心相通日益深化。共建"一带一路"倡议正在逐渐从理念转化为共识，从愿景转变为行动。要进一步营造公平竞争的市场环境，促进"一带一路"沿线各国各类市场主体平等使用市场要素，建立"亲""清"新型政商关系，加快构建创新创业生态系统。

加快推进自贸区建设，积极推进沿边开放，提高对俄、日、韩合作水平。鼓励企业与国内外技术转移机构合作，共建一批国际技术转移中心，着力引进关键核心技术、高层次人才和管理经验等。

3. 有序引导产业向外转移。注重向外转移低端生产环节。以"一带一路"为引领，在电子信息、汽车等先进制造业领域，扩大产能合作，实施信息互联网互联互通、数字丝绸之路建设等工程，培育我国跨国企业生产加工基地，提升与中西亚能源资源富集国的合作关系，扩大对其出口规模。将汽车行业部分生产制造环节陆续转移到配套能力较好、成本更低的"一带一路"沿线国家。将钢铁行业更多投向能源资源富集的非洲和拉美地区。化学行业既要在具有成本优势的亚洲周边国家建立基础化工产品生产基地，也要在发达国家建立高档化工产品生产基地。纺织行业要在大量向外转移中低端生产环节的同时，大力发展品牌营销、高端面料等价值链高端环节。在扶持中小微企业方面，建立健全海外投资政策促进体系，组织专家为企业提供咨询服务，并承担海外投资可行性研究的部分费用，资助企业参加各类投资及贸易洽谈会，帮助中小微企业客服海外投资过程中面临的困难。

4. 完善并购战略推动建筑企业"走出去"。我国已深度融入全球经济，需要建立更宽广的国际视野，研究布局中低端产业转移，向外拓展市场空间，同时腾挪出资源和市场空间发展新兴产业，推动高端产业发挥对经济社会发展的支撑作用，防止中低端产业大量转移造成产业空心。促进中小微企业技术研发、生产销售和服务的国际化，引导产业有序参与国际竞争和分工，提升中小微企业国际竞争力。通过"挤、引、扶"，把资源要素由产能过剩行业抽出来，引导企业利用全球技术、知识和人才资源，扶持一批具有国际竞争力的跨国企业，促进其开展国际合作。

工程企业尤其是民营企业应结合自身发展战略，研究通过并购措施，绕开东道国在技术标准、资质等方面的行业准入壁垒，积极开拓发达国家基础设施市场，逐步提升高端基础设施市场的占有率，带动国内工程行业装备、技术和标准走出去。这方面，中交建收购澳大利亚建筑企业霍兰德公司、中国建筑收购美国知名承包商广场公司后的业绩，已经充分体现出来，可为其他企业走出去提供借鉴。

（四）推动服务业支撑引领实体经济转型升级

服务业占主导地位是各国进入工业化中后期的重要特征。世界服务业发展日新月异，服务内容、业态和商业模式创新层出不穷，网络化、智慧化、平台化和产业融合发展态势明显，服务全球化成为经济全球化进入新阶段的鲜明特征，服务业已经成为支撑实体经济发展的重要动力。加快推动服务业创新发展是经济结构调整的必然选择。在经济发展进入新常态的大背景下，发展服务业已经成为产业结构升级的关键所在、发展方式转变的核心支撑、发展动能转换的重要路径。推动服务业创新发展，关乎综合国力、国际竞争力提升和可持续发展能力增强。这突出表现在，服务消费是居民消费升级的重要方向，只有加快发展服务业，才能更好满足人民群众日益增长的美好生活需要；研发、设计、营销等生产性服务业对于提升农业和制造业竞争力至关重要，只有加快发展服务业，才能支撑制造强国和农业现代化建设。必须按照深入推进供给侧结构性改革的要求，推动服务业创新发展，加快形成中国服务与中国制造双轮驱动、一二三次产业在更高层次上协调发展的经济发展新格局。我国服务业发展整体水平还不高。这有发展阶段的客观原因，但更重要的是理念转变相对滞后，体制机制束缚较多，统一开放、公平竞争的市场环境尚不完善，迫切需要加快转变理念和思路，着力在深化改革开放、营造良好发展环境上下功夫。

2017 年 6 月，国家发改委印发了《服务业创新发展大纲（2017 ~ 2025 年）》，围绕服务业创新发展，明确了总体要求、基本原则和政策举措。这是适应把握引领经济发展新常态、贯彻落实新发展理念、深入推进供给侧结构性改革的重大举措，为我国未来服务业发展提供了战略性、纲领性指引，对于构建现代服务产业新体系、推动服务业创新发展和“中国制造 2025”互促共进、支撑引领经济转型升级和社会全面进步具有重要意义。

四、推动完成各类价格改革，打破行业垄断

价格杠杆是调节利益关系最直接、最灵敏、最有效的手段。价格机制是市场机制的核心，市场决定价格是市场在资源配置中起决定性作用的关键。要紧紧围绕使市场在资源配置中起决定性作用和更好发挥政府作用，在价格形成机制、调控体系、监管方式上探索创新，全面深化改革，完善重点领域价格形成机制，健全政府定价制度，加强市场价格监管和反垄断执法，充分发挥价格杠杆作用，为经济社会发展营造良好价格环境，促进经济转型升级和提质增效。

（一）完善实体经济相关重点领域价格形成机制

紧紧围绕使市场在资源配置中起决定性作用，加快价格改革步伐，推进农产品、水、石油、天然气、电力、交通运输等领域价格改革，放开竞争性环节价格。

1. 统筹利用国际国内两个市场，注重发挥市场形成价格作用，农产品价格应主要由市场决定。

2. 按照“管住中间、放开两头”总体思路，推进电力、天然气等能源价格改革，促进市场主体多元化竞争。择机放开成品油价格，尽快全面理顺天然气价格，加快放开天然气气源和销售价格，有序放开上网电价和公益性以外的销售电价，建立主要由市场决定能源价格的机制。把输配电价与发售电价在形成机制上分开，单独核定输配电价，分步实现公益性以外的发售电价由市场形成。按照“准许成本加合理收益”原则，合理制定天然气管网输配价格。全面梳理天然气各环节价格，降低过高的省内管道运输价格和配气价格，同时要减少供气中间环节，整顿规范燃气行业收费行为，降低企业用气成本。

3. 逐步放开铁路运输竞争性领域价格，扩大由经营者自主定价的范围；完善铁路货运与公路挂钩的价格动态调整机制，简化运价结构；构建以列车运行速度和等级为基础、体现服务质量差异的旅客运输票价体系。逐步扩大道路客运、民航国内航线客运、港口经营等领域由经营者自主定价的范围，适时放开竞争性领域价格，完善价格收费规则。

4. 健全生产领域节能环保价格政策。建立有利于节能减排的价格体系，逐步使能源价格充分反映环境治理成本。对风力发电、垃圾发电、生物质能发电等清洁能源和可再生能源上网电价给予支持。继续实施并适时调整脱硫、脱硝、除尘等环保电价政策，对公用燃煤热电企业脱硫设施进行在线监测和脱硫考核，促进燃煤电厂脱硫设施运行。鼓励各地根据产业发展实际和结构调整需要，结合电力、水等领域体制改革进程，研究完善对“两高一剩”（高耗能、高污染、产能过剩）行业落后工艺、设备和产品生产的差别电价、水价等价格措施，对电解铝、水泥等行业实行基于单位能耗超定额加价的电价政策，加快淘汰落后产能，促进产业结构转型升级。在调整和满足日益增长的污水处理成本的基础上，用差别水价引导产业升级和结构调整，逐步优化水价结构比例，积极推广再生水使用，按低于自来水价格的一定比例合理确定再生水价格，对直接使用再生水的用户，免征水资源费和城市公用事业附加。完善排污费政策。市政绿化及景观使用再生水的，免征污水处理费。逐步提高主要污染物排污费征收标准，并将主要污染物范围逐步扩大到电磁辐射、光污染等。完善城市施工工地扬尘排污费征收政策，逐步扩大试点城市范围，并适当提高试点城市扬尘排污费征收标准。

（二）建立健全政府定价制度

将政府定价范围主要限定在重要公用事业、公益性服务、网络型自然垄断环节，严格规范政府定价领域的政府定价行为，坚决管细管好管到位。

推进政府定价项目清单化。凡是政府定价项目，一律纳入政府定价目录管理。目录内的定价项目要逐项明确定价内容和定价部门，确保目录之外无定价权，政府定价纳入权力和责任清单。全面实行政府定价收费清单制度，深化和扩展涉企收费清单制度的实施范围，不断完善政府定价的涉企收费清单。目前，国家和省级价格主管部门已经实行了涉企、进出口环节、行政审批前置经营服务性收费“三项收费目录清单制度”，要继续进行系统梳理、整合，实行政府定价管理的所有经营服务性收费一张清单，并向社会公示，同时建立清单动态调整机制，及时根据实际工作情况调整清单，增加政策透明度。

定期评估价格改革成效和市场竞争程度，适时调整具体定价项目。对纳入政府定价目录的项目，要制定具体的管理办法、定价机制、成本监审规则，进一步规范定价程序。鼓励和支持第三方提出定调价方案建议、参与价格听证。完善政府定价过程中的公众参与、合法性审查、专家论证等制度，保证工作程序明晰、规范、公开、透明，主动接受社会监督，有效约束政府定价行为。对已明确取消的行政审批前置中介服务事项，收费一律不再实行政府定价。对政府定价的经营服务性收费要进行全面彻底清理。

（三）充分发挥价格杠杆作用

按照“突出重点、有保有放”原则，立足我国国情，对不同农产品品种实行差别化支持政策，调整改进“黄箱”支持政策，逐步扩大“绿箱”支持政策实施规模和范围，保护农民生产积极性，促进农业生产可持续发展，确保谷物基本自给、口粮绝对安全。继续执行并完善稻谷、小麦最低收购价政策，改革完善玉米收储制度，继续实施棉花、大豆目标价格改革试点，完善补贴发放办法。加强农产品成本调查和价格监测，加快建立全球农业数据调查分析系统，为政府制定农产品价格、农业补贴等政策提供重要支撑。

改变对电网企业的监管模式，逐步形成规则明晰、水平合理、监管有力、科学透明的独立输配电价体系。在放开竞争性环节电价之前，完善煤电价格联动机制和标杆电价体系，使电力价格更好反映市场需求和成本变化。综合采取签订中长期合同、完善减量化生产措施、释放煤炭先进产能等措施，促使煤炭价格回落，中国电煤价格指数、环渤海动力煤价格指数回归到合理区间。要合理调整电价结构，初步确定工业企业结构调整专项资金、合理降低重大水利工程建设基金和大中型水库移民后期扶持基金的征收标准。要适当降低脱硫脱硝电价。同时，发电企业也要内部挖潜、节能增效，降低成本。

价格改革要与财政税收、收入分配、行业管理体制等改革相协调。加强价格与财政、货币、投资、产业、进出口、物资储备等政策手段的协调配合，合理运用法律手段、经济手段和必要的行政手段，形成政策合力，努力保持价格总水平处于合理区间。加强通缩、通胀预警，制定和完善相应防范治理预案。健全价格监测预警机制和应急处置体系，构建大宗商品价格指数体系，健全重要商品储备制度，提升价格总水平调控能力。

创新促进区域发展的价格政策。对具有区域特征的政府和社会资本合作项目，已具备竞争条件的，尽快放开价格管理；仍需要实行价格管理的，探索将定价权限下放到地方，提高价格调整灵活性，调动社会投资积极性。加快制定完善适应自由贸易试验区发展的价格政策，能够下放到区内自主实施的尽快下放，促进各类市场主体公平竞争。

积极采取促进服务业发展的价费政策。在我国经济发展的现阶段，服务业尤其是现代服务业的发展非常关键。认真贯彻落实国务院《进一步推进物流降本增效促进实体经济发展的意见》，以减负担降成本、提高效率效益为核心，坚持问题导向与发展导向并举，把降低物流企业成本与降低全社会物流成本结合起来，深化“放管服”改革、加大降税清费力度、加强重点领域和薄弱环节建设、加快推进物流仓储信息化、标准化、智能化、深化联动融合、打通信息互联渠道、推进体制机制改革。要积极采取价费优惠政策，加大对服务业发展的扶持力度。进一步减少物流运输环节相关收费，减少或降低高速公路收费、国道省道公路收费、渡口收费、路桥收费。做好收费公路通行费营改增相关工作，选择部分高速公路开展分时段差异化收费试点，使之与鼓励物流业发展要求相适应。改革完善停车业和物管业收费管理办法。对具有重要链接作用的中介服务业，要分门别类加强价费管理，其中垄断性的中介服务业是管理的重点，其他中介服务业，可探索建立成本公示约束机制，或者明确服务中准价或价费调节幅度，由供需双方协商议定，并引导建立规范的书面协议，重点在督促和约束收费行为的规范。

（四）加强市场价格监管和反垄断执法

清理和废除妨碍全国统一市场和公平竞争的各种规定和做法，严禁和惩处各类违法实行优惠政策行为，建立公平、开放、透明的市场价格监管规则，大力推进市场价格监管和反垄断执法，反对垄断和不正当竞争。加快建立竞争政策与产业、投资等政策的协调机制，实施公平竞争审查制度，促进统一开放、竞争有序的市场体系建设。

在经营者自主定价领域，对经济社会影响重大特别是与民生紧密相关的商品和服务，要依法制定价格行为规则和监管办法；对存在市场竞争不充分、交易双方地位不对等、市场信息不对称等问题的领域，要研究制定相应议价规则、价格行为规范和指南，完善明码标价、收费公示等制度规定，合理引导经营者价格行为。

规范电信资费行为，推进宽带网络提速降费，为“互联网+”发展提供有力支撑。推动电信企业简化资费结构，切实提高宽带上网等业务的性价比，并为城乡低收入群体提供更加优惠的资费方案。督促电信企业合理制定互联网接入服务资费标准和计费办法，促进电信网间互联互通。严禁利用不正当定价行为阻碍电信服务竞争，扰乱市场秩序。加强资费行为监管，清理宽带网络建设环节中存在的进场费、协调费、分摊费等不合理费用，严厉打击价格违法行为。

强化反垄断执法。密切关注竞争动态，对涉嫌垄断行为及时启动反垄断调查，着力查处达成实施垄断协议、滥用市场支配地位和滥用行政权力排除限制竞争等垄断行为，依法公布处理决定，维护公平竞争的市场环境。建立健全垄断案件线索收集机制，拓宽案件来源。研究制定反垄断相关指南，完善市场竞争规则。促进经营者加强反垄断合规建设。

加强成本监审。成本监审是提升政府价格监管水平、促进经营者加强管理、保护消费者合法权益的一项重要制度，是政府定价的重要程序，是价格监管的主要内容。加强定价成本监审是价格工作定位转型的重要方向，特别是对提升政府价格监管水平，推进政府定价公开透明非常重要。对于极少数保留的政府定价项目要规范定价程序，要加强成本监审，推进成本公开。坚持成本监审原则，将成本监审作为政府制定和调整价格的重要程序，不断完善成本监审机制。

（五）继续清理规范涉企收费

目前收费名目较多、乱收费、部分垄断行业收费行为不规范等问题依然突出，加重了企业负担，也是企业和社会关注的焦点之一。国家发改委曝光了多起涉企违规收费案件，引起各界广泛关注。持续加大对涉企乱收费行为的查处力度，要求取消、停征或者减免的收费要逐项落实到位，不得变换、自立收费项目，切实减轻企业负担。

1. 取消不合理收费项目、降低收费标准。对不具备竞争条件、确需政府定价管理的极少数经营服务性收费，列入政府定价收费目录清单，要规范定价程序，准确核定成本，降低偏高标准。国家层面，重点是对金融、铁路、进出口、检验检测检疫、人才流动、物流等领域和环节加强清理规范。各地也要结合本地区实际情况，对所有政府定价管理的经营服务性收费标准重新进行审核，特别是对企业反映突出、问题较多的重点收费项目，加强成本调查和监审，严格核定收费标准，对偏高的收费标准，要坚决降低。加强收费政策执行情况的后评估工作，调查掌握收费单位执行政策的规范性、收费标准的合理性、政策执行的有效性，及时发现偏高收费标准，动态调整，减轻企业负担。

2. 坚决遏制交通运输领域乱罚款乱收费。进一步明确公安、交通等部门对道路货运违规行为的管理职责、执法权限，制定全国统一的道路违规行为处罚标准。规范道路货运行业管理和行政执法行为。规范货运市场秩序。完善道路运输准入制度，严格资质条件，引导运输企业走集约化、规模化经营之路，鼓励运营车辆更新改造，提高道路货运装备水平。鼓励货运从业者利用互联网手段优化运输组织方式，提升货物和运力的匹配程度。加强信息共享平台建设，加强物流园区之间的协同作业，为货物运输提供运营支持保障。

3. 加大对乱收费、乱罚款和各种摊派行为的监督检查力度，严格执行收费公示制度，加强社会和舆论监督。从扩大市场主体运行空间、优化其生存发展条件的要求出发，集中抓好对涉企行政事业性收费督查，以收费年审为契机，协调组织财政、经贸、审计、监察等相关部门，对所有涉企行政事业性收费项目，全面进行清理检查。对于违规收费的部门和单位，一经发现即予严肃处理。加强对中介性机构、各类协会等涉企收费的督查。重点检查以为企业服务之名，行行政职能收费之实的涉企收费行为，从行政、经济等方面做出明确规定，规范其收费行为。加强对垄断经营性服务收费的督查，采取切实措施进一步规范。

4. 依法开展检查，推动清理规范工作。各级价格主管部门要牢牢把握清理规范的工作目标、清理范围、主要措施和时间要求，有计划、有步骤地扎实推进。各级价格主管部门要会同有关部门严格落实《国务院办公厅关于清理规范国务院部门行政审批中介服务的通知》（国办发〔2015〕31 号）精神，根据行政审批前置中介服务事项目录清单对中介服务收费进行清查，坚决取消违规收费。对审批部门在审批过程中委托开展的技术性服务活动，服务费用一律由审批部门支付并纳入部门预算，坚决取消向企业收费。电子政务平台免费向社会开放，各级行政机关、代行政府职能的事业单位、社会团体及其他组织不得利用电子政务平台从事商业活动，坚决取消以技术维护费、服务费、电子介质成本费等名义收取的任何经营服务性费用。

5. 规范市场经营服务性收费行为。要按照“清理与规范相结合、清理与查处相结合、清理与减负相结合”和“双随机、一公开”要求，开展重点检查，严肃查处各类违法违规收费行为，督促相关单位、部门从源头加强整改，积极构建涉企收费监管长效机制。查处工作的重点：一是行政审批中介服务。重点查处违反《国务院办公厅关于清理规范国务院部门行政审批中介服务的通知》（国办发〔2015〕31 号）文件规定，审批部门在审批过程中委托开展的技术性服务活动的费用，转嫁给申请人承担等行为。二是行业协会商会收费。重点查处行业协会商会依靠代行政府职能或者利用行政资源擅自设立收费项目、提高收费标准；强制企业入会并收取会费等违规收费行为。三是进出口环节收费。重点查处海关、口岸、港口等部门和单位自立项目、自定标准收费；继续收取已经明令取消的收费等行为。四是金融机构收费。督促商业银行认真对照《商业银行收费行为执法指南》加强内部收费管理。重点查处与贷款捆绑强制收费，只收费不服务，超范围、超标准收费等行为。五是电子政务平台收费。重点查处违反《财政部、发展改革委、工业和信息化部关于规范电子政务平台收费管理的通知》（财综函〔2011〕14 号）规定，利用电子政务平台从事商业经营活动并收费等行为。六是建设领域收费。建设领域收费主体多、链条长、环节复杂，要认真梳理、全面检查住建、规划、国土等行业从申报立项到竣工验收等各环节、全流程的涉企收费情况。严格落实《国务院办公厅关于清理规范工程建设领域保证金的通知》（国办发〔2016〕49 号）等文件要求，重点查处继续收取已取消的保证金或者违规新设保证金项目；利用行政权力指定服务、强制收费等行为。

（六）加大行政审批中介服务事项清理力度

2013 年以来，陆续分批清理规范了 300 多项行政审批中介服务事项，并加大了仍保留的中介服务清单的公开力度。近几年，行政审批中介服务逐渐规范，但事情繁杂、垄断程度高、服务质量参差不齐、收费偏高等问题一直存在，中西部地区表现得更为明显。有的产业项目从开始进行可行性研究，再到项目完成建成投产，需要取得 20 多项中介机构提供的中介报告，耗时一年左右。某地的防雷装置设计审核，仅由一家中介机构来完成，由于缺乏竞争，收费相应很高。某地办理驾驶证到期换证前，持证人需到车管所附近的中介机构参加体检，实际上体检内容仅是走形式，只要交了费用，都可以顺利盖章。在个别地方，质量监督部门要求的计量检定事项，只要中介机构收了费，检验合格报告就可以轻松拿到，全过程没有提供任何服务。这种情况不但容易引起对计量检定事项必要性的怀疑，也无法保障安全生产的顺利进行。某地行政服务中心在大厅设立代办机构柜台，正常排队多次无法办理，但如果花 300 元代办，企业登记手续很快就能办下来。也有的地方的不动产登记难问题，表现为要求群众自费绘制土地落宗用图。不动产登记中心楼上即有一家符合要求的公司，制图环节对 200 平方米以下的二手房收 300 元，200 平方米以上的收 600 元，原先有房产证或不动产权证书的也按此标准收费。实际上，制图工作本应由不动产登记中心承担。导致以上种种问题的原因，主要包括：行政审批中介服务市场发育程度低，与行政审批部门有着先天性的千丝万缕的联系，无法形成良性竞争格局；评价评估环节多、链条长，人为创造了寻租空间，但对行政审批中介服务事项的规范清理不到位，各地标准差异大；事中事后监管环节缺位、不到位，监管力度不够，威慑性不足。

一要对仍需保留的中介服务事项实行标准化、清单化管理，并加大公开力度。明确事项设定依据、办理事项和流程、收费标准、举报电话等，并向社会公布。二要深化行政审批中介服务市场化改革。放宽准入，进一步割断中介服务机构和行政审批部门的各种联系。三要继续加大对基层行政审批中介服务事项清理力度。明确不得设定为中介服务的情形，合并相同或类似的事项，加大对中介服务事项的合法性、合理性和必要性审查。四要加大对中介服务机构的监管力度。建立健全“双随机、一公开”、信用奖惩等监督管理制度，规范收费标准和服务标准。